印前处理和制作员职业技能培训教程
编写组

一、编写机构

1. 组织编写单位

中国印刷技术协会、上海新闻出版职业教育集团

2. 参与编写单位

上海出版印刷高等专科学校、山东工业技师学院、东莞职业技术学院、杭州科雷机电有限公司、上海烟草包装印刷有限公司、中国印刷技术协会网印及制像分会、中国印刷技术协会柔性版印刷分会

二、编审人员

1. 基础知识

主　编：王旭红

副主编：李小东　龚修端

参　编：李　娜　魏　华

主　审：程杰铭

副主审：朱道光　姜婷婷

2. 印前处理

　　主　　编：文孟俊

　　副主编：金志敏

　　参　　编：盛云云　刘金玉　潘晓倩　刘　芳

　　主　　审：程杰铭

　　副主审：朱道光　姜婷婷

3. 平版制版

　　主　　编：田全慧

　　副主编：李纯弟

　　参　　编：李　刚

　　主　　审：程杰铭

　　副主审：朱道光　姜婷婷

4. 柔性版制版

　　主　　编：田东文

　　副主编：陈勇波　吴宏宇

　　参　　编：霍红波　李纯第　殷金华

　　主　　审：程杰铭

　　副主审：朱道光　姜婷婷

5. 凹版制版

　　主　　编：肖　颖

　　副主编：淮登顺　马静君

　　参　　编：许宝卉　施海卿　苏　娜　郝发义　张鑫悦　宁建良　韩　潮
　　　　　　　刘　骏　裴靖妮　石艳琴　汪　伟　陈春霞

　　主　　审：程杰铭

　　副主审：朱道光　姜婷婷

6. 网版制版

　　主　　编：纪家岩

　　副主编：高　媛　王　岩

　　参　　编：宋　强　张为海

　　主　　审：程杰铭

　　副主审：朱道光　姜婷婷

印前处理和制作员职业技能培训教程

印前处理

中 国 印 刷 技 术 协 会
上海新闻出版职业教育集团　组织编写

中国轻工业出版社

图书在版编目（CIP）数据

印前处理 / 中国印刷技术协会，上海新闻出版职业教育集团组织编写 . — 北京：中国轻工业出版社，2021.12

印前处理和制作员职业技能培训教程

ISBN 978-7-5184-3675-0

Ⅰ . ①印… Ⅱ . ①中… ②上… Ⅲ . ①印前处理—技术培训—教材 Ⅳ . ① TS80

中国版本图书馆 CIP 数据核字（2021）第 191433 号

责任编辑：杜宇芳　　　责任终审：张乃東　　　整体设计：锋尚设计
策划编辑：杜宇芳　　　责任校对：朱燕春　　　责任监印：张　可

出版发行：中国轻工业出版社（北京东长安街6号，邮编：100740）
印　　刷：艺堂印刷（天津）有限公司
经　　销：各地新华书店
版　　次：2021年12月第1版第1次印刷
开　　本：787×1092　1/16　印张：16.75
字　　数：400千字
书　　号：ISBN 978-7-5184-3675-0　定价：79.80元
邮购电话：010-65241695
发行电话：010-85119835　传真：85113293
网　　址：http://www.chlip.com.cn
Email：club@chlip.com.cn
如发现图书残缺请与我社邮购联系调换
190146J4X101ZBW

前言

　　"印前处理和制作员"是2015年颁布的《中华人民共和国职业分类大典》中的印刷职业之一。印前处理和制作是整个印刷工艺流程中的第一道工序，对印刷品质量的控制起着关键的作用。依据国家人力资源和社会保障部颁布的《印前处理和制作员国家职业技能标准（2019年版）》中对不同等级操作人员的基本要求、知识要求和工作要求，并结合国内外印前处理和制版的新设备、新技术、新工艺、新材料，中国印刷技术协会组织编写了印前处理和制作员职业技能培训教程。本套教材分为《基础知识》《印前处理》《平版制版》《网版制版》《柔性版制版》《凹版制版》六部分，以职业技能等级为基础，以职业功能和工作内容为主线，以相关知识和技能要求为主体，讲述了行业不同等级从业人员的知识要求和技能要求，通过学习，受训人员不仅能掌握印前处理技术的职业知识，还能提高专业技能水平，为职业技能等级的提升打下良好的基础。

　　《印前处理》主要内容包括图像、文字输入，图像、文字处理及排版，样张制作，打样样张、印版质量检验，培训指导和管理等。本教材根据《印前处理和制作员国家职业技能标准》对该职业技能等级鉴定五个等级（初级工、中级工、高级工、技师、高级技师）的各项要求进行编写，各个等级的相关内容与职业标准中"职业功能、工作内容、技能要求、相关知识"的要求相对应。本教材全面涵盖了国家职业技能标准中的各个知识点，以能力培养为导向，突出技能实际操作要求，难易适中，条理清晰，适合从事平面设计、印前处理以及制版人员参加印前处理和制作员技能等级考试及相关职业大赛时学习使用，也可供相关从业人员自学使用。

《印前处理》各职业技能等级的图文输入部分由盛云云、文孟俊编写，图文处理及排版部分由刘金玉、金志敏编写，样张制作部分由金志敏、盛云云编写，打样样张、印版质量检验部分由金志敏、刘金玉编写，培训指导和管理部分由文孟俊、潘晓倩、刘芳编写。本教材在编写过程中得到了山东工业技师学院、北京北大方正电子有限公司、上海出版印刷高等专科学校、上海昕誉麦图像技术有限公司等单位和王连军、孙恺、史秉乾、刘晗、李树章、张志恒等专业老师的大力支持和帮助，在此表示深深的谢意！

印前处理和制作员职业技能培训教程在编写过程中得到了上海出版印刷高等专科学校、中国印刷技术协会网印及制像分会、中国印刷技术协会柔性版印刷分会、杭州科雷机电工业有限公司、上海烟草包装印刷有限公司、山东工业技师学院、东莞职业技术学院、运城学院等单位的支持和帮助。

本教材编写内容难免挂一漏万和有不妥之处，恳请专家和读者批评指正。

印前处理和制作员职业技能培训教程编写组

目录

第三篇

印前处理

（高级工）

第五篇

印前处理

（高级技师）

第一篇

印前处理

（初级工）

第一章

图像、文字输入

第一节　原稿准备

学习目标	1. 能对用户提供的原稿进行核对、分类和清洁。
	2. 能识别连续调、网目调和数字原稿。

一、原稿和原始资料的分类

就印刷的目的而言，原稿是需要复制的对象。在印刷领域中，原稿指的是制版所依据的实物或载体上的图文信息。原稿是制版、印刷的依据，也是基础，原稿质量的优劣，直接影响印刷成品的质量。原稿的选择必须以适合制版和印刷、确保印刷品的质量为原则。

1. 原稿分类

原稿一般由客户提供或设计人员搜集获得，如单位介绍、产品资料等文字、图片以及产品实物等。原稿包括文字原稿、图像原稿、实物原稿等。

（1）实物原稿　实物原稿以实物作为制版依据，须经过扫描或拍摄成为数字原稿方可进行印前排版，如画稿、织物等。

（2）文字原稿　文字原稿分为手写稿、打印稿、复印稿以及数字稿。

（3）图像原稿　图像原稿分为反射原稿、透射原稿、数字原稿等，每类原稿按其制作方式和图像特点又可分为绘画原稿、照相原稿、印刷品原稿、线条原稿、连续调原稿等。

① 反射原稿　是指以不透明材料为图文信息载体的原稿，如照片、画稿、印刷品上的图片等，光线照在它们表面，一部分被吸收，另一部分被反射到我们眼睛里，让我们感觉到颜色。

② 透射原稿　是指以透明材料为图文信息载体的原稿，如胶片或摄影底片，光线透过它们让我们感觉到颜色。透射原稿又有正片和负片之分，如图1-1-1和图1-1-2所示。

正片是用来印制照片、幻灯片和电影拷贝的感光胶片的总称，是专业摄影师所使用的高反差底片，拍摄后的颜色与被摄物一致，扫描时不需要反转颜色，因此能更好地保留颜色信息，层次比负片更丰富，细节分辨率更高，是印前最理想的原稿。

负片是经曝光和显影加工后得到的影像，其明暗与被摄体相反，其色彩与被摄体的色彩互补，在冲洗或扫描的过程中，设备可将颜色反转过来。它需印放在照片上才还原为正像。我们平常所说的用来冲洗照片的普通胶卷就是负片。

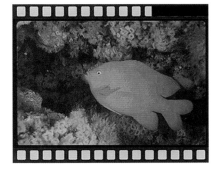

图1-1-1　正片（透射原稿）

2. 原稿清洁处理的基本要求

图像原稿的要求为表面平整干净，无破损、污脏、折皱等情况。

3. 连续调、网目调、数字原稿的概念

（1）连续调原稿　连续调原稿是画面从高光到暗调的浓淡层次是连续渐变的原稿。例如：素描、国画、水彩画、水粉画、油画以及数字照片等，如图1-1-3所示。

（2）网目调原稿　网目调原稿主要是指印刷品原稿，也称二次原稿，在放大镜下很容易看到，它们的颜色是由网点构成的。相对于连续图像而言，印刷品图像是通过网点的大小或疏密来表达图像层次和色彩的变化的，这类图像的细节变化是不连续的，称为半色调图像或网目调图像，如图1-1-4所示。

图1-1-2　负片（透射原稿）

图1-1-3　连续调原稿（油画）

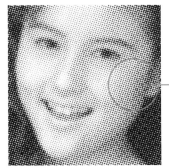

图1-1-4　网目调原稿（印刷品）

（3）数字原稿　数字原稿是指以光、电、磁性材料为载体的用于印刷的数字形式原稿，此类原稿不再需要数字化过程，如以光盘形式存在的电子文档、用数码相机拍摄的原稿或用扫描仪获得的原稿等。

二、原稿清洁

1. 原稿清洁的操作方法

原稿清洁的操作方法大致相同，以旧照片、底片的清洁为例，处理方法如下：

（1）照片表面有灰尘　建议用一块干净的无水白布轻轻擦拭，做一下基础清洁。如果照片上存有油渍、胶水等附着物，建议后期在Photoshop中处理，而不要直接对照片表面做清除处理。

（2）底片上有指纹　轻微的可以放在清水中泡洗，严重的可用干净的软布蘸取适量四氯化碳擦洗。

（3）底片上沾有尘土　可将底片浸入清水中，清洗并晾干。

（4）底片上有轻微擦伤　可将底片放入10%的醋酸溶液中浸透，取出后晾干。

（5）底片发黄　可将底片放入25%的柠檬酸、硫脲的混合溶液中漂洗3～5min，取出即可复原。

2. 注意事项

（1）相对于负片而言，正片的颜色与被摄物一致，扫描时不需要转换颜色。负片需要转换成补色，多一次转换，则多损失一些信息。

（2）印刷品原稿扫描时一般需要做去网处理，会导致清晰度进一步降低。

（3）取放原稿或胶片时，要轻拿轻放，拿起时应尽量拿原稿的边缘或四角，避免造成原稿的划伤、折痕等损坏。

第二节　图像获取

学习目标
1. 能使用扫描仪设备及软件获取原稿的数字图像。
2. 能使用数字照相机获取数字图像。
3. 能清洁扫描仪设备和数字照相机。

一、图像扫描仪

图像扫描主要通过扫描仪输入，因其质量稳定、操作便捷，在印刷界一直被视为首选的输入设备。扫描仪是一种利用光电技术和数字处理技术将图形或图像信息转换为数字信号的装置，属于计算机外部仪器设备，用作捕获图像并将之转换成计算机可以显示、编辑、存储和输出的数字化输入设备。扫描仪主要分为平板扫描仪和滚筒式扫描仪两大类。此外，还有笔式扫描仪、便携式扫描仪、底片扫描仪、名片扫描仪等多种类型。

（一）扫描仪

1. 平板扫描仪

（1）平板扫描仪工作原理　自然界的每一种物体都会吸收特定的光波，而没被吸收的光波就会反射出去，扫描仪就是利用物体的这种特性来完成对稿件的读取的。扫描仪自身携带的光源照射到准备扫描的图像上，图像上较暗的区域反射较少的光，较亮的区域反射较多的光，光源经过光路系统最终反射到电荷耦合器件CCD的光敏元件上。CCD可以检测图像上不同区域反射的不同强度的光，并将每个取样点的光波转换成随光强度的大小而变化的一系列红绿蓝模拟信号，经过模拟/数字（A/D）转换器转换成计算机数字化信息，通过接口传送到计算机中。平板扫描仪工作原理如图1-1-5所示，结构示意如图1-1-6所示。

（2）平板扫描仪的操作　平板扫描仪的驱动程序有很多，但其基本参数设置和操作方法相差并不大。平板扫描仪的工作流程为：安装扫描驱动→原稿分析→启动扫描软件→原稿放置→预扫描→各参数设置、调整→正式扫描→生成数字文件。

2. 滚筒式扫描仪

（1）滚筒式扫描仪工作原理　原稿贴附在透明的滚筒上，滚筒在步进电机的驱动下，高速旋转形成柱面，高强度的点光源光线从透明滚筒内部照射出来，投射到原稿上逐点逐线地进行扫描，透射和反射的光线经由透镜、反射镜、半透明反射镜、红绿蓝滤色片所构成的光路，被引导到光电倍增管PMT进行放大，然后进行模/数转换进而获得每个扫描像素点的R、G、B三原色的分色颜色值，这时，光信息被转换为数字信息传送，并存储在计算机上，完成扫描任务。滚筒式扫描仪的结构示意如图1-1-7所示。

（2）滚筒式扫描仪的操作　不同的滚筒扫描仪有不同的操控软件，但基本功能模块和监控原理是一致的。在扫描前要充分做好原稿分析、原稿安装及焦距调节和白平衡校正等准备工作。滚筒式扫描仪的主要流程为：安装扫描驱动→启动扫描软件→装稿→对焦→预扫描→各参数设置、调整→正式扫描→生成数字文件。

扫描过程中对于图像原稿可以进行层次调整、偏色校正、清晰度调整及去网技术的设置，以及扫描分辨率与尺寸的设置。

图1-1-5　平板扫描仪工作原理

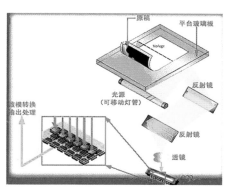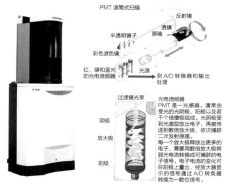

图1-1-6　平板扫描仪结构示意图　　　　图1-1-7　滚筒扫描仪结构示意图

（二）扫描分辨率及扫描模式的意义

1. 扫描分辨率

（1）光学分辨率　光学分辨率（又称物理分辨率、真实分辨率）是扫描仪的实际分辨率，它是扫描仪物理器件所具有的真实分辨率，决定了扫描仪扫描时实际能对图像进行采样的精细程度。光学分辨率越高，所能采集的图像信息也就越大，扫描得到的图像中包含的细节也就越多。

光学分辨率是指扫描仪在实现扫描功能时通过扫描元件将扫描对象每英寸可以被表示成的点数，单位是dpi，用水平分辨率和垂直分辨率相乘表示。

平板扫描仪的光学分辨率是由CCD器件阵列的分布密度决定的。光学分辨率＝CCD像素数／扫描最大宽度（in）。

滚筒扫描仪的光学分辨率主要取决于扫描线数的宽度，也就是滚筒转一圈时扫描头横向进给的距离和扫描头光孔径的大小。分辨率越高扫描线就越细，光孔孔径越小，横向进给的距离越小，扫描图像的质量也就越好。

（2）扫描分辨率　扫描分辨率是指扫描仪扫描时实际输入的分辨率。扫描时分辨率的选择将直接影响扫描图像的质量，扫描分辨率＝放大倍数×加网线数×质量因子（1.5～2）。

（3）最大分辨率　最大分辨率（又称插值分辨率）是通过软件运算的方式提高分辨率的数值，并不能实际增加图像的信息量。但用这种方法可以从软件上实现放大倍率图像的扫描。

2. 扫描图像的色彩模式

（1）原稿为彩色且最终要求扫描后的图像也为彩色，一般选择RGB色彩模式。

（2）原稿为彩色或黑白有明暗层次，最终要求为连续黑白颜色，一般选择灰阶。

（3）原稿为彩色，最终要求扫描后的图像也为彩色，且扫描图像用于印刷，可以选择CMYK色彩模式。

（4）原稿为黑色文字，最终要求为黑色文字，可以选择黑白二值。

（三）使用扫描仪获取原稿数字图像

以"BenQ 8800"平板扫描仪为例扫描印刷品原稿：

（1）接通电源和USB线，并进行驱动程序的安装。

（2）将扫描的稿件放置在扫描仪上，启动软件后，在打开的界面中预扫并设置相应参数，如图1-1-8所示。

① 原稿类型：反射稿

② 扫描模式：彩色

③ 扫描质量：高质量

④ 分辨率：300dpi

⑤ 缩放倍率：100%

⑥ 柔化和锐化处理：无滤镜

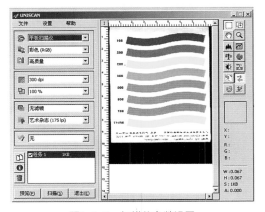

图1-1-8　扫描仪参数设置

⑦ 去网：175lpi

图像调整的参数设置包括去网、黑白场、色调、亮度/对比度、色彩校正等，除"去网"外，其他参数一般不在扫描时设置，而是生成数字图像后在Photoshop中作相应调整。

（3）正式扫描，置好文件名，指定文件格式和存储目标文件，即可进行正式扫描。

（四）清洁扫描仪

1. 清洁扫描仪设备的方法

（1）要去除扫描仪外壳表面的浮灰，可使用微湿软布擦拭干净。

（2）打开扫描仪的盖子，使用吹气球进一步进行内部清洁。

（3）擦拭发光管和反光镜，在扫描仪的光学组件中找到发光管、反光镜，用蒸馏水打湿脱脂棉，然后用力挤干水分小心擦拭，注意切勿改变光学配件的位置。

（4）滑动杆的清洁和润滑，当扫描仪在使用过程中移动时出现噪声，多数是因为滑动杆缺油或积垢。

（5）擦拭平板玻璃，将扫描仪内部清洁完成，机器装好后，用一块干净柔软的湿布进行最后一步的清洁工作。

2. 扫描仪使用的注意事项

（1）最佳的扫描时间是在扫描仪预热30min以后再开始扫描。在使用过程中不必在间隙时间中关机，这样扫描图像的品质会比较稳定。

（2）选购扫描仪时应以光学分辨率为准。最大分辨率相当于插值分辨率，并不代表扫描仪的真实分辨率。扫描仪"看"到的图像是由光学分辨率所决定的，使用过高的插值分辨率扫描只能增加无用的"噪音"，无助于提高最后扫描结果的精度，所以选购扫描仪时应以光学分辨率为准。

（3）分辨率的选择并不是越大越好，对扫描图像而言，适当的图像信息是最为重要的，扫描前首先要确定扫描图像的用途，以确定扫描分辨率设置。

二、数字照相机

数码相机是一种利用电子传感器把光学影像转换成电子数据的照相机。数码相机突破了传统相机利用光学摄影的暗房处理和使用感光胶片的束缚，实现了"拍立得"效果。可分为：单反相机、微单相机、卡片相机、长焦相机等。

（一）数字照相机的工作原理

数码相机以存储器件记录代替了感光材料记录信息，即影像光线通过数码相机的镜头、光圈、快门后，不是到达胶片，而是到达摄像感应器CCD（电荷耦合器件）或CMOS（互补金属氧化物半导体）上。其基本过程为：通过镜头接收线，然后被CCD或CMOS将所接收的光线转换成不同程度的电信号，最后经模/数转换器（A/D）将电信号转化为数字信息，记录到内置存储器或存储卡中。与此同时，图像处理器将图像信号发送给LCD驱动芯片将图像信号转换成LCD显示屏的驱动信号后，发给LCD显示屏，驱动其将图像显示出来，如图1-1-9所示。

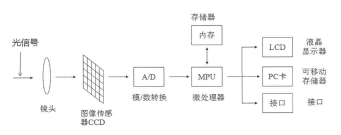

图1-1-9　数码相机工作原理图

（二）数字照相机的基本操作方式

1. 数字照相机的测光

测光就是数字照相机自动对环境光进行分析，以便拍出曝光正确照片的过程。大多数单反数字照相机都配备多种测光方式，以满足不同使用环境下的拍摄需求，如平均测光、中央重点平均测光、点测光和多区域自动测光等。在拍摄时，可根据对象所处环境的光线条件和不同的创意、追求的光影效果采用相应的测光方式。

（1）平均测光　平均测光是数字照相机普遍采用的基本测光模式，所测量的是景物反射亮度的平均值，如果画面所接受的光线照度是均匀的，并且各部分影调的反差并不是很大，那么这种测光模式可以提供准确的曝光结果。不过当拍摄的景物抬头过大，光线照度不均匀时，平均测光则会受到周围亮度的影响，从而产生偏差。

（2）中央重点平均测光　中央重点平均测光通常又称"偏中央测光"，主要是以画面的中央部分作为测量依据，而对周边部分也进行了适当的考虑。中央重点平均测光的准确性比较高，因为这种测光主要考虑到被摄景物常常处于画面的中心或中心偏下的位置。之所以考虑中心偏下是因为在拍摄风景照片时，可以减少天空亮度对主体的干扰。中央重点平均测光系统的测光数据有70%~75%来自中央及中央偏下部分，只有30%~32%来自边缘部分。与平均测光相比，中央重点平均测光方式更便于控制曝光，成为摄影创作中最常用的测光方式之一。

（3）点测光　点测光仅对位于画面中央自动对焦点附近的极小区域进行测光，测光区域大致为画面面积的2%~10%，并以此为依据完成整张照片的曝光，由于点测光的测量范围很小，没有经验的操作者很有可能造成测光失误。对于有经验的摄影者而言，点测光的作用非常大。它可以较为准确地测量出画面中某个具体位置的曝光值。如有一些经验的摄影者往往会测量景物高光及暗部的曝光数据，并加以平均考虑，使照片获得最大范围的层次表现。此外，在一些光线复杂、反差过大的环境中拍摄时，点测光可以很好地使主体获得最恰当的曝光，而忽略其他景物的层次。

2. 白平衡设置

数字照相机中对白平衡调整包括自动白平衡调整、预置白平衡调整和自定义白平衡（手动）调整。只有对白平衡进行了准确的设置之后，才能准确地还原其本来的色彩。除了照相机的自动白平衡功能外，还可以通过手动定义色温的K值或者使用预置白平衡功能去设置。如果采用了不当的设置，就势必会造成影像的偏色。

需要特别注意的是，曝光正确与否也对影像的色彩还原有直接的影响，曝光量过大或者过小，都会使影像偏色。

3.　取景

取景就是摄影构图，就是把画面中各部分元素组成、结合、配置并加以整理，从而得到一幅有艺术性的作品，即在一定空间内安排和处理人、物的关系和位置，把个别或局部的形象组成艺术整体。

一幅摄影作品的画面大体可以分为4个部分：主体、陪体、环境和留白。

（1）重点突出主体　主体是用以表达主题思想的主要部分，是画面结构的中心，应占据显著位置。它可以是一个对象，也可以是一组对象。可以说，没有主体的画面是不能被称为一幅完整的摄影作品。突出主体的方法有两种，一种是直接突出主体，让被摄主体充满画面，使其处于突出的位置上，再配合适当的光线和拍摄手法；另一种是间接表现主体，就是通过对环境的渲染，烘托主体。

（2）陪体与主体一起构造画面情节　陪体是指在画面上与主体构成一定的情节，帮助表达主体的特征和内涵的对象。通俗地讲，陪体的主要作用是给主体作陪衬的，如果说主体是一朵红花，那么绿叶就可能是陪体了。使用陪体千万不要喧宾夺主，主次不分。

（3）以环境烘托主体　除了主体和陪体外，还可以看到有些元素是作为环境的组成部分，对主体、情节起一定的烘托作用，以加强主题思想的表现力。处于主体前面的、作为环境组成部分的对象称之为前景，处于主体后面的称之为背景。

前景能够突出画面的空间感和透视感、画面内容的概括力等。背景用来衬托主体的景物，对于突出主体形象及丰富主体的内涵都起着重要的作用。选择背景时应注意3个要点，即抓特征、力求简洁、有色调对比。

（4）空白创造画面意境　除了看得见的实体外，还有一些空白部分，它们是由单一色调的背景所组成的，形成实体对象间的空隙。单一色调的背景可以是天空、水面、土地或者其他景物，作用是来烘托画面中的实体对象。构图时要注意，首先画面上留有一定的空白是突出主体的需要；其次画面上的空白有助于创造画面的意境。

4.　对焦

单反数字照相机有3种对焦方式，分别是自动对焦、手动对焦和多重对焦。

（1）自动对焦　自动对焦是相机上所设有的一种通过电子及机械装置自动完成对被摄体对焦，并达到使影像清晰的功能。特点是聚焦准确性高，操作方便。单反数字照相机的自动对焦模式一般包括3种，即单次自动对焦、人工智能自动对焦和人工智能伺服自动对焦。

（2）手动对焦　手动对焦是通过手动转动对焦环来调节照相机镜头，从而使拍摄出来的照片清晰的对焦方式。这种方式很大程度上依赖人眼对对焦屏上影像的判别和拍摄者的熟练程度，甚至拍摄者的视力。

（3）多重对焦　当对焦中心不设置在图片中心的时候，可以使用多重对焦方式。除了设置对焦的位置，还可以设定对焦的范围。一般常见的多重对焦为5点、7点和9点对焦。

5. 曝光

所谓曝光，是用于表示照片整体亮度的术语。照片的亮度是由图像感应器所接收到的光的总量来决定的，而光圈、快门则起到调整光量的调节阀的作用。

单反数字照相机有4种基本的曝光模式，即光圈优先、快门优先、程序自动和手动曝光模式。

（1）光圈优先曝光模式　光圈优先曝光模式是指手动设定光圈值和曝光补偿，照相机自动计算快门值的模式。光圈和景深联系密切，因此光圈优先曝光模式在人像摄影中使用频率超过90%。拍摄时可以调整光圈值，单反数字照相机会根据光圈设置调整曝光时间，使照片准确曝光。

（2）快门优先曝光模式　快门优先曝光模式是指手动设定快门速度和曝光补偿，照相机自动计算光圈大小的模式。拍摄时可以在单反数字照相机允许的范围内设定快门速度，以达到凝固运动物体的效果。

（3）程序自动曝光模式　程序自动曝光模式是照相机会在测光后自动设定光圈和快门的曝光组合。其虽然可以自动完成测光和曝光设置，但是，在该模式下仍可以根据拍摄需要对曝光补偿、感光度和白平衡进行自定义设置。

（4）手动曝光模式　手动曝光模式是指手动设置照相机的光圈值和快门速度的模式，适合有特殊创意和想法的摄影者使用。在这一模式下，可以完成根据拍摄意图来设置光圈值和快门速度，使得照片有丰富的想象。

（三）数字照相机的清洁方法

（1）气吹清洁　清洁镜头的第一道工序是气吹，用气吹吹掉镜头表面的灰尘，其使用频率最高。

（2）镜头布清洁　如果是使用气吹吹不掉的大面积污渍，可以用镜头布轻轻擦拭。

（3）镜头笔清洁　用镜头笔擦拭的效果更好，镜头笔的工作原理是利用碳粉的研磨效果进行清洁，由于碳粉的硬度远远低于镜头镀膜，所以不会对镜头造成伤害，是目前最好用的镜头清洁工具。

（4）镜头纸清洁　镜头纸的优点在于纤维非常细，而且纸质柔软，成本低。将一次性镜头纸，折成三角形，用其中一角蘸少许蒸馏水擦拭镜头表面可用于顽渍的处理。

第三节　文字录入

学习
目标

1. 能按工艺要求完成录入操作。
2. 能在 30 分钟内录入 2000 个汉字，错字率低于 3‰。
3. 能对接收的文字稿进行校对，错误率低于 1‰。

一、计算机基本使用知识

（一）文字录入

1. 常用文字处理软件的文字录入

办公软件的种类很多，其中美国微软公司的Microsoft Office和我国文字处理软件WPS就是最典型的代表。

微软文字处理软件Word的基本操作步骤为：启动Word软件→新建文档→切换为汉字输入法→使用键盘录入文字。

2. 排版软件的文字录入

常见的专业排版软件有QuarkXPress、方正飞翔、Adobe InDesign等。以InDesign为例，这款软件对于大篇幅的文字具有很强的排版能力，它是采用文字输入工具"T"，在文档中拖拉出文本框，然后在文本框内进行文字录入的。文字是以文字块的形式存在的，可以使用选取工具"↖"调整文字块大小，文字块内的文字内容可根据文字块大小自动换行，使用起来非常灵活方便，对于未排完的文字，可由鼠标点击文字块"出口"标记进行"续排"。

（二）文字输入的方法

1. 键盘录入

选择合适的输入法进行文字录入，汉字输入法编码可分为几类：音码、形码、音形码、形音码、无理码等。目前流行的输入法有搜狗拼音输入法、搜狗五笔输入法、百度输入法、谷歌拼音输入法、极点中文汉字输入平台等。

2. OCR文字识别技术

OCR（Optical Character Recognition，光学文字识别）是指电子设备（例如扫描仪或数码相机）检查纸上打印的字符，通过检测暗、亮的模式确定其形状，然后用字符识别方法将形状翻译成计算机文字的过程，即：对文本资料进行扫描，然后对图像文件进行分析处理，获取文字及版面信息的过程。

文字识别主要包括：图像处理、预处理、单字识别、后处理四个步骤。

3. 手写或语音录入

打开文字录入程序，点击状态栏的键盘图标并选择输入方式为"语音输入"，如图1-1-10所示。在弹出的语音对话框中点击"开始说话"后开始语音录入文字，录入完成后点击"我说完了"。语音输入时会自动调用笔记本中麦克风，如果未开启可到控制面板中进行设置。

图1-1-10 搜狗输入法下选择"语言输入"

二、校对符号的识别和使用

校对是出版印刷物必须要经过的一道重要工序，也是印刷品生产过程中的一个重要环节。校对工序就是按照原稿内容和版式要求对排版完成后的版面错误进行"校正"。

编辑在原稿上，校对人员在校样上，改正文字或版式，完全凭借符号表述改正含义，所以校对人员必须要准确地掌握校对符号（以国家标准GB/T 14706—1993《校对符号及用法》为标准）。排版过程中的错误是多种多样的，如补入、删除、替换、顺序调整、格式更改等。根据不同情况，规定了不同的校对符号，如图1-1-11所示是部分常用校对符号。

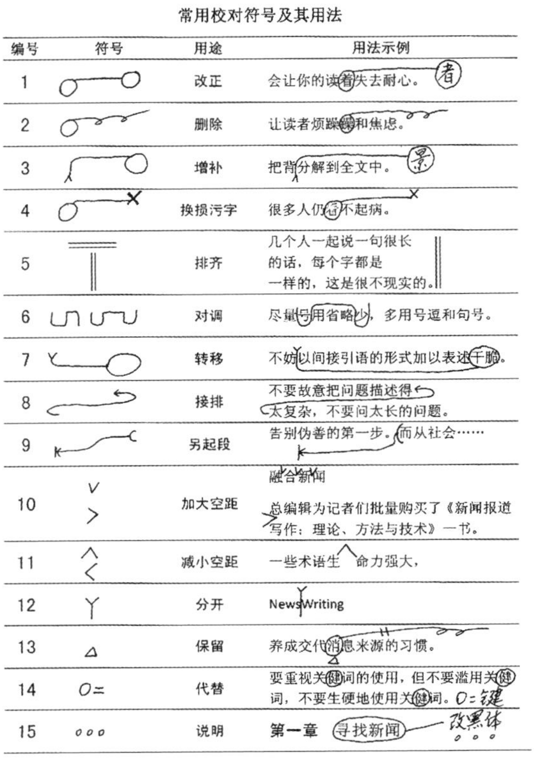

常用校对符号及其用法

编号	符号	用途	用法示例
1	◯	改正	会让你的读者失去耐心。
2	◯	删除	让读者烦躁郁闷和焦虑。
3	◯	增补	把背分解到全文中。
4	◯	换损污字	很多人仍然不起病。
5	⊥⊥	排齐	几个人一起说一句很长的话，每个字都是一样的，这是很不现实的。
6	⊓⊔	对调	尽量引用省略少，多用逗号和句号。
7	◯	转移	不妨以间接引语的形式加以表述干脑
8	─	接排	不要故意把问题描述得太复杂，不要问太长的问题。
9	⎰	另起段	告别伪善的第一步。而从社会……
10	∨ ＞	加大空距	融合新闻 总编辑为记者们批量购买了《新闻报道写作：理论、方法与技术》一节。
11	∧ ＜	减小空距	一些术语生 命力强大。
12	Ｙ	分开	NewsWriting
13	△	保留	养成交代消息来源的习惯。
14	◯＝	代替	要重视关键词的使用，但不要滥用关键词，不要生硬地使用关键词。◯：键
15	∘∘∘	说明	第一章 寻找新闻 改黑体

图1-1-11 常用校对符号

（一）文字校对

文字校对工作的程序除特殊情况外，一般分为：初校、二校、三校、核红四个校次。主要采用对校、折校和读校的校对手段，专业校对人员主要采用前两种方法。

（1）对校 原稿在左方（上方）校样在右方（下方），先看原稿，后看校样，逐字逐句地校对。

（2）折校 原稿放在桌上，校样轻折一下手持校样压在原稿上，左右移动校样进行校对。这种校对方式速度快，效果好，多为现在专业人员采用。

（3）读校 又称唱校，一人朗读原稿，一人看校样，两人合作进行校对。不管是读稿人还是看校样的人都要逐字、逐标点以及格式认真校对准确。

（二）文字校对注意事项

（1）由于制作者受思维定式的影响，校对工作有时自己很难发现错误，应尽量请他人帮校，条件允许情况下可由多人校对。

（2）文字的录入要在保证录入正确率的前提下提高录入速度。

第二章

图像、文字处理及排版

第一节　图像处理

学习目标	1. 能选择图像格式并存储图像文件。
	2. 能将图像文件传输到处理设备。
	3. 能使用图像处理软件对图像进行变换、剪裁、修饰处理。
	4. 能使用图像处理软件改变图像尺寸及分辨率。
	5. 能创建选择区域和路径提取图像。

一、图像文件格式

（一）常用图像文件格式

图像文件的格式是指图像文件在存储时，自己所支持的数字文件的方式，它不但决定了文件存储时所能保留的文件信息及文件特性，也直接影响文件占用空间的大小与使用范围。

常用的图像文件格式有PSD、BMP、GIF、EPS、JPEG、PDF、PICT、PNG、TIFF等，如图1-2-1所示。

（1）PSD格式　PSD格式是Photoshop存储的默认格式，支持Photoshop处理的任何内容（如图层、通道、色彩信息、文字等）；支持无损压缩；唯一能够支持全部图像色彩模式的格式。

（2）TIFF格式　TIFF格式（Tagged Image File Format有标签的图像文件格式）是由Aldus公司开发的，具有跨平台的兼容性，不受操作平台的限制。在排版上得到广泛的应用，是图像处理程序中所支持的最通用位图文件格式。

（3）EPS格式　EPS（Encapsulated Post Script）格式称为被封装的PostScript格式，既可存储位图，又可存储矢量图，应用于

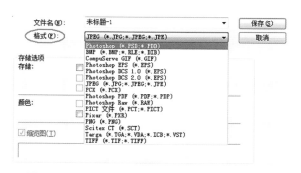

图1-2-1　Photoshop中图像存储时可以选择的格式

绘图、排版和印刷。

（4）JPEG格式　JPEG（Joint Photographic Experts Group联合图形专家组）格式是最常用的一种图像格式，也是一种有损的压缩格式，用于图像压缩的一种工业标准文件格式。

（5）GIF格式　GIF（Graphics Interchange Format）格式是一种使用LZW的无损压缩格式。常用于WEB上使用的图像，只能表达256级色彩，支持位图模式、灰度模式和索引模式的图像，也可用于动态图像。

（6）BMP格式　BMP（Bitmap）格式是Photoshop最常用的位图格式，几乎不压缩，占用较大空间，支持灰度、索引、位图和RGB色彩模式。

（7）PDF格式　PDF（Portable Document Format）格式是Adobe公司基于PostScript Level2语言开发的电子文件格式。可以存储矢量图像和位图图像，支持超链接，印前输出格式、网络电子出版格式。

（8）PNG格式　PNG格式是便携式网络图形（Portable Network Graphics）是一种无损压缩的位图图形格式。

各种格式都有自己的特点和用途，在以后的章节中会讲到。

（二）图像传输和存储的作用及要求

在当前网络化、数字化开放时代，印前处理也进入了数字化时代，以数字化流程形式贯穿于桌面出版系统（DTP）中，这就使得图像的存储和传输尤为重要，主要表现在两方面：

（1）计算机正在处理中的图像信息，只是处于计算机的RAM（随机存取存储器）中，这种存储器在计算机突然断电或软件意外退出时存储内容将丢失，而且这种状态也没法完成数据的传输。

（2）为方便于第二天继续工作，必须对当天的工作进行保存，不然数据丢失，只能重新开始。图像文件保存时注意选择正确的格式与方便使用的名称，存储在计算机的硬盘中，文件占用硬盘空间的大小用兆数"M"表示。

存储好的图像数据文件，可以通过网络（内部局域网、开放互联网等）和移动存储设备（U盘、光盘、活动硬盘等）进行数据传输和交换，方便于文件在各平台间的交换与应用。

二、图像复制和变换

（一）图像复制的基本方法

（1）创建对象选区，通过【Ctrl+C】拷贝、【Ctrl+V】粘贴命令复制。

（2）创建对象选区，通过同时按下【Ctrl】+【Alt】键，鼠标点击对象移动复制。

（3）把将要复制的对象放置在一图层A上，通过把图层A向"创建新建图层"图标上拖动复制，如图1–2–2。

图1-2-2　通过"创建新建图层"复制

（二）图像变换的基本方法

图像变换的基本方法主要有二种：

（1）创建对象选区，通过Photoshop上面菜单栏中的→编辑→变换，按要求进行变换操作。

（2）创建对象选区，通过【Ctrl+T】调出变换控制手柄，鼠标右键点击出现变换选项，按要求进行变换操作，如图1-2-3所示。

如果不将对象做选区，可以把将要变换的对象放置在一新建图层上，直接通过【Ctrl+T】调出变换控制手柄，进行变换操作。

图1-2-3 图像变换操作命令

三、图像分辨率与图像尺寸

（一）图像的分辨率

1. 像素

图像的像素（Pixel）在Photoshop中放大点阵图后看到的一个个小方格就是所谓的"像素"，它是组成位图的最小单位。像素是指可以表现亮度和色彩变化的一个点，它具有大小、明暗和颜色的变化，是表示图像的最小单元。一般表现成彼此相邻的正方形，而且每个像素包含着相应位置和颜色的信息，当数十万至数百万个像素拼合起来，便构成一幅数字图像。图像文件的大小与像素数直接相关，决定了图像文件所需的磁盘存储空间。

2. 图像的分辨率

图像的分辨率（Image resolution）是指在单位长度内含有的点（dot）或像素（pixel）的多少，表示图像数字信息的数量或密度，它决定了图像的清晰程度。在同样大小的面积上，图像的分辨率越高，则组成图像的像素点越多，像素点越小，图像的清晰度越高。分辨率的单位是dpi（dots per inch）或ppi（pixels per inch）。

分辨率可分为图像分辨率、设备分辨率、扫描分辨率、屏幕分辨率、打印分辨率等。一般来说，ppi用于图像分辨率，而dpi则用于输入输出设备分辨率。lpi（linesper inch，线/英寸）是指印刷的加网网线数。网线数越大，印刷品越清晰、层次越丰富。

（二）图像的分辨率与图像尺寸的关系

在图像的位深、格式、模式一定的情况下，图像文件的大小与图像分辨率和尺寸有直接的关系，如图1-2-4。图像的尺寸越大，分辨率越高，包含的数据就越多，图像文件也就

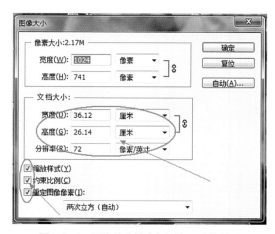

图1-2-4 图像的分辨率与图像尺寸的关系

越大，也能表现更丰富的细节。

图1-2-5　钢笔工具

（三）选择区域和路径的作用

Photoshop中对对象执行的操作命令有两种形式：一种是对整个图像进行操作处理，另一种是对图像上的某个区域进行操作处理。如果对某个区域进行操作处理，就必须选择出区域才能完成。选择出区域的方式主要有如下几种：

（1）对于规则的图形，用矩形框工具 或椭圆选框工具 选择出区域。

（2）对于不规则的图形，用套索（普通套索 、多边形套索 、磁性套索 ）工具选择出区域。

（3）对于一些颜色基本相同、分界线比较明显的区域，通过魔棒工具 或者快速选择工具 能很快地将选择区域抠出。

（4）绘制"路径"是最精确选择区域的一种方式。它主要通过钢笔工具，配合添加锚点工具、删除锚点工具、折点转换工具来完成，如图1-2-5所示。

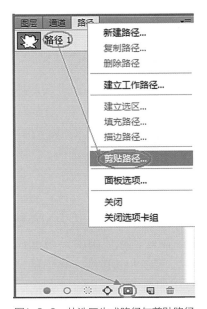

图1-2-6　从选区生成路径与剪贴路径

绘制好的路径和选区之间可以自由转换：按住【Ctrl】鼠标点击路径名称，则路径可以转换为选区；选中选区点击路径面板下方的"从选区生成路径"按钮，则选区可以生成路径，如图1-2-6所示。

在新生成"工作路径"的名称上用鼠标左键双击，则工作路径名称变成"路径1"，再在路径面板右上角的小三角下拉菜单中选择"剪贴路径"，则生成"剪贴路径"的图像在存储后，在置入到其他的排版软件中进行排版时，可以只置入"剪贴路径"之内的内容（也就是平时工作经常说的褪底操作）。

四、图像复制与变换操作

（一）图像变换操作

1．制作要求

根据图1-2-7、图1-2-8所给两幅素材，完成图例1-2-9作品。

（1）将图1-2-8完成旋转后，尺寸设置为80 mm × 70 mm（宽度×高度），且满足150lpi的印刷要求。

（2）将图1-2-7中荷花做出选区，并融合到图1-2-8中，按要求完成图例操作。

2．操作步骤

（1）将图1-2-8裁正后，不勾选"重定图像像素"，先将分辨率设置300ppi，再打开"画布大小"查看，将尺寸设为80mm×70mm，如图1-2-10、图1-2-11所示。

图1-2-7 素材一

图1-2-8 素材二

图1-2-9 完成后样式

（2） 打 开 图1-2-7后，【Ctrl+A】全选、【Ctrl+C】拷贝，【Ctrl+V】粘贴到步骤（1）调整好的图中，【Ctrl+T】运用变换命令，调整好图1-2-7在杯子图中的大小和位置；准确的做出荷花的选区，并在"通道"调色板中存储好，在"图层"调色板中拷贝、粘贴出单独一荷花层，如图1-2-12所示。

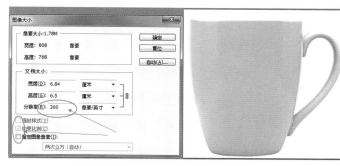

图1-2-10 不勾选"重定图像像素"，先设置分辨率

（3） 在当前图层1下，按【Ctrl】键点击Alpha 1调入选区，再点击图层调色板下的"添加图层蒙版"图标，为图层1添加图层蒙版，双击图层蒙版，在蒙版属性中将羽化值设为15，得到图1-2-13所示效果。

（4） 选中文字"T"工具，输入汉字"清凉一夏"，并利用"变形文字"工具调整成如图1-2-14所示效果。

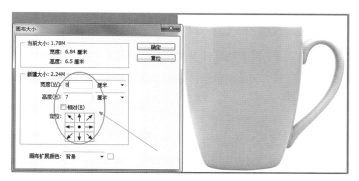

图1-2-11 用查看"画布大小"定尺寸

（5） 在 当 前 图 层2下，按【Ctrl】+【Alt】键，同时鼠标点击对象移动，复制出四个图层，对每个图层运用【Ctrl+T】变换命令，进行缩放、旋转等，并移动到文字上部图示位置完成图例，存储PSD格式备用。

图1-2-12 做出荷花的选区并存储"通道"，新建图层

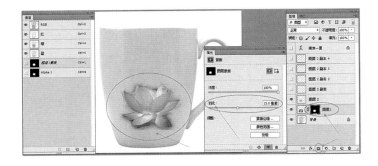

图1-2-13 添加图层蒙版

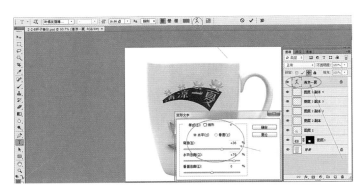

图1-2-14 变形效果

（二）图像存储操作

1. 备份格式

以上面步骤（5）为例，到这一步图像制作完成，首先在图层是分层没有合并、Alpha通道存在的情况下（如果有路径或者其他信息也保留），选好合适的名称XX，存储格式为XX备份.PSD。存储这一格式目的是方便于后期的修改。

2. 组版格式

将存储的XX备份.PSD文件打开，所有图层合并、Alpha通道删除后（如果有路径或者其他信息也删除），存储格式为XX.TIFF。存储这一格式目的是方便于后期置入到排版软件中组版。

3. 校样格式

将存储的XX.TIFF文件打开，查看图像模式改为RGB模式，分辨率改为72dpi，存储格式为XX.JPEG。存储这一格式目的是方便于网络传输、客户校样。

4. 注意事项

（1）为便于应用，图像存储时一定存个未合层的PSD格式用于备份、修改。再根据要求存合层的TIFF用于排版、JPEG用于网传校样等。

（2）JPEG格式只是用于网上宣传、网传校样，在印前排版中不用此格式，因为JPEG格式是一种有损压缩格式，图像的细部与暗部层次被压缩后影响印刷质量。

（3）存储时图像名称要命好名，在一个业务中不能有重名图像文件出现，防止排版时链接出错；而且名称要清晰、易记、易找。

（4）印刷要求的图像分辨率正常要达到300dpi以上，再按设计要求确定图像的尺寸长宽，这样就能得到图像大小（总像素数）。

（5）原稿图像一旦形成数字化图像形式，在实际运用中尽量不要放大处理。因为用插值分辨率运算出的数据，不是真正意义上的像素数的增加，所以图像越放大越模糊（缩小不受影响）。

第二节　图形制作

| 学习目标 | 1. 能使用图形软件绘制基本图形。
2. 能对图形用颜色和图案进行填充。 |

一、图形

1. 图形

图形也称为矢量图像，由一些用数学方式描述的曲线组成，其基本组成单元是锚点和路径，它与分辨率无关。

矢量图像的特点是能重现清晰的轮廓，线条非常光滑且缩放不失真的优点；图形不真实生动，颜色不丰富，无法像照片一样真实地再现这个世界的景色；文件小，适合于制作地图、企业标志等。

常用的矢量绘图软件有Illustrator、CorelDRAW、AutoCAD、Flash等。

2. 图像

图像也称为位图或点阵图像或栅格图像，是由称作像素（栅格）的单个点组成的；位图的单位是像素（Pixel）。

位图的特点是善于重现颜色的细微层次；能够制作出色彩和亮度变化丰富的图像，可逼真地再现这个世界；放大后会失真、变模糊。

常用的位图软件有Photoshop、Painter等。

3. 图形与图像的区别

在计算机科学中，图形和图像这两个概念是有区别的，图形一般指用计算机绘制的画面，如直线、圆、圆弧、任意曲线和图表等；图像则是指由输入设备捕捉的实际场景画面或以数字化形式存储的任意画面。

图像是由一些排列的像素组成的，在计算机中的存储格式有BMP、JPEG、TIF等，一般数据量比较大。它除了可以表达真实的照片外，也可以表现复杂绘画的某些细节，并具有灵活和富有创造力等特点。

与图像不同，在图形文件中只记录生成图的算法和图上的某些特点，也称矢量图。在计算机还原时，相邻的特点之间用特定的很多段小直线连接就形成曲线，若曲线是一条封闭的图形，也可靠着色算法来填充颜色。它最大的优点就是容易进行移动、压缩、旋转和扭曲等变换，主要用于表示线框型的图画、工程制图、美术字等。图形只保存算法和特征点，所以相对于位图图像的大量数据来说，它占用的存储空间也较小。在打印输出和放大时，图形的质量较高而位图图像常会发生失真。

二、图形绘制和填充

（一）图形绘制

图形绘制的基本方法主要有两种（以Adobe Illustrator CS6为例）：

对于规则图形，通过基本工具绘制，如图1-2-15所示。对于不规则图形，通过钢笔工具绘制，如图1-2-16所示。

（二）图形填充

图形填充的基本方法主要有两种（以Adobe Illustrator CS6为例）：

（1）调出颜色调色板，编辑所需颜色，对选中图形进行颜色填充，如图1-2-17。

（2）调出色板库，从调色板的右上角下拉箭头中选择"打开色板库"，从色板库中找到你所需的图案，对选中图形进行图案填充，如图1-2-18。

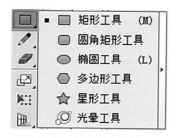

图1-2-15　图形基本绘制工具

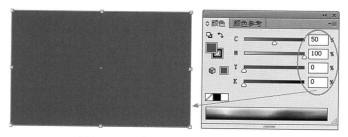

图1-2-17　对图形的颜色填充

图1-2-16　钢笔工具

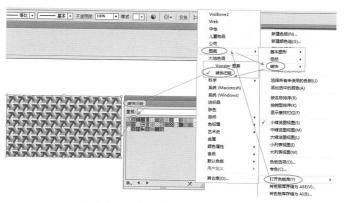

图1-2-18　图形的图案填充

（三）观察图形、图像区别

1．观察图形、图像区别

（1）在Photoshop中打开图像文件1-2-9，把某一部分放大到最大后仔细观察，如图1-2-19。会看到有无数的小方格点，这就是所说的像素，所有的图像（位图）均由这样的小方格点组成，每一个小方格点都包含不同的位置、明度、颜色等信息，成千上万的这种小方格点（像素）就组成了一幅图像。

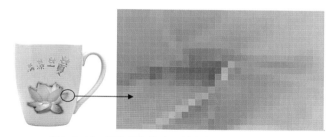

图1-2-19　图像局部放大后的像素点，马赛克效果

（2）在Illustrator中打开图形文件1-2-20，把某一部分放大到最大后仔细观察，如图1-2-21所示，在图中会看到更清晰的线条与颜色，这就是矢量图形的优点，不管放大多少倍后，线条仍然清晰可辨、不失真。

2．图形绘制与填充操作

按要求完成图1-2-20所示的操作。

（1）建一A4页面的新文档，设置模式为CMYK。运用椭圆工具与钢笔工具，按照图例1-2-20的样式完成线型图的绘制。

（2）调出颜色调色板，按要求完成颜色填充

脸部：C0 M10 Y15 K0

眼睛：用色板中的"超柔化黑色晕影"

手臂：C0 M25 Y30 K0

脚部：C0 M56 Y75 K66

脚趾：C0 M56 Y75 K86

（3）调出色板中"装饰旧板"调色板，按要求完成图案填充

身体：运用色板中"网格上网格颜色"进行图案填充，并结合旋转工具进行图案的变换操作，如图1-2-22、图1-2-23所示。

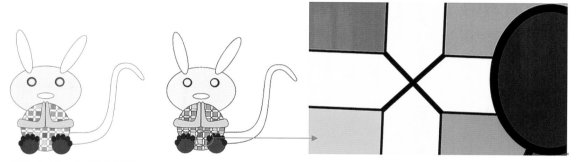

图1-2-20　完成图形的绘
　　　　　制及填充

图1-2-21　图形局部放大后的线条，仍然很清晰

图1-2-22 装饰旧板调色板

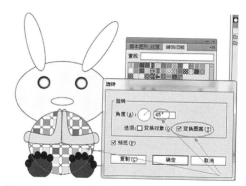

图1-2-23 完成"网格上网格颜色"填充及变换

（四）注意事项

（1）图形文件不失真的要点 图形文件具有矢量化的特点，所以任意的放大、缩小不会失真。这就保证了做好的图形文件在置入组版软件中排版的时候，可以根据排版要求确定其大小，而不会影响图形最后输出时的打印精度。

（2）图形检查要点 从Adobe Illustrator软件的菜单"窗口>文档信息"菜单打开"文档信息"对话框，单击右上角的黑色小三角，在弹出的菜单中可选择

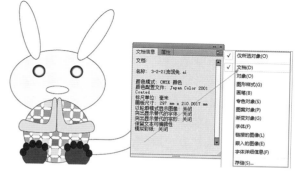

图1-2-24 文档信息中的"项目检查"

"项目检查"，或者选择"保存"，将文件信息存储为纯文本查阅。从图1-2-24可知，从文件信息对话框出现的信息，我们可以对文件、对象、图形样式、画笔、专色对象、图案对象、渐变对象、字体、链接信息等做出相应的处理。

对于印刷要求的矢量化图形，重点要掌握的检查点主要在以下几个方面：

① 颜色。印刷要求的颜色模式是CMYK，检查是否有RGB物件存在。

② 字体。为防止文件传输到其他平台后字体缺失或排版位置的变化，通常将文字轮廓化处理（也就是通常说的文字转曲线命令，Illustrator中的快键是Ctrl+Shift+O）。

③ 黑色叠印。为防止印刷过程中的套印不准问题，要检查使用中的黑色是否为100%的单黑色。

第三节　图文排版

学习目标

1. 能输出分层的数字文件。

2. 能使用排版软件进行书刊排版。

3. 能对图文进行变换、镂空等操作。

4. 能进行文字属性设置。

5. 能对数字文件进行格式转换。

6. 能设置套印标记、检测线。

一、排版软件

（一）排版软件种类

1. Adobe PageMaker

Adobe PageMaker是由创立桌面出版概念的公司之一Aldus于1985年推出的，后来在升级至5.0版本时，被Adobe公司在1994年收购。它是最早的一款专业页面排版软件，是平面设计与制作人员的理想伙伴，由PageMaker设计制作出来的产品在生活中随处可见，如：说明书、杂志、画册、报纸、产品外包装、广告手提袋、广告招贴等。但是在7.0版本之后，由于PageMaker的核心技术相对陈旧，Adobe公司便停止了对其的更新升级，而代之以新一代排版软件InDesign。

2. CorelDRAW

CorelDRAW是加拿大Corel公司1989年出品的，平面矢量图形设计制作软件。其非凡的设计能力广泛地应用于商标设计、标志制作、模型绘制、插图描画、排版及分色输出、网站制作、位图编辑和网页动画等诸多领域。

3. QuarkXpress

QuarkXpress是Quark公司的产品之一。自面世以来，就成为世界领先的出版工具，控制着全球80%以上的高端设计和出版市场。它精确的排版、版面设计和彩色管理工具提供从构思到输出等设计的每一个环节前所未有的命令和控制。被广泛用来制作宣传手册、杂志、书本、广告、商品目录、报纸、包装、技术手册、年度报告、贺卡、刊物、传单、建议书等。它把专业排版、设计、彩色和图形处理功能、专业作图工具、文字处理等复杂的印前作业全部集成在一个应用软件中。

4. Adobe InDesign

Adobe InDesign是Adobe公司1999年推出的、目前国际上最常用的、最专业的排版软件，主要用于各种印刷品的排版编辑。该软件是直接针对其竞争对手QuarkXPress而发布的。它具有强大的电子出版和网络出版的制作功能，可制作出令人满意的纸质出版物、电子出版物等。InDesign作为一个优秀的图形图像编辑及排版软件，不仅能够产生专业级的全色彩效果，还可以将文件输出为PDF、HTML等文件格式，是跨媒体出版的领航者。Adobe InDesign是多页面高效排版设计的不二之选，一般好看的杂志、书籍和画册都是用Adobe InDesign来设计排版的。性能优异，使用方便，所见即所得，生成PDF文件及导出各类图片文件非常方便。

5. 方正飞翔

方正飞翔是方正集团在2009年复合出版背景下开发的、新一代的专业排版领域的设计软件，它基于新的开放的面向对象体系，可实现高度的扩展性，支持插件功能。对Word文档的良好兼容，以及基于其自有专利的公式排版技术，使得方正飞翔赢得了出版人士的高度认可。

方正飞翔印刷版是一款集图像、文字、公式和表格排版于一体的综合性创意编排软件。方正飞翔印刷版以优秀的图形图像处理能力、中文处理能力、表格处理能力，配以人性化的操作模式，恰当地表现版面设计思想。适于报纸、杂志、图书、宣传册和广告插页等各类出版物的创意排版。

（二）排版操作

用方正飞翔6.0，按要求完成图1-2-25所示的操作步骤。

（1）建一大16K（210mm×285mm）竖向页面的新文档，单面印刷，四周页边距均为15mm；设置好印刷标记与出血位。

（2）调出段落样式调色板完成基本设置。

文字样式：四号报宋，0字距，0.5字行距。

段落样式：居左端齐，段首缩进2字。并分为两栏，1字栏间距。

（3）段首大字设置字体、字号、颜色、阴影。

（4）小标题设置字体、字号、反白、通字底纹及段居中纵向调整2行。

（5）置入两幅图像，并按图示位置排好。在上图上面录入"去非洲肯尼亚看动物大迁徙"文字，设置好字体、字号、颜色、双重勾边的样式。

（6）在下图上面录入"非洲肯尼亚"

图1-2-25 用方正飞翔排版样式

文字，设置好字体、字号、颜色、镂空的样式，并延弧线排版，完成。

二、常用书刊开本

（一）常用书刊版面的基本设计信息

（1）版心 是指图、文和装饰图样等要素在页面上所占的面积。

（2）书眉 是排在版心上部的文字及符号，一般用于检索篇章。

（3）天头 是指版心上边沿至成品边沿的空白区域。

（4）地脚 是指版心下边沿至成品边沿的空白区域。

（5）订口 是指书页装订部位的一侧，从版边到书脊的白边。

（6）切口　是指书页除订口边外的其他三边。

（7）页码　一本书各个页面的顺序号。

（二）常用书刊开本尺寸和版面规格（表1-2-1~表1-2-4）

表1-2-1　16K尺寸和版面规格

16K 精装书	16K 平装书
成品尺寸：260mm×185mm	成品尺寸：260mm×185mm
版心尺寸：215mm×138mm	版心尺寸：215mm×138mm
订口对订口：46mm	订口对订口：50mm
地脚对地脚：40mm	地脚对地脚：40mm
翻口对翻口：60mm	翻口对翻口：60mm

表1-2-2　大16K尺寸和版面规格

大 16K 精装书	大 16K 平装书
成品尺寸：297mm×210mm	成品尺寸：297mm×210mm
版心尺寸：245mm×165mm	版心尺寸：245mm×165mm
订口对订口：48mm	订口对订口：50mm
地脚对地脚：40mm	地脚对地脚：40mm
翻口对翻口：54mm	翻口对翻口：52mm

表1-2-3　32K尺寸和版面规格

32K 精装书	32K 平装书
成品尺寸：184mm×130mm	成品尺寸：184mm×130mm
版心尺寸：153mm×100mm	版心尺寸：158mm×100mm
订口对订口：32mm	订口对订口：36mm
翻口对翻口：36mm	翻口对翻口：36mm
地脚对地脚：30mm	地脚对地脚：30mm
天头对天头：48mm	天头对天头：48mm

表1-2-4　大32K尺寸和版面规格

大 32K 精装书	大 32K 平装书
成品尺寸：204mm×140mm	成品尺寸：204mm×140mm
版心尺寸：165mm×107mm	版心尺寸：159mm×103mm
订口对订口：34mm	订口对订口：42mm
翻口对翻口：42mm	翻口对翻口：32mm
地脚对地脚：38mm	地脚对地脚：34mm
天头对天头：52mm	天头对天头：54mm

（三）常用包装印品单元中，图形、版面规格排列的基本要求

常用的包装印品，因为最后要经过模切、粘糊等工艺方可形成立体的盒形，所以排版时并不像书刊、杂志类产品那样方方正正。为了最大程序上节约用纸，包装印品的拼版往往要进行旋转、穿插等，如图1-2-26所示。

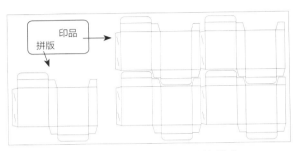

图1-2-26 单个包装印品与拼版样式

基本要求主要有如下几个方面：

（1）单个印品必须根据盒形样式与成品要求，做好出血设置。一般单张纸印品，出血做到3mm；单瓦（三层）印品，出血做到5mm；双瓦（五层）印品，出血做到8～10mm。

（2）拼版时按照纸张的开纸尺寸与印刷要求，运用旋转、穿插等命令去拼版，尽量使版面内容紧凑，节约用纸。

（3）拼版时各个印品尽量方向一致，粘口也尽量在一个方向上，这样可以有利于印品的后期加工（覆膜、烫金、裱糊、模切等）。

（四）出血设置要点

为防止最后的成品留有白边，印品在设计的时候就应该充分考虑做好出血设置：

（1）一般单张纸印品，例如宣传页、杂志、书本及内小包装等，出血做到3mm。

（2）包装类单瓦（三层）印品，例如中包装类，出血做到5mm；包装类双瓦（五层）印品，出血做到8～10mm；特殊类产品根据实际情况设置出血值。

三、数字文件的记录介质

记录介质也称存储介质，是指存储二进制数据信息的物理载体，比如软盘、光盘、DVD、MO、硬盘、闪存、U盘、CF卡、SD卡、MMC卡、SM卡、记忆棒（Memory Stick）等，如图1-2-27。

图1-2-27 各种存储介质

（一）存储介质

1. 软盘

优点：使用很广泛，单价很便宜。

缺点：速度慢，可靠性差，存储量小，容量只有1.44MB，现在基本上已淘汰。

2．光盘CD-R、DVD-R

优点：价格低，耐用，性能可靠，适于存档。市场占有率好，使它成为传输文件的优良媒体。

缺点：速度慢，且只可写一次，不适于备份。

3．MO磁光盘

优点：可多次写入，稳定性好，其寿命长，每MB成本低，极适于存档。

缺点：MO技术还没有像磁性媒体那样得到行业的广泛承认，还不能用做传输媒体；使用专用的卡口与驱动器，操作麻烦。

4．硬盘

（1）本机硬盘

优点：使用很广泛，稳定，速度快，每MB成本很低。

缺点：用于存储当前正在处理的文件，不用于文档的传送和存档。

（2）移动硬盘

优点：容量大，体积小，速度快，使用方便，广泛用于文档的传送、存档和备份。

缺点：注意剧烈震动时盘片物理性损坏及正确退盘。

5．U盘

优点：小巧便于携带、存储容量大、价格便宜、性能可靠。而且操作方便，无须物理驱动器的微型高容量移动存储产品，通过USB接口与电脑连接，实现即插即用，是当前使用很广泛的存储设备。

缺点：容易传染病毒。

U盘使用注意事项：

（1）U盘一般有写保护开关，但应该在U盘插入计算机接口之前切换，不要在U盘工作状态下进行切换。

（2）U盘都有工作状态指示灯，如果是一个指示灯，当插入主机接口时，灯亮表示接通电源，当灯闪烁时表示正在读写数据。如果是两个指示灯，一般两种颜色，一个在接通电源时亮，一个在U盘进行读写数据时亮。有些U盘在系统拷贝进度条消失后仍然在工作状态，严禁在读写状态灯亮时拔下U盘。一定要等读写状态指示灯停止闪烁或灭了才能拔下U盘。

（3）有些品牌型号的U盘为文件分配表预留的空间较小，在拷贝大量单个小文件时容易报错，这时可以停止拷贝，采取先把多个小文件压缩成一个大文件的方法解决。

（4）为了保护主板以及U盘的USB接口，预防变形以减少摩擦，如果对拷贝速度没有要求，可以使用USB延长线。

（5）U盘的存储原理和硬盘有很大出入，不要整理碎片，否则影响使用寿命。

（6）U盘里可能会有U盘病毒，插入电脑时最好进行U盘杀毒。

（7）新U盘买来最好做个U盘病毒免疫，可以很好地避免U盘中毒。

（8）U盘在电脑还未启动起来（进入桌面以前）时不要插在电脑上，否则可能造成电脑无法正常启动。

6. 卡式闪存盘、记忆棒

主要用于数码相机等设备的信息存储，是基于闪存（Nand flash）的存储介质。

优点：体积小，速度快，低耗能，移动灵活，可靠性好，使用广泛。

缺点：容量小，以压缩方式存储。

（二）存储注意要点

（1）从建好页面的那一刻起，就要存好盘，然后在制作的过程中不断执行Ctrl+S命令，以防止软件在应用过程中的意外退出，或电脑突然掉电而导致的工作白做。

（2）存制作软件本身的格式作为备份格式（方便修改），例如方正飞翔存ffx形式。

（3）存储pdf格式文件用于查看、打印和输出。

四、套印标记、检测线

套印，是指多色印刷时要求各色版图文印刷重叠套准，也就是将原稿分色后制得的不同网线角度的单色印版，按照印版色序依次重叠套合，最终印刷得到与原稿层次、色调相同的印品。

检测套准是否准确的标记就叫套印标记，也叫套准线、十字线，是彩色印刷的套准依据，传统中最常用的是西式套印标记和日式套印标记，如图1-2-28、图1-2-29所示。

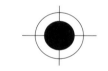

图1-2-28　西式套印标记　　　　图1-2-29　日式套印标记

第三章

样张制作

第一节　数字打样准备

学习 目标	1. 能清洗打印喷嘴。 2. 能更换打印机墨水。 3. 能安装打印介质。

一、数字打样工作原理

　　所谓数字打样，就是把彩色桌面系统制作的页面（或印张）数据，不经过任何形式的模拟手段，通过复杂的彩色管理软件和彩色打印机（喷墨、激光或其他方式），输出与正式印刷纸张、油墨和印刷适性等多方面相匹配的样张，以检查印前工序的图像页面质量，为印刷工序提供参照样张，并为用户提供可以签字复印的依据。

二、喷墨打印机操作使用

（一）打印喷嘴清洁方法

　　打印头喷嘴清洁方法有两种，方法如下：

　　1. 通过数字打样机上的操作面板进行清洗

　　在打印机控制面板上，如图1-3-1所示，单击"Menu"按钮，在显示屏上选择"维护菜单→清洗→正常清洗→执行"，按"OK"键即可开始清洗打印头喷嘴。

　　2. 通过电脑控制面板进行清洗

　　在电脑控制面板中，选择"打印机和传真"，找到"Epson Stylus Pro 7910"打印机图标（本章节中数字打印机都是以"Epson Stylus

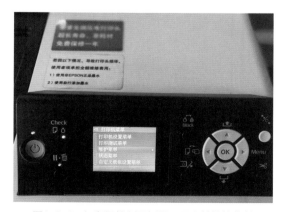

图1-3-1　打印机控制面板显示屏上的维护菜单

Pro 7910"型号为例进行说明），右击该图标，在弹出的快捷菜单中选择"打印首选项"，如图1-3-2所示，然后在打印首选项对话框中选择"应用工具"选项卡，单击"打印头清洗"，在弹出的对话框中（图1-3-3），单击"开始"按钮即可开始清洗打印头喷嘴。

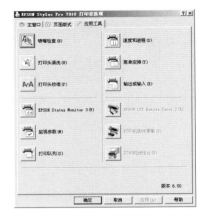

图1-3-2　打印首选项对话框中的"应用工具"选项卡

3. 清洗打印喷嘴操作步骤

（1）启动数字打样机。

（2）检查喷嘴是否堵塞。在打印机控制面板上，选择"Menu菜单→打印测试菜单→喷嘴检查→打印"，按"OK"键即可开始打印测试样张，以检查打印头喷嘴是否堵塞。或者在打印首选项对话框中选择"应用工具"选项卡，单击"喷嘴检查"，在弹出的对话框中单击"打印"按钮即可开始打印测试样张，以检查打印头喷嘴是否堵塞。

（3）样张打印出来后，如果发现十个色块中的线条都是连续且清晰的，就说明喷嘴没有堵塞，也就不必清洗喷嘴了。如果十个色块中有一个或若干个色块中的线条是断开且不全的，就说明喷嘴堵塞了，这时就需要清洗喷嘴了。清洗时，在打印机控制面板上，选择"Menu菜单→维护菜单→清洗→正常清洗→执行"，按"OK"键即可开始清洗打印头喷嘴。

图1-3-3　"打印头清洗"对话框

（4）清洗结束后，再次检查喷嘴是否堵塞，直至喷嘴完全疏通为止。

（二）打样机墨水更换

1. 打样机墨水更换方法

启动数字打印机，按下墨盒舱盖打开按钮 ，如图1-3-4所示，选择放置有更换墨盒的墨盒舱盖，然后按下OK按钮，弹出墨盒舱，根据墨盒舱内的操作提示（图1-3-5）更换墨盒即可。

2. 更换打印机墨水操作步骤

（1）确保打印机已打开。当发现墨水检查指示灯闪烁时，表示墨盒墨量低，这时更换新的墨盒。

（2）按下 按钮。

（3）选择放置有更换墨盒的墨盒舱盖，然后按下OK按钮。这时墨盒舱盖解锁并稍微地打开一点。

（4）用手将墨盒舱盖完全打开。

（5）推动已到使用寿命的墨盒使其稍微地退出一点。

（6）小心地将已到使用寿命的墨盒从打印机中直线方向拉出。

（7）从包装袋中取出一个新墨盒，在前后各5 cm的范围内水平摇晃墨盒若干次。

（8）拿着墨盒，让有箭头的一面朝上，并且箭头指向打印机后部，然后尽可能深地将其插入插槽中直到锁定到位。让墨盒的颜色与墨盒舱盖后部的色标匹配。

（9）关闭墨盒舱盖。更换打印机墨水结束。

3. 更换打印机墨水注意事项

（1）如果墨水沾到了手上，请用肥皂和水彻底清洗。如果墨水进入了眼睛，请立即用清水冲洗。

（2）不要触碰墨盒侧面的绿色芯片。这样做可能会导致不能正常运行和打印。

（3）将墨盒安装到对应的每一个插槽。如果任何插槽没有安装墨盒将不能打印。

（4）为达到更佳打印效果，请在首次安装墨盒后六个月内用完。墨盒使用期限不要超过墨盒包装纸盒上印刷的日期。如果使用的墨盒已超过使用期限，可能会使打印质量下降。

图1-3-4　选择打开墨盒舱

图1-3-5　数字打样机墨盒舱内的操作提示

（三）打印介质安装方法

1. 安装打印介质操作步骤（图1-3-6）

（1）按下数字打样机操作面板上的电源⏻按钮，启动数字打样机。

（2）打开卷纸盖，解锁适配件支架，然后使用左边的手柄取出适配件支架。

（3）切换卷纸适配件的控制杆以匹配卷纸芯尺寸。拉出可解锁两侧的卷纸适配件杠杆锁，将卷纸适配件安装到卷纸的两端。推动卷纸适配件稳固地进入卷纸芯。然后，拉动卷纸适配件两边的杠杆锁向下可锁定。

图1-3-6　打印介质安装成功

（4）将卷纸移动至右侧直到触碰到卷纸的设置导轨。用手滑动适配件支架可让左侧的卷纸适配件与适配件支架对齐。用手滑动适配件支架向右将其牢固地设置到支架轴上。确保将卷纸适配件的两端牢固地设置到卷纸的设置导轨上。然后再向上推动适配件支架的杠杆锁将其锁定。

（5）按下打印纸保护按钮⁎。将打印纸插入插槽。从打印纸插槽中向下拉出打印纸。

（6）合上卷纸盖。再次按下打印纸保护按钮⁎，几秒钟后，打印纸移至打印位置。当按下Ⅱ·🗑按钮时，它将立即移动。

（7）当液晶显示屏上出现"这些设置正确吗?"时，如果认为打印介质设置正确，就按下"OK"按钮即可完成打印介质的安装。如果认为不正确，就选择"否"，然后选择适当的介质类型即可完成打印介质的安装。

2. 安装打印介质注意事项

（1）小心不要将打印纸边缘折叠，以确保插入时顺畅。

（2）如果卷纸的边缘上有折叠，按下"✂"按钮可剪切边缘。

（3）如果进纸不顺畅，可以按下操作面板上的"▲"或"▼"按钮来调整吸取打印纸。

第二节　数字打样

学习
目标

1. 能设置纸张页面尺寸与横、纵方向。
2. 能设置发排字体。
3. 能设置缩放比例。
4. 能设置出血、裁切线等标记。
5. 能识别与处理打样机的缺纸、卡纸、缺墨等故障。

一、数字打样设备

（一）数字打样设备的使用方法

（1）连接电脑和数字打样机，启动数字打样机。

（2）安装数字打样机驱动程序。

（3）正确安装打印介质。

（4）正确安装墨盒。

（5）打开数字打样流程软件，新建作业，设置相关参数，打印即可。

（二）数字打样软件的设置方法

以方正畅流数字化流程为例，在畅流系统中，作业的处理是通过一个或多个处理器单独或共同来完成的。每个处理器都有一套用以控制其处理方式的参数。对这些参数进行不同的设置，可以得到不同的处理结果，以满足用户不同的需要。如何高效而正确地设置处理器参数，是正确使用畅流的一个关键。常见的处理器有规范化器、PDF挂网、RIP后数码打样、点阵导出、预飞、陷印、折手、拼版等，可以在这些处理器中对有关参数进行设置。

（三）数字打样机的故障排除方法

数字打样机主要故障包括缺纸、卡纸、缺墨等。

（1）缺纸　安装新的打印介质即可。

（2）卡纸　打开卷纸盖，在打印纸插入槽处剪切打印纸，然后按下"✂"按钮，松开压纸杆，绕起卷纸。再打开前盖，小心翼翼取出夹纸，合上前盖，关闭打印机，然后再打开即可解决卡纸故障。

（3）缺墨　更换墨盒即可。

二、数字打样设备操作

（一）设置纸张页面尺寸与横、纵方向

以方正畅流为例，在"网点打样"处理器中的设备选项中（图1-3-7）设置打印介质尺寸与方向（旋转设置）。

（二）设置发排字体

在PDF规范化处理器中的字体选项中设置字体嵌入以及字体缺失时如何处理，如图1-3-8所示。

图1-3-7　设置纸张尺寸与方向

图1-3-8　设置发排字体

（三）设置缩放比例

以方正畅流为例，在"网点打样"处理器中的设备选项中设置缩放比例，如图1-3-9所示。

（四）设置出血、裁切线等标记

以方正畅流为例，在"PDF挂网"处理器中的标记选项中设置出血、裁切标记、套准标记等，如图1-3-10所示。

（五）数字打样机缺纸、卡纸、缺墨等故障排除步骤

缺纸故障排除步骤：安装新的打印介质即可。

图1-3-9　设置缩放比例

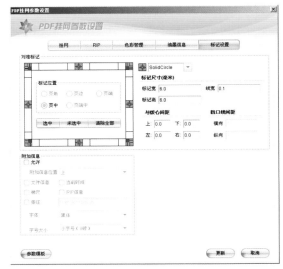

图1-3-10　设置裁切标记

卡纸故障排除步骤：

（1）打开卷纸盖，在打印纸插入槽处剪切打印纸。

（2）按下"%"按钮，松开压纸杆，绕起卷纸。

（3）打开前盖，小心翼翼取出卡纸。

（4）合上前盖，关闭打印机，然后打开数字打样机即可。

缺墨故障排除步骤：更换墨盒即可。

（六）注意事项

排除卡纸故障时要注意：

（1）小心不要触摸打印头周围的电缆。否则，可能损坏打印机。

（2）确保不要触摸打印机内部的压辊，吸墨垫以及墨水管。

第四章

打样样张、印版质量检验

第一节　检验打样样张质量

| 学习目标 | 1. 能检验打样样张的尺寸与内容。
2. 能目测各种样张的白线、蹭墨、重影等缺陷。 |

（一）选择承印物的基本方法

尽量使用能够增强打印输出表现力的与数字打样机同一品牌的专用介质。

如使用某品牌的数字打样机，就尽量使用该品牌的专用介质。当使用非该品牌专用介质的打印纸，要参考相应的打印纸说明或与打印纸的供应商联系以获取详细信息。在大量购买打印纸前先测试打印质量。不要使用有皱褶、磨损、撕破、变脏或有其他缺点的打印纸。质量差的打印纸可能会降低打印质量并且会引起夹纸或其他问题。如果遇到问题，要立即换用高质量的打印纸。

（二）打样样张质量要求及检测标准

打样样张质量必须符合ISO 12647–7标准中的规定，包括样张颜色均匀性，样张上测控条测量值与标准值之间的色差 $\Delta E \leqslant 5$，色调误差 $\Delta H \leqslant 2.5$。

（三）检验打样样张的尺寸与内容

（1）根据裁切标记，使用刻度尺测量样张尺寸。

（2）目测样张质量，观察是否有白线、蹭墨、重影等现象。

（3）使用分光光度计测量数字样张上的测控条，使用色彩管理软件对采集到的颜色信息进行分析，参照ISO 12647–7标准中对数字打样质量检测标准，判断数字打样样张是否合格。

（四）目测打样样张白线、蹭墨、重影等缺陷

（1）将数字样张放置在标准光源下。

（2）仔细观察数字样张，看是否有白线、蹭墨、重影等现象。

（3）如果有白线，说明有墨盒墨水已用尽或喷嘴堵塞，需要更换墨盒或清洗喷头。如果有蹭墨，说明喷嘴堵塞了，需要清洗喷头。如果有重影，说明套印不准，需要校准打印头。

（五）注意事项

在检验打样样张的尺寸与内容时要注意：

（1）必须在拥有完整的数字打样系统（数字化流程）的前提下进行数字打样。

（2）数字打样介质必须符合ISO 12647-7标准中的相关规定。

（3）数字打样时，要使用Ugra/Fogra Media Wedge CMYK V2.0/V3.0等符合国际标准的测控条。

第二节　检验印版质量

| 学习目标 | 1. 能目测印版的划伤、折痕、脏痕等缺陷。
2. 能对照签样检查版面尺寸，有无丢字、乱码、缺图和变形等问题。 |

（一）印版划伤、折痕、脏痕等缺陷的类型

印版表面若被锐利物体碰到，就可能被划伤。在取版过程中若方法不正确，就可能会出现马蹄印等折痕。在存储前，若没有进行上胶处理，就可能出现脏痕。所以，印版在输出、拿取、存储和使用的过程中，都要小心谨慎，避免造成印版损伤。

（二）印版质量要求及检验标准

外观质量要求无划伤、折痕、脏点，裁切标记、套准标记、测控条等信息完整、齐全。图文信息齐全，无残缺字、无乱码。

使用印版测量仪测量印版网点还原情况，要求20%以下网点，还原误差±0.8%；20%以上网点，还原误差±1%。

使用测量尺测量成品尺寸、咬口尺寸，要求与施工单一致，准确无误。

（三）操作步骤

1. 目测印版表面划伤、折痕、脏痕等缺陷

（1）目测印版表面有无划伤。

（2）目测印版表面有无折痕。

（3）目测印版表面有无脏痕。

（4）目测印版显影是否干净，有无底灰。

2．对照签样检查印版丢字、乱码、缺图和变形等问题

（1）对照签样检查印版有无丢字，缺笔少画。

（2）对照签样检查印版有无乱码。

（3）对照签样检查印版图像是否完整，有无缺图。

（4）对照签样检查印版上的图像有无变形，比如圆形的标志等图形是否变扁。

（四）注意事项

在检查印版表面缺陷及内容时要注意：

（1）以签样样张为依据。

（2）仔细观察。

（3）检查印版是否有底灰时，可以使用丙酮或酒精点滴版面空白处进行检查。

第二篇

印前处理

（中级工）

第一章

图像、文字输入

第一节　原稿准备

<table>
<tr><td>学习
目标</td><td>1. 能判断原稿的质量。
2. 能计算原稿的缩放倍率。</td></tr>
</table>

一、印刷原稿

（一）印刷对原稿的质量要求

1. 密度

密度是用来衡量原稿对光的吸收量的一个参数，它等于光的反射率或透射率倒数的对数。原稿的最大密度与最小密度之差为原稿的反差。

根据实践，原稿的最佳密度范围为0.3～2.1，即反差为1.8最为合适。而彩色反转片的密度范围一般在0.05～3.0，最高密度可达到4.0，故在印刷复制时必须对原稿的阶调进行压缩。一般的彩色反转片原稿密度差应控制在2.4以内，复制时进行合理压缩，效果也较理想。若原稿反差大于2.5，即使复制时进行阶调压缩，也会造成层次丢失过多，并级严重。

2. 层次

层次，也称阶调层次，它是表示原稿从高、中、低阶调的变化过程中，密度级数的多少。级数越多阶调越丰富。正常原稿的层次应具备整个画面不偏亮也不偏暗，高、中、低调均有，密度变化级数多，阶调丰富。不要出现偏"薄"、偏"平"、偏"厚"、偏"闷"等问题。

3. 色彩

原稿的色彩主要以色相、纯度（也称彩度、饱和度）、明度这三个基本属性为评判标准，一般要求无色偏、饱和度高、明亮。中性灰区域经红、绿、蓝、紫滤色片测得的密度之差不大于0.01～0.03，或在视觉上无明显的偏色。

4. 清晰度

清晰度是指原稿层次边界的实度。原稿清晰度好坏决定了图像的感官质量，对其放大倍率的大小也有影响。原稿应具有的解像力用NNc表示，其中N为印刷复制放大倍率，Nc为线划精度，其单位为c/mm，当Nc为10c/mm时，人眼不产生模糊感。正常原稿应清晰自然，颗粒细腻。

（二）原稿缩放倍率的计算方法

扫描分辨率与加网线数和放大倍数相关，它们三者之间的关系是：

扫描分辨率=加网线数×质量因子（1.5～2）×缩放倍数

如一图像原稿需放大2倍，用150 lpi加网印刷，若扫描缩放倍率设定为100%，则扫描分辨率设为600 dpi。

缩放倍率需考虑原稿的大小、质量及最终要求，放大率一般不超过8倍，原稿作等比例扫描时，如果横向与纵向缩放倍率不同，则应以大的缩放倍率为准。

二、判断原稿质量的方法

（1）原稿的密度范围是否在0.3～2.1。

（2）阶调层次的丰富程度，是否高、中、低均有。

（3）有无色偏，是否饱和度高、明亮不灰暗。

（4）清晰度是否够高。

第二节　图像扫描、拍摄

学习目标

1. 能设定扫描仪的扫描参数。

2. 能设定数字照相机参数并拍摄。

3. 能按照复制要求和印刷条件进行图像分色设置。

4. 能识别网点百分比，误差在10%内。

一、印刷色彩基础

（一）颜色合成的基本原理

颜色混合是指两种以上颜色混合在一起会产生一种新的颜色。

颜色混合有两种，即色光混合和色料混合。如电视、手机的屏幕就是色光混合的结果，颜料画画、染料染布及彩色印刷等都是色料混合。

1. 色光混合的原理

色光加色法是指两种或两种以上的色光同时反映于人眼，视觉上会产生另一种色光的现象。

色光中的红（R）、绿（G）、蓝（B）被称为色光三原色。它们既是白光分解后得到的主要色光，又是混合其他色光的基本成分，这三种色光以不同比例混合，几乎可以得到自然界中的一切色光；这三种色光又具有独立性，不能再分解成其他色光，其中一种原色不能再由另外的原色光混合而成。色光混合所获得的颜色其明度是升高的。

色光三原色所对应的光谱波长范围是：蓝光400～470nm，绿光500～570nm，红光600～700nm。为了统一认识，1931年国际照明委员会（CIE）规定了三原色的波长R=700.0nm，G=546.1nm，B=435.8nm。

三原色光等量相加的规律是：红光+绿光=黄光，红光+蓝光=品红光，绿光+蓝光=青光。凡是两种色光等量相加呈现白光，则称这两种色光为互补色光。由示意图2-1-1中所示的三对互补色光是：红光与青光、绿光与品红光、蓝光与黄光。

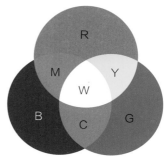

图2-1-1　三原色光混合示意图

2. 色料混合的原理

色料减色法是指复色光中减去一种或几种单色光而得到另外一种色光的现象。

色料呈现颜色是因为当光线照射时吸收（减去）了某些色光，同时也反射了某些色光，色料的混合，使吸收色光增多反射光相应减少，而物体的色彩是由反射光决定的。因此称色料的混合为减色混合。色料混合所获得的颜色其明度是降低的。

色料三原色呈现的色相——黄（Y）、品红（M）、青（C），从其吸收反射情况的分析中可以看出，每种色料原色都会从白光中吸收（减去）一种原色光，反射另外两种原色光即：

黄色料（Y）：W−B=R+G=Y

品红色料（M）：W−G=R+B=M

青色料（C）：W−R=G+B=C

故而也把黄称为减蓝、品红称为减绿、青称为减红。

色料减色法的呈色原理的表达式：

Y＋M＝W−B−G＝R

Y＋C＝W−B−R＝G

C＋M＝W−R−G＝B

Y＋M＋C＝W−B−G−R＝BK（黑）

三原色料等量相加的规律是：品红+青=蓝紫，品红+黄=红，青+黄=绿，品红+黄+青=黑。凡是两种色料等量相加呈现黑色，则称这两色料为互补色。由示意图2-1-2中所示的三对互补色是：品红与绿、黄与蓝紫、青与红。补色的重要性质是：一种色光照射到其补色的物体上，就会被吸收。如蓝光照射黄色物体时，呈现黑色。

实际上色料三原色因为纯度不够，等量色料三原色混合后的色彩不是标准的光谱色，也就是说不存在真正意义上的黑色，而是一种黑灰色。

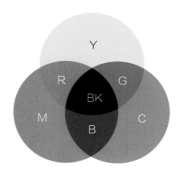

图2-1-2　三原色料混合示意图

（二）颜色的数据表示方法、颜色空间

1. 颜色的数据表示方法

不同的颜色模型，其颜色的数据表示方法就不同。常见的颜色模型有孟塞尔色立体、RGB、CMYK、Lab、位图、灰度等。

（1）孟塞尔色立体

孟塞尔色立体是1905年美国的教育家孟塞尔创立的，是目前最科学的表色体系。孟塞尔色立体结构如图2-1-3所示。

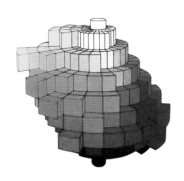

图2-1-3　孟赛尔色立体

孟氏色立体的表色符号中H表示色相，V表示明度，C表示饱和度。颜色表示形式为HV/C=色相、明度/饱和度。如5R4/14，5R为色相，4为明度，14为饱和度。非彩色用NV/表示，如N3/代表明度为3的灰色。孟氏色立体的10个基本色相的表色符号为：红5R4/14、黄Y8/12、绿5G5/8、蓝5B4/8、紫5P4/12、橙5YT6/12、黄绿5YG7/10、蓝绿5BG5/6、蓝紫5BP3/12、红紫5RP4/12。

（2）RGB模式

色光三原色（红绿蓝）是Photoshop默认的色彩模式。R（Red）红色、G（Green）绿色、B（Blue）蓝色，数值分别为0~255，都为0时，为黑色，都为255时，为白色；当三种色值相等时为灰色，是一种加色混合模式，即所有其他颜色都是通过红、绿、蓝三种颜色混合而成的。

（3）CMYK模式

CMYK模式是打印和印刷模式，与RGB色彩模式相对立，是一种减色混合模式，C（Cyan）青色、M（Magenta）品红、Y（Yellow）黄、K（Black）黑色值分别为0~100，都为0时，为白色；都为100时，为黑色。

（4）Lab模式

Lab模式是与设备无关的颜色模式，是数理方法推算出来的，解决了不同的显示器或打印设备所造成的颜色复制差异，包含了CMYK和RGB的全部颜色。Photoshop中以Lab模式作为内部转换模式来完成不同颜色模式之间的转换。L代表亮度，决定了颜色的明亮度，a表示绿色到红色轴的颜色范围，b表示从蓝色到黄色轴的颜色范围。亮度值为0~100，a和b值为-128~127。Lab模式在色彩模式间的转换过程中起着中间桥梁的作用。

XYZ和Lab色彩空间描述了具有正常颜色视觉的人，在严格限定的观察环境下，所能看到的颜色感觉的样子。其空间的色彩数值具有精确且不随设备而变化的色彩特性。现实中不可能有某种设备能完全表现出XYZ或Lab色彩空间中的所有色彩，虽然我们在Photoshop中可以有Lab编辑图像，但不论是显示器还是印刷，我们看见的依然是这个设备色彩空间中的颜色，即Lab色彩空间只能通过特定设备来表现，得到的也就不是真正的Lab色域，而只是特定设备的色域。

（5）灰度模式

灰度模式只有亮度值，无色相和饱和度信息，只有黑、白、灰三色。亮度值为

0~255，共256个灰度级。

2. 颜色空间

为了在颜色模型的基础上具体描述色彩，色彩学家引用了数学上"空间"的概念，将三维坐标轴与色彩的特定参数对应起来，使每一个色彩都有一个对应的空间位置，空间中的任何一个坐标点都代表一个特定的色彩，这个空间就称为颜色空间。某种色彩空间所能表达的色彩总量所构成的色彩区域叫色域。颜色空间的面积越大，其色域范围就越大。图2-1-4就是不同颜色空间色域大小的比较。

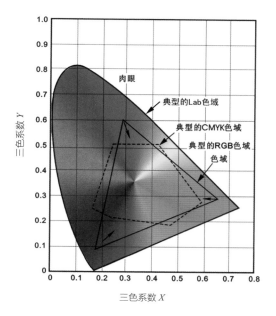

图2-1-4 不同颜色空间色域大小比较

（三）扫描设备的结构、工作原理及与扫描质量的关系

扫描仪的核心部分是完成光电转换的部件——扫描元件（也称为感光器件）。目前市场上扫描仪所使用的感光器件主要有：光电倍增管PMT、电荷耦合元件CCD及接触式感光器件CIS。不同扫描仪使用的感光器件不同，工作原理不同，其扫描原稿的质量也不同。

滚筒扫描仪是目前最精密的扫描仪器，其感测技术是光电倍增管PMT（Photo Multiplier Tube）。滚筒扫描仪有四个光电倍增管，三个用于分色（红、绿和蓝色），另一个用于虚光蒙版。所以它可以使不清楚的物体变为更清晰，可提高图像的清晰度。滚筒扫描仪的扫描密度范围较大，最高密度可达4.0。能够捕获到正片和原稿最细微的色彩，暗调的地方可以扫出更多细节。用光电倍增管扫描的图像输出印刷后，其细节清楚，网点细腻，网纹小。

电荷耦合器件CCD（Charge Coupled Device）和接触式感光器件CIS（Contact Image Sensor）是目前平板扫描仪常用的光电转换部件，其生产成本相对较低，扫描速度相对较快，扫描效果能满足大部分工作的需要。CCD技术的工作原理与复印机相似，它利用外部高亮度光源将原稿照亮，原稿的反射光经过反射镜、投射镜和分光镜后成像在CCD元件上，能扫描凹凸不平的实物。平板扫描仪扫描的密度范围较小，一般中低档平板扫描仪只有3.0左右。平板扫描仪扫描的照片质量在图像的精细度方面相对于滚筒扫描仪来说也较差一些。

CIS（Contact Image Sensor）工作原理与传真机相似，它没有镜头组件，CIS感光器件横跨整个扫描幅面宽度，CIS采用发光二极管作为光源和二极管感光元件，其分辨率较低，极限分辨率在600 dpi左右。

（四）数字照相机的工作原理与使用方法

数码相机集成了影像信息的转换、存储和传输等部件，具有数字化存取模式，与电脑交互处理和实时拍摄等特点。光线通过镜头或者镜头组进入相机，通过数码相机成像元件转化为数字信号，数字信号通过影像运算芯片储存在存储设备中。数字照相机的基本操作方式有以下几种：

1. 镜头选择

按镜头的焦距或视场角可将镜头分为标准镜头、广角镜头、长焦镜头三类。其中标准镜头应用最为广泛适合拍摄人像、风光、生活等各种照片；广角镜头是短焦距镜头适合在有限距离范围内拍摄出全景或大场面照片；相同距离上长焦镜头能拍出比标准镜头更大的影像，适合拍摄远处的对象。

2. 光圈与快门

通过对光圈的调节可以控制镜头进光量的多少，调节曝光效果，如减小光圈能提高系统的景深，并且能够提高成像的质量。

为了保护相机内的感光器件不至于曝光，快门总是关闭的。调整好快门速度后，拍摄时只要按下照相机的快门释放钮即可，目前数码相机的快门包括电子快门、机械快门。

3. 场景模式

（1）风景模式　光圈调到最小以增加景深。

（2）人像模式　光圈调到最大，这时景深浅，但图像清晰度高，证件照的拍摄。

（3）夜景模式　一种是使用1/10s左右的快门进行拍摄，可能导致曝光不足；另一种情况是使用数秒长的快门曝光时间，以保证相片充分曝光，相片画片较亮。两种情况都是使用较小的光圈进行拍摄，闪光灯会关闭。

（4）夜景人像模式　使用1/10s至数秒的快门拍摄远处的风景，并使用闪光灯照亮前景的人物主体，闪光灯在快门关闭前被触发。

（5）动态模式　将快门速度调至1/500s或提高ISO感光值，用来拍摄高速移动的物体。

（6）微距模式　使用"微距"焦距，并关闭闪光灯，如昆虫、花卉的拍摄。

（7）逆光模式　采用重点测光以增强曝光的准确性，并增加EV值以避免主体过暗，有些相机会使用闪光灯补光。

（8）全景模式　适用于拍摄较宽幅度的画面，在每张相片的后面留出多余位置，帮助摄影者连续拍摄多张相片，再组成一张超宽的风景照，如山脉的拍摄。

4. 对焦

（1）自动对焦　又可分为主动式自动对焦和被动式自动对焦。主动式自动对焦方式速度快、易实现、成本低，被动式自动对焦式对焦精度高、速度较慢、成本也高。

（2）手动对焦　通过手工转动对焦环调节相机镜头实现，依赖于拍摄者的专业水平。

（3）多重对焦　可设定对焦的区域范围，常见的有5点对焦、7点对焦和9点对焦。

（4）全息自动对焦　采用先进的激光全息摄影技术，利用激光点检测拍摄主体的边缘，即使在黑暗的环境中也能拍摄准确对焦的照片。

5. 图像的导出与保存

数码相机将图像信号转换为数据文件保存在磁介质设备或光记录介质上。常见的存储介质有CF卡、SD卡、MMC卡、SM卡、MS卡、XD卡等。常见的存储格式有RAW图像格式、TIFF图像格式、JPEG图像格式等。

二、操作案例

（一）按照复制要求和印刷条件进行图像分色设置

（1）在Photoshop中，"编辑"菜单下进行"颜色设置"相关参数，如图2-1-5所示。

（2）执行"图像"—"模式"，将RGB颜色转换为CMYK颜色，如图2-1-6所示。

（二）识别网点百分比的方法

（1）用密度计测定网点的积分密度，然后换算成网点面积的百分数，如：网点的积分密度为0.3，则网点面积为50%，这种方法比较科学、准确。

（2）用高倍率的放大镜观测网点面积与空白面积的比例，这种方法比较直观、方便，但因凭经验，误差较大。从网点排列情况粗略分析，黑点若大于白点，为5成以上网点；黑点若小于白点，则为5成以下网点，如图2-1-7所示。

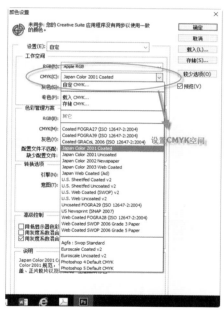

图2-1-5　颜色设置对话框

图2-1-6　颜色转换

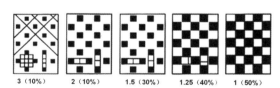

图2-1-7　网点百分比

第三节　文字录入

学习目标

1. 能录入特殊（生僻）文字和特殊符号。

2. 能进行汉字和一种外文或少数民族文字的混合录入。

3. 能识别字体的种类。

一、文字

（一）校对符号的使用

1. 常用校对符号及使用

校对符号是用来标明版面上出现的某种错误的记号，是编辑、排版、改版、校对等工作人员的共同语言，图2-1-8列举了修改校样时常用校对符号的使用方法。

2. 校对符号的标注要求

（1）校对校样时，书写校对符号或示意改正的字符，必须使用有色笔如墨水笔、圆珠笔等，不能使用铅笔。

（2）校样上改正的字符字迹要清楚，校改外文要用印刷体。

（3）校样中的校对引线要从行间画出，墨色相同的校对引线不可交叉。画圈不能粘上下左右的字符。

（二）字体的分类与特征

汉字起源于甲骨文，汉字在漫长的历史长河中不断演变大致经历了甲骨文、金鼎文、大篆、小篆、隶书、楷书等过程。目前常用的印刷字体有宋体、仿宋、黑体、隶书、楷体等（图2-1-9）。

1. 宋体

宋体的特点是横细竖粗；点，上尖下圆呈瓜子形；撇，上粗下细呈一定弧度的刀形；捺，上细下粗落笔带刀锋；横、竖、折笔画右上部均有装饰字肩。宋体是起源于宋代雕版印

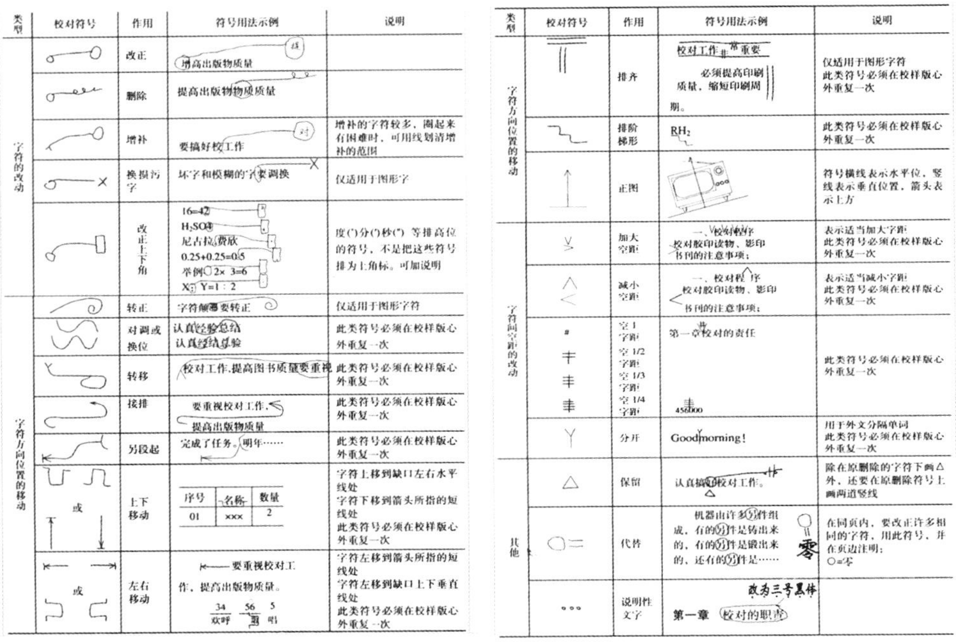

图2-1-8　常用符号

刷时通行的一种印刷字体。因此，宋体字具有中国书法魅力的同时，还具有雕版印刷及木版刀刻的韵味。宋体是现在最通用的一种印刷字体，常用于排版书刊报纸的正文。

宋 仿宋 黑 隶 楷

图2-1-9　常用印刷字体

2．仿宋体

仿宋体的特点是横竖笔画精细均匀，横笔略向上方倾斜。仿宋是宋体的变体，常用于排印公文正文、诗集短文、标题、引文等，杂志中也有用这种字体排整段文章的。

3．黑体

黑体的特点是方正、粗犷，横竖笔画精细相等，笔形方头方尾。黑体是机器印刷术的历史产物，抹掉了手书体的一切人为印迹和造字渊源。黑体适用于作标题或重点按语，因色调过重，不宜排印正文。

4．隶书

隶书的特点是整体美观、庄重大方，字形略为宽扁，横长竖短。隶书是在篆书基础上，为适应书写便捷的需要产生的字体。就小篆加以简化，又把小篆匀圆的线条变成平直方正的笔画，便于书写。多用于商品名称和文字说明。

5．楷体

《辞海》解释说楷体旁边是"形体方正，笔画平直，可作楷模。"故名楷书。楷体从程邈创立的隶书逐渐演变而来，更趋简化，横平竖直，是印刷字体中最接近手写体的一种字体。广泛用于印刷小学课本、少年读物、俗读物、报刊中的引题、副题等。

（三）混排的基本概念

图文混排是指将文字与图片混合排列，文字可在图片的四周，嵌入图片下方或浮于图片上方等。最常用的方式是将文字排在图片的四周。当文字浮于图片下方时需拉大图片与文字的明度对比或为文字添加底色，以保证文字的可读性。图2-1-10是在排版软件InDesign中执行"窗口/文本绕排"打开的对话框中选择"沿对象形状绕排"的效果。

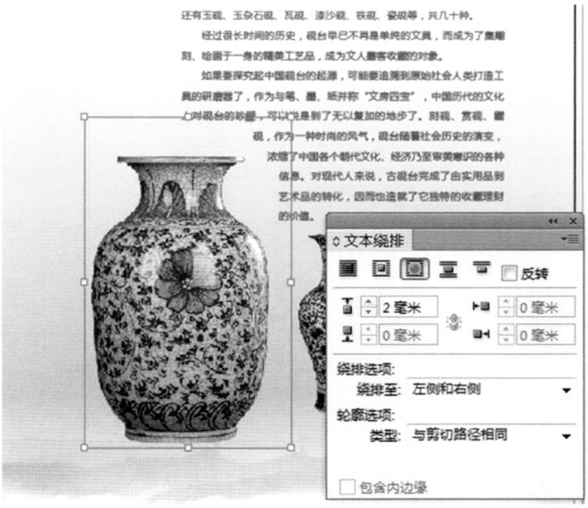

图2-1-10　文字"沿对象形状绕排"

二、文字录入

（一）录入特殊（生僻）文字

1．拼合法输入生僻字

使用搜狗输入法在"u"模式下进行拆分输入。拼合法输入生僻字是以汉字笔画或部首拼合的办法来组成汉字。笔画或部首均以简单的拼音代码来表示。

（1）将一个汉字拆分成多个组成部分，"u"模式下分别输入各部分的拼音即可得到对应的汉字。如："砦""莁"，如图2-1-11所示。

（2）部首拆分输入，如"沏"可拆分为"氵"和"力"。"u"模式下输入"shuili"即可，如图2-1-12所示。图2-1-13是常见部首在"u"模式下的输入方法。

（3）"笔画+拆分"混合输入，如"羿"可拆分为"羽"和笔画"一"、"丿"、"丨"。"u"模式下输入"yuhps"即可，如图2-1-14所示。笔画的输入，即笔画拼音的首字母h（横、提）、s（竖、竖钩）、p（撇）、n（捺、点）、z（折）。

2．手写法输入生僻字

使用搜狗输入法在"u"模式下，点击"打开手写输入"在窗口中写出即可如图2-1-15和图2-1-16所示。这是一种利用鼠标模拟传统笔或者用电子手写板直接写入汉字来输入生僻字的方法。

（二）录入特殊符号

当需要输入特殊字符时，如"μ"，点击"输入法方式"图标中的"软键盘图标"，点击"特殊符号"，如图2-1-17；在"符号大全"界面中找到需要的字符，点选即可，如图2-1-18所示；也可以在搜索框内搜索你需要的字符，如图2-1-19所示。

图2-1-11　汉字拆分输入

图2-1-15　搜狗输入法下启动"u"模式

u'shui'li

1.沏(lè)　2.沥(lì)　3.泣(qì)　4.浬(lǐ)　5.浰(lì)

图2-1-12　部首拆分输入

偏旁部首	输入	偏旁部首	输入
阝	fu	忄	xin
冂	jie	钅	jin
讠	yan	礻	shi
辶	chuo	廴	yin
冫	bing	氵	shui
宀	mian	冖	mi
扌	shou	犭	quan
纟	si	幺	yao
灬	huo	罒	wang

图2-1-13　常见部首的拼写输入

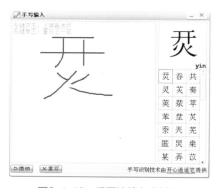

图2-1-16　手写法输入生僻字

u'yu'hps

1.羿(yì)　2.预(yù)　3.颍(yǐng)　4.霺(xū)　5.鲔(wěi)

图2-1-14　"笔画+拆分"混合输入

图2-1-17　点击"软键盘图标"

图2-1-18 点选"特殊符号"

图2-1-19 搜索特殊符号

（三）汉字和一种外文或少数民族文字的混合录入

外文或少数民族文字与汉字同时使用时，应当大小相称，用字要规范。

1. 汉字排版的一般规则

（1）每段首行必须空两格，特殊的版式作特殊处理。

（2）每行之首不能是句号、分号、逗号、顿号、冒号、感叹号；后引号、后括号、后书名号，行末不能排前引号、前括号、前书名号等。

（3）标题排版时要避免背题。

2. 英文排版回行的一般规则

（1）单音节词不可断句回行，如：have、light、am。

（2）每段的最后一个词不能转行，不能把一个词转排在两个版面上。

（3）整词转行或把上行行末、下行行首的一二个字母挤排在同一行内，必要时可在上行行末或下行行首增加一个音节，如：univer–sity uni–versity。

（4）避免缩写专用名词断句回行。

（5）被拆开的词必须放置连接符"–"不可放在回行的行首。

（四）符号的规范使用

1. 中英文排版中关于"."的正确使用

（1）中文序码后习惯用顿号（如"五、"）阿拉伯数码后习惯用黑点（如"5."），不要用顿点（"5，"）。

（2）外国人名译名的间隔号处于中文后，用中圆点，如：弗·阿·左尔格；处于外文后时应用下脚点，如：弗·A．左尔格。当然，在全是外文的外国人名中自然要按照国际习惯用下脚点：F．A．Sorge。

2. 其他标点符号的规范使用

（1）省略号在中文中用六个黑点"……"，在外文和公式中用三个黑点"…"来表示。

（2）文字或数字、符号之间的短线，应根据原稿的标注来确定短线的长短。在没有标注的情况下。范围号用"一字线"（稿纸上占一格），例如54%—94%，但也可用"～"。

（3）破折号用"两字线"，例如插语"机组——发电机和电动机"。

（4）连接号用"半字线"（稿纸上不占格，写在两字之间），如章节码（§1–1），图表码（图1–1）。

第二章

图像、文字处理及排版

第一节　图像处理

学习 目标	1. 能对图像的层次进行调整。 2. 能将图像颜色校正、清晰度调整。 3. 能进行图像修饰。 4. 能选用色彩特性文件进行分色。 5. 能使用图像处理软件进行分色。

一、图像层次与颜色

（一）图像分辨率与图像尺寸的关系、图像插值分辨率的概念

（1）在图像的位深、格式、模式一定的情况下，图像文件的大小与图像分辨率和尺寸有直接的关系，如图2-2-1。图像的尺寸越大，图像的分辨率越高，图像文件也越大。

图像文件的大小就是图像像素总数的多少，如果不勾选"重定图像像素"，那么三者的关系为：宽度×高度×分辨率=像素大小（定值），改变任何一个数值，其他两个都相关联发生变化，但像素总大小不变。如果勾选"重定图像像素"，则改变宽度、高度、分辨率三者中的任意一个数值，图像文件的大小也就是图像像素总数都会改变，像素数的增减是插值运算、理论计算的结果，不是真正意义上的像素数的增减，所以图像越放大越模糊。

（2）光学分辨率也称物理分辨率，是根据像素值测得的，像素值越多，分辨率也就越高，产生的影像也就越锐利清晰，层次越丰富。

插值分辨率是通过软件的插值补点来提高分辨率，也就是在每两个真实的像素点之间根

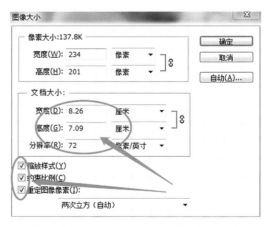

图2-2-1　图像的分辨率与图像尺寸的关系

据某种规定再插入一个模拟点。一种规定是插入平均值，一种规定是插入重复像素，插入平均值要比插入重复像素效果好。如果对一幅扫描的图片进行放大，则每英寸的像素数自然减少，放大后仍要保持原来的分辨率，就要通过计算机进行插值运算。

光学分辨率是产品的真正分辨率，代表了产品的清晰程度。一般情况下，加入插值对于放大图像会有一定的帮助。低像素的图像在放大一倍后必然会出现发虚的现象，而具有插值分辨率的图像则是介于高低像素之间的一个模糊概念，但可以得出的结论是：通过插值得到的分辨率肯定比同数量的光学分辨率效果要差。

许多产品标称的分辨率为最高分辨率，这是基于软件的算法得出的理论意义的分辨率，并不能真正提高对影像细节与层次的表现能力，所以购买产品时，应该关注光学分辨率。

（二）图像层次、颜色、清晰度

1. 图像层次

图像的层次感，就是指图像的明暗差别和颜色差别，能较好地表现不同亮度和颜色的细节，构成了图像的结构骨架。在这个明暗结构的基础上添加颜色就形成了饱和度不同的各种彩色，从而产生了更加丰富的细节结构。

层次是指图像中视觉可分辨的、从最亮到最暗调之间的密度等级，它是组成阶调的基本单元；阶调指的是图像复制后整体明暗对比的密度变化，它是由各个层次排列起来而组成的集合。当一张原稿的阶调得到最佳复制时，图像会表现出令人满意的反差（所谓反差，即图像中最高密度与最低密度之差），原稿上的重要细节得到表现，并有助于在整个画面取得平衡。阶调复制不正确时，印刷图像看起来是不鲜明的，缺乏应有的自然光泽，亮调不亮或缺乏反差，重要部位给人以"平"的感觉（色彩并级），色彩饱和度不够。

处理方法：由于原稿复制成印刷品的密度范围一般要变小，所以在复制后必然会使原稿的阶调被大幅度地压缩。同时彩色显示屏和印刷品再现图像所产生的视觉感受产生很大的差异。因此，必须细致、充分地分析原稿阶调再现的重点以及原稿所表现的内容，在此基础上对阶调进行校正。

阶调的调整包含两个方面的含义：一是对原稿的阶调进行艺术加工，满足客户对阶调复制的主观要求，如对曝光不正确的摄影稿的阶调校正；二是补偿印刷工艺过程对阶调再现的影响，为了获得满意的阶调再现，必须对其进行补偿。阶调调整通常采取压缩调整的办法，使原稿的阶调范围适合于印刷条件下印品所能表现的阶调范围（一般采用亮调处不压缩，中间调有一定的压缩量，暗调压缩量大的非线性方式）。

Photoshop软件中对图像阶调调整和层次调整主要通过色阶和层次曲线来完成，如图2-2-2所示。

2. 图像颜色

颜色是通过眼、脑和我们的生活经验所产生的一种对光的视觉效应，我们肉眼所见到的光线，是由波长范围很窄的电磁波产生的，不同波长的电磁波表现为不同的颜色；对色彩的辨认，是肉眼受到电磁波辐射能刺激后所引起的一种视觉神经的感觉。例如红色、橙色、黄色、绿色、青色、蓝色和紫色等颜色具有三个特性，即色调、明度和饱和度。

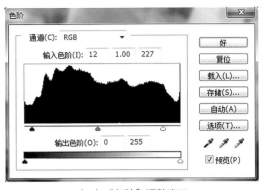

（a）"色阶"调整窗口　　　　　　　　（b）"曲线"调整调整窗口

图2-2-2　Photoshop中的层次调整

处理方法：原稿复制成印刷品，要求颜色能最大限度地保持鲜艳和纯正，主要是通过Photoshop软件的"可选颜色"来实现，如图2-2-3所示。"可选颜色"最初是用在印刷中还原扫描分色的一种技术，能有选择地修改任何主要颜色中的印刷色数量而不会影响其他主要颜色，可以用它调整我们想要修改的颜色而保留我们不想更改的颜色。

运用可选颜色的几个注意事项：

（1）图像模式是在CMYK下进行。

（2）注意不需要调整的颜色是否也产生了变化。

（3）一般情况下使用"相对"方式，以免使图像色调变化过大。

3．图像清晰度

图像清晰度是指影像上各细部影纹及其边界的清晰程度。图像的清晰度是衡量图像品质优劣的一个重要标准。清晰的图像细微层次清楚、通透，让人看了赏心悦目；雾里看花的图像总也让人不舒服。图像清晰度的调整是印前图像处理中不可缺少的一步，调整图像清晰度主要通过功能来进行，如图2-2-4所示。

处理方法：执行"滤镜"→"锐化"→"USM锐化"命令，弹出图2-2-4所示的对话框：

（1）参数"数量" 取值范围在1%～500%，其缺省值为50%。数值越大，清晰度越高，

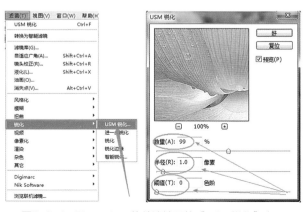

图2-2-3　Photoshop软件的"可选颜色"窗口　　　图2-2-4　Photoshop软件滤镜下的"USM锐化"窗口

但不宜过大，否则会使图像失真，产生很难看的色彩变化。

（2）参数"半径"　取值范围在0.1～1000，其缺省值为1.0。半径越大，清晰度越高，但不宜过大，否则会使图像失去自然风味。

（3）参数"阈值"　取值范围在0～255，其缺省值为50%。阈值越大，USM作用不明显；USM作用范围越大，对图像清晰度强调作用越大。

设置的基本原则：图像显示比例为100%时，在屏幕上观察图像，刚有粗糙的点子出来，说明只能锐化到此。如果再往高处调节，就会出现噪声，图像就会很难看。

最常用经验参数：数量50%～100%；阈值0；半径值（人物类1～2，风景类2～3，建筑机械类3～4）。

二、图像修饰

图像修饰主要是对图像的部分细节进行适当的调整，合理地使用各种修饰工具，如模糊工具、锐化工具、修复画笔工具、仿制图章工具等，使图像产生涂抹、色彩减淡、加深、去除脏点、改变色彩的饱和度等效果，可以使图像处理之后更加美观、自然。

1. 用修复工具修复图像

（1）用"污点修复画笔工具"修复图像　污点修复画笔工具就是用来修复、去除图片上污点的工具。但是，它不像修复画笔工具那样需要定义取样点，而只有确定好图像修复点的位置，就会在确定的修复位置边缘自动寻找相似的区域进行自动匹配。也就是说只要在需要修复的位置画上点击就可以轻松修复图中的污点。

在选项中，"近似匹配"，则自动选取适合修复的像素进行修复；"创建纹理"，则利用所选像素形成纹理进行修复。

相对于修复画笔工具，污点修复画笔工具简单了许多，去除图片上的污点是"污点修复画笔"工具的强项，而"修复画笔工具"则更适用于复杂、细致对象的修复工作。

（2）用"修复画笔工具"修复图像　修复画笔工具可以看作是仿制图章工具和图案图章工具的结合。可以去除图像中的瑕疵，并将样本像素的纹理、光照、透明度和阴影与所修复的像素进行匹配，从而使修复后的像素不留痕迹。

取样点：按"A1t"键的同时，单击即可。松开"Alt"键，在目标位置上单击，就可获得取样点的图像覆盖原来的图像。

修复画笔工具与仿制图章工具均可以对图像进行修复，原理就是将取样点的图像复制到目标位置。但"仿制图章工具"是无拐仿制，取样的图像是什么样的仿制到目标位置时就是什么样。而"修复画笔工具"有运算的过程，在涂抹过程中会取取样处的图像与目标位置的背景相融合，自动适应周围环境。

（3）用"修补工具"修复图像　与前两种工具相比，修补工具更适用于对大面积图像进行修复，比如修复额头皱纹。在"修补"选项中，若选择"源"，则用目标来修复所选区域；若选择"目标"，则用所选区域来修复目标位置。在使用修补工具进行修补之前，必须先用修补工具绘制选区，或者使用其他选区工具创建一个选区。

（4）用"红眼工具"修复图像　红眼工具是针对数码相片中经常出现的红眼问题进行处理的工具。其中"瞳孔大小"用来增加或减少红眼工具所改区域的大小；"变暗量"是用来设置修改后的变暗程度。

2．用变焦工具修饰图像

（1）用"模糊工具"处理图像　可以把图像的硬边缘模糊化，常用于模糊背景、人物和物体，来起到突出主体的作用。

（2）用"锐化工具"处理图像　刚好和模糊工具相反，它可以把柔边缘硬化，增加对比度，使其在背景中凸现出来。

（3）用"涂抹工具"处理图像　可以产生用手涂抹油画的效果，使涂抹的像素随意地融合在一起，很有艺术效果。如果选择了工具属性栏中的"手指涂抹复选框"，那么每次涂抹的起点是以前景色进行涂抹；如果取消该"复选框"，那么每次涂抹的起点将是以单击位置的颜色进行涂抹。

3．用明暗工具修饰图像

（1）用"减淡和加深"处理图像　用于处理图像像素的亮度。减淡工具可以使部分区域变亮，正如摄影师采用遮挡光线的方法使图像部分区域变亮一样。而加深工具恰恰相反，它的作用是使部分区域变暗。

"范围"选项包含"中间调""高光"和"阴影"三个选项，分别是指对中间调区域、亮调区和暗调区进行亮度调整。

（2）用"海绵工具"处理图像　可以精确地改变目标区域的色彩饱和度，它通过提高或降低色彩的饱和度，从而达到修正图像色彩偏差的效果。

"减色"和"加色"模式是可以互补使用的，过度去除色彩饱和度后，可以切换到"加色"模式增加色彩饱和度，但无法为已经完全为灰度的像素加色。

三、图像文件格式的特点和用途

常用的图像文件格式有PSD、BMP、GIF、EPS、JPEG、PDF、PICT、PNG、TIFF等，各种格式都有自己的特点和用途：

1．PSD格式

支持Photoshop处理的任何内容、支持无损压缩，是唯一能够支持全部图像色彩模式的格式。用该格式存储的图像文件较大，但可合并层来减少图像大小。特点是支持Photoshop处理的任何内容，支持无损压缩，唯一支持全部图像色彩模式，印刷设计上常作为备份格式。

2．TIFF格式

由Aldus公司开发的，具有跨平台的兼容性，不受操作平台的限制。在排版上得到广泛的应用，是图像处理程序中所支持的最通用位图文件格式。保存剪贴路径、图层、Alpha和专色通道、注释及其他一些选项。主要是为了便于应用软件之间进行图像数据交换。

特点是具有跨平台的兼容性，不受操作平台的限制，几乎所有的扫描仪和多数图像软件都支持这种格式，能存储剪贴路径、图层、Alpha、多个颜色通道和分色信息，印刷制作常用格式，有LZW、ZIP、JPEG三种压缩方式，如图2-2-5所示。

3．EPS格式

EPS格式称为被封装的PostScript格式，既可存储位图，又可存储矢量图，应用于绘图、排版和印刷。特点是带有预视图像的PS格式，可以在排版中以低分辨率预览，而在打印或输出时以高分辨率输出；"封装"单位只包含一个页面的描

图2-2-5　TIFF格式的存储提供了三种压缩形式

述；兼容矢量描述与点阵图像；可含组版剪裁、颜色空间和输出控制等参数，能直接输出四色网片；可用ASCII字符与二进制数字两种形式编写；在交叉使用时注意其兼容性；携带与文字有关的字库的全部信息。

4．JPEG格式

JPEG格式是最常用的一种图像格式，也是一种有损的压缩格式，用于图像压缩的一种工业标准文件格式。支持RGB模式、索引模式、灰度模式和位图色彩模式，但不支持通道。

特点是文件比较小，适合于网络应用及传输；有损压缩时失真，可能丢掉一些数据；印刷制作常用于看样，输出时不采用此模式。

5．GIF格式

GIF格式是一种使用LZW的无损压缩格式。常用于Web上使用的图像，只能表达256级色彩，支持位图模式、灰度模式和索引模式的图像，也可用于动态图像。特点是256级色彩，支持动态图像；常用于WEB图像、网络应用及传输。

6．BMP格式

Photoshop最常用的位图格式，几乎不压缩，占用较大空间，支持灰度、索引、位图和RGB色彩模式，但不支持Alpha通道。它是Windows环境下最不容易出现问题的格式，几乎所有应用软件都能支持。

特点是Photoshop中最常用的无压缩位图格式；多数软件都支持，最不容易出错的格式。

7．PDF格式

PDF格式是Adobe公司基于PostScript Level2语言开发的电子文件格式。可以存储矢量图像和位图图像，支持超链接，是印前输出与网络电子出版最常用的文件格式。这种文件格式与操作系统平台无关，适用于如Mac OS、Windows及Unix间不同平台间的文件沟通，这一特点使它成为在Internet上进行电子文档发行和数字化信息传播的理想文档格式。越来越多的电子图书、产品说明、公司文告、网络资料、电子邮件开始使用PDF格式文件。PDF格式文件目前已成为数字化信息事实上的一个工业标准。

特点是兼矢量图与位图，忠实再现原文；文件小，易于传输与储存；单文件，可分页；跨平台性；文件保护。

8．PNG格式

PNG格式即便携式网络图形，是一种无损压缩的位图图形格式。其设计目的是试图替代GIF和TIFF文件格式，同时增加一些GIF文件格式所不具备的特性。PNG用来存储灰度图像

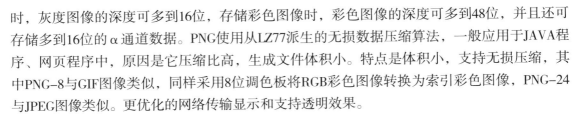

时，灰度图像的深度可多到16位，存储彩色图像时，彩色图像的深度可多到48位，并且还可存储多到16位的α通道数据。PNG使用从LZ77派生的无损数据压缩算法，一般应用于JAVA程序、网页程序中，原因是它压缩比高，生成文件体积小。特点是体积小，支持无损压缩，其中PNG-8与GIF图像类似，同样采用8位调色板将RGB彩色图像转换为索引彩色图像，PNG-24与JPEG图像类似。更优化的网络传输显示和支持透明效果。

9. PICT格式

便携PICT格式作为在应用程序之间传递图像的中间文件格式，广泛应用于Mac OS图形和页面排版应用程序中。PICT格式支持具有单个Alpha通道的RGB图像和不带Alpha通道的索引颜色、灰度和位图模式的图像。PICT格式在压缩包含大面积纯色区域的图像时特别有效。

特点为Mac OS上常见的数据文件格式之一，在压缩含大面积纯色区域的图像时特别有效。

图像存储时要注意：图像存储未合层的、保留全部信息的PSD格式用于备份；存储合层的TIFF格式用于排版；存储压缩的JPEG格式用于网传校样等；同一业务中存储时不能有重名图像文件，防止排版时链接出错。

四、图像分色

（一）图像分色的基本概念

彩色图像画面上的颜色数有成千上万种，若要把这成千上万种颜色一色色地印刷，几乎是不可能的，印刷上采用的是四色套印的方法，在印刷中分色指的就是将原稿上的各种颜色分解为青、品红、黄、黑四种原色颜色的过程。一般扫描的图像、用数码相机拍摄的图像、从网上下载的图片，大多是RGB色彩模式的，如果要印刷的话，先将原稿进行色的分解，分成青（C）、品红（M）、黄（Y）、黑（K）四色色版，然后印刷时再进行色的合成。最早所谓"分色"就是根据减色法原理，利用红、绿、蓝三种滤色片对不同波长的色光所具有的选择性吸收的特性，而将原稿分解为青、品、黄三原色，这是最早的照相分色原理。

（二）图像分色基本设置

1. 基本设置方法

在Photoshop中，分色操作只需要把图像色彩模式从RGB模式或Lab模式转换为CMYK模式即可，具体操作是执行"图像/模式/CMYK模式"。图像在输出菲林或印版时就会按颜色的通道数据生成网点，并分成黄、品红、青、黑四张分色版。但需要注意的地方是：在RGB模式到CMYK模式转换的过程中，是按照一个中间量值标准的设定转换，此量值标准的设定不同，转换得到的CMYK数值是不同的，如图2-2-6所示。

图2-2-6 Photoshop中颜色设置

2. 正常图像一般调整时要点

对于用于印刷输出的一幅图像，把握好以下三个方面，得到的图像将更加完美。

（1）层数调整中执行正"S"形曲线调整。

（2）颜色调整中执行"可选颜色"调整。

（3）清晰度调整中执行"USM锐化"调整。

3. 按要求完成图像操作

制作要求：根据图2-2-7所给素材，完成图2-2-8作品。

（1）将图2-2-7完成剪裁后，尺寸设置为50mm×37mm（宽度×高度），且满足175lpi的印刷要求。

（2）将图2-2-7所给素材按Coated FOGRA39（ISO 12647-2：2004）完成分色，并完成图像的层次、颜色、清晰度调整。

（3）将图2-2-7所给素材按图2-2-8样式，完成图像修饰。

4. 图像颜色转换操作

（1）在Photoshop中将图2-2-7所给素材，执行"图像"→"图像大小"→先选择"重定图像像素"，将分辨率调为350dpi，再取消"重定图像像素"，将图像成比例缩放、剪裁到所要求尺寸。

（2）如图2-2-9所示，在"编辑"→"颜色设置"中→打开CMYK参数的设置，调用"Coated FOGRA39（ISO 12647-2：2004）"数据，先设置好转换参数；再在"图像"→"模式"→"CMYK"，完成CMYK分色。

（3）如图2-2-10所示，在"图像"→"调整"→"曲线"，用正"S"形曲线对分色好的图像进行层次调整，使图像层次对比更加分明。或结合"图像"→"调整"→"色阶"进行调整。

（4）如图2-2-11所示，运行"图像"→"调整"→"可选颜色"命令，对图像中的主色调"绿色"进行专色调整，即提高主色C\M的量值、降低补色M的量值，使图像的主色调"绿色"更加突出。

（5）如图2-2-12所示，运行"滤镜"→"锐化"→"USM锐化"命令，对图像进行清晰度调整，使图像细微层次更加清晰。

图2-2-7　素材

图2-2-8　完成后样式

 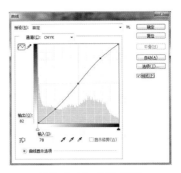

图2-2-9　分色设置　　　　　　图2-2-10　层次调整

图2-2-11　颜色调整　　　　　　图2-2-12　清晰度调整

（6）如图2-2-7所示，用仿制图章或修复等工具对素材图像进行三处修饰，完成图像的修饰任务，完成图2-2-8。

（三）色彩特征文件基本概念

色彩特征文件，也就是单个设备的"ICC profile"文件。通俗点讲是指一个图片在照相机拍摄、电脑上显示、打印机打印出来的效果总会不一致，为了使得在所有设备上图片尽可能一致，1993年由包括Adobe、Agfa、Apple、Kodak、Microsoft在内的数十家公司发起并成立的，全称是国际色彩联盟（International Color Consortium），简称ICC，该组织的主要目标就是要在各个设备、软件之间形成统一的色彩标准，即ICC标准，实质就是把单个设备的表现效果都换算成标准配置在一个文件里（ICC profile）。最终的目标就是让输入设备（如数码相机）、显示设备（如显示器）、输出设备（如打印机）能够自始至终地保证色彩被准确重现。建立准确的设备色彩特性描述文件是色彩管理系统的核心，是否能够准确地描述设备色彩特性，决定了色彩管理的结果。

（四）黑版补偿原理

对理想的油墨而言，按照分色理论，C（青）、M（品红）、Y（黄）三色就能复制图像。实际生产中，C、M、Y三色印出来的图像不"精神"，暗调密度上不去。为了弥补这种现象，印刷上引入了黑版的概念。

1. 黑版的使用对提高印刷质量的重要作用

（1）加强图像的密度反差 适当阶调的黑版能加大图像总的密度范围，增加图像的暗调反差、立体感。

（2）稳定中间调至暗调的颜色 常规复制用骨架黑版来加强轮廓，主要对中间调至暗调起作用。底色去除复制和非彩色结构复制，可以稳定颜色，克服暗调偏色。

（3）加强中间调至暗调层次 采用黑版后，轮廓清晰，层次分明。

（4）提高印刷适性，降低成本 暗调中性灰区域的彩色墨用黑墨替代，减少印刷故障，提高印刷适性，而且使成本降低。

（5）解决黑色文字印刷 用三色套印文字不现实，单黑易行。

2. UCR、GCR和UCA

（1）UCR（Under Color Removal） 译为底色去除，是去除暗调区域中构成中性灰的彩色油墨量，用黑墨来替代的一种制版方法，一般去除量为20%～40%。UCR工艺适合于大多数印刷工艺，尤其是复制色彩鲜艳、浓重的原稿及凹印工艺。

（2）GCR（Grey Component Replacement） 译为灰成分替代、非彩色结构等，是指在印刷图像全阶调中的中性灰色完全用黑墨代替。GCR的安全范围是50%～80%。50%的GCR设置就是将彩墨印成的中性灰成分去除50%，并增加等量的黑色墨补偿。

（3）UCA（Under ColorAddition） 译为底色增益，指图像的中、暗调要求层次丰富或密度较高时，可以将部分黑墨用三原色构成的中性灰代替的方法。对于夜景类图像，应该加入UCA增加彩色墨量，一般设置值在10%左右。

3. 图像黑版应用要点

（1）在RGB模式到CMYK模式转换时，一定要根据印刷的要求，看清楚Photoshop中颜色设置中CMYK参数的设置，参数设置不同，转换得到的黑版量值是不同的。

（2）在模式转换后得到CMYK模式图像，可以根据黑版情况再进行量值的微调整，这个过程是在curve层次曲线下单通道操作完成的。

4. 按要求完成图像黑版补偿操作

制作要求：根据图2-2-13所给素材，完成图例2-2-14作品。

图2-2-13 素材

图2-2-14 完成后样式

将图像分色设置用自定义的设置，按UCR方式产生黑版补偿，完成分色；并用曲线工具完成黑版调整。

（1）将素材图按图2-2-15所示各分色设置数值，完成分色。

（2）将UCR分色好的图像按图2-2-16样式，把图像的黑版用层次曲线调整（增大对比度）。

图2-2-15　UCR分色设置

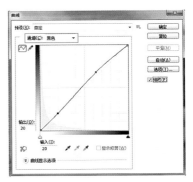
图2-2-16　曲线黑版调整

第二节　图形制作

学习目标

1. 能对图形元素实施路径运算。
2. 能对图形进行渐变填充、实时上色和描边。
3. 能设置各种专色。

一、专色、印刷色

（一）专色、印刷色的基本概念

1. 专色的概念

"专色"是指在印刷时，不通过印刷C、M、Y、K四色合成这种颜色，而是专门用一种特定的油墨来印刷该颜色。专色油墨是由印刷厂预先混合好或油墨厂生产的，对于印刷品的每一种专色，在印刷时都有专门的一个色版对应，使用专色能使颜色更准确。尽管在计算机上不能准确地表示颜色，但通过标准颜色匹配系统的预印色样卡，能看到该颜色在纸张上的准确的颜色，如Pantone彩色匹配系统就创建了很详细的色样卡，如图2-2-17所示。

在Illustrator软件中，内置Pantone色色库的位置：从"色板"调色板窗口右上角的黑三角→打开色板库→色标簿中。如图2-2-18、图2-2-19所示。

在Illustrator软件中，也可以通过自定义的样式，定义自己想用的专色。

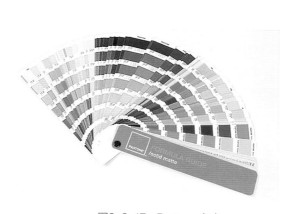

图2-2-17　Pantone色卡

图2-2-18　Illustrator中内置Pantone
颜色位置

图2-2-19　Illustrator中Pantone色值"Red 032 C"在色板中的样式

2．印刷色的概念

印刷色是CMYK模式，指彩色原稿进行色的分解，在输出菲林或印版时就会按颜色的通道数据生成网点，分成青（C）、品红（M）、黄（Y）、黑（K）四张分色版，然后再用对应颜色的油墨印刷，叠印进行彩色的合成，如图2-2-20所示。

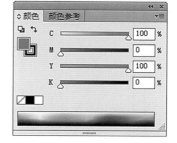

图2-2-20　Illustrator中"绿色"
的印刷色设置

（二）补漏白、叠印、富黑、铺底的基本原理

1．补漏白

补漏白（Trap），又称为陷印、扩缩，主要是为了弥补因印刷套印不准而造成两个相邻的不同颜色之间的漏白，陷印的本质就是内缩和外延。当人们面对印刷品时，总是感觉深色离人眼近，浅色离人眼远，因此，在对原稿进行陷印处理时，总是设法不让深色下的浅色露出来，而上面的深色保持不变，以保证不影响视觉效果。

Photoshop中是在合并图层、CMYK模式下，执行"图像"→"陷印"设置（图2-2-21）；Illustrator中通过快键"Ctrl+Shift+F9"调出"路径查找器"→右上黑三角→"陷印"设置（图2-2-22）；InDesign中执行"窗口"→"输出"→"陷印预设"设置（图2-2-23）。

2. 叠印

叠印（Overprint），又称压印，指一个色块叠在另一个色块上，与"挖空"相反。设置叠印后，上面的颜色会直接压住下面的颜色，下面的颜色不会被挖空，印刷时即使套印不准，也不会出现露白边的现象。叠印的设置以黑色最为常见，由于黑色与任何颜色混合得到的还是黑色，所以对于黑色文字、黑色线条或色块，就通过设置"叠印"来处理，而不需要"挖空"，也就不必进行烦琐的"陷印"设置。

图2-2-21　Photoshop中"陷印"设置

InDesign、Illustrator中可以通过了"窗口/属性"调板进行叠印设置；而在Photoshop中是通过将其所在的图层、将混合模式设置为"正片叠底"来实现的。

3. 富黑

富黑指单色的黑版在印刷时，即使是100%的黑色实地，印刷出来的效果也是有点苍白、不是很精神，为了解决这种现象而引入了四色黑的概念，即黑色是由C、M、Y、K四色叠印而成的黑色或中性灰色，即富黑色。印刷上常用的另一种方法是加青（C）法，在印刷

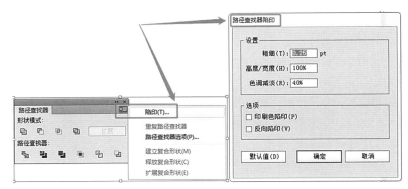

图2-2-22　Illustrator中"陷印"设置

图2-2-23　InDesign中"陷印"设置

100%的黑色时，先在下面印上一层10%～30%的青色（C），然后印黑色，这样印刷出来的黑色更饱满、亮丽。

4．铺底

铺底在印前设计中是指对整个设计版面的底色填充；在印刷中是指第一色的涂布层，在刮刮卡印刷和金、银版等专色版的印刷中最常见，主要起到增强原色油墨的光泽与吸附作用，还能起到一定的防伪效果。

（三）注意事项

1．专色的使用要点

（1）专色的设置除了Illustrator软件本身内置"色标簿"中的以外，还可以从颜色面板的右上角黑三角中，打开"创建新色板"自定义专色样式（图2-2-24）。

（2）专色颜色名称的统一　在不同的软件中，对于完全相同的两种套色，其名称可能会有所不同。在整合后的分色输出前，一定要注意：必须统一相同专色的使用名称。较为常用的方法是以发排软件中的颜色名称为准，将相同专色的名称在各类软件的调色板中重新命名为统一的名称。

（3）专色的陷印处理　由于专色不同于印刷四色（印刷四色油墨靠相互叠印生成间色，即其油墨具有透明性），一般不使用叠印（Overprint）方式而是采用挖空（Keepaway）方式。这样在使用专色时，只要专色图形旁边有其他颜色，就应考虑做出适当的陷印处理，以防止露白边问题的发生。

2．叠印的使用要点

（1）叠印最常用的颜色是K100。对于100%黑色的线条和色块、文字，都要设置黑版叠印；而其他彩色块除非特殊要求，否则不需要叠印。

（2）叠印在印后加工各模版的制作上应用比较多，做版时要正确运用。

3．富黑的使用要点

（1）UCA工艺也算是一种富黑方式，一般设置的量值在10%在右，也可根据原稿或印刷情况来设置量值的多少。

（2）富黑的使用范围一般是整版铺印黑底色或者印刷一些黑色大字等情况。

图2-2-24　Illustrator颜色面板中的自定义专色

二、路径的绘制、编辑和运算方法

（一）路径的绘制

常规形状的绘制主要是矩形、圆角矩形、椭圆、多边形、星形的绘制，特殊形状的绘制主要指用钢笔工具绘制各种不规则形状，如图2-2-25所示。

图2-2-25　Illustrator中路径的常规形状绘制工具与钢笔绘制工具

（二）路径的编辑和运算方法

图形编辑主要包括选取、移动、删除、复制、粘贴、缩放、变形、组合、合并、排列、对齐等。各种软件功能具有一定的相似性，可相互借鉴。

（三）图形绘制操作

1．根据要求完成图例操作

根据图2-2-26所给样式，用钢笔工具先绘制卡通狗的轮廓，并按要求填色，正确设置补漏白与专色。

2．操作步骤

（1）新建A4页面文档，设置模式为CMYK。运用钢笔工具，按照图2-2-26的样式完成线型图的绘制。

图2-2-26　Illustrator中完成样式

（2）调出颜色调色板，按要求完成颜色填充：身体C20 M70 Y90，脚、尾C40 M75 Y100 K20，耳朵、鼻尖C0 M0 Y0 K100，项圈C75 M0 Y55 K0，眼睛C55 M90 Y100 K40，舌头Pantone Red 032C。

（3）补漏白

手动法：将项圈与舌头的边界线宽设置0.25pt，并将颜色设置与内部填充一致，调出属性调色板，将边界设置成叠印，手动完成补漏白，如图2-2-27。

自动法：调出"路径查找器"→右上黑三角→完成"陷印"自动设置。

3．根据要求，完成图例叠印操作步骤

操作步骤：将素材图示2-2-26，把耳朵、鼻尖的K100颜色，调出属性调色板，设置成叠印样式，如图2-2-28所示。

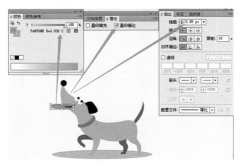

图2-2-27　Illustrator中补漏白设置

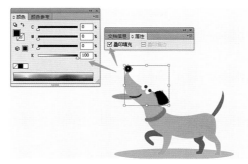

图2-2-28　Illustrator中叠印设置

第三节　图文排版

| 学习目标 | 1. 能对版面元素进行检查。
2. 能进行链接文件。
3. 能进行主页设置，添加、删除、移动页面等操作。
4. 能制作表格。
5. 能对多个对象进行对齐操作。
6. 能进行图文混排。
7. 能调节文字基线、字心比例、纵向偏移，能设置字体组合。 |

一、版面知识

（一）常用出版物的开本尺寸

（1）三折页常用尺寸有折起210mm×285mm，展开630mm×285mm；折起190mm×420mm，展开570mm×420mm；折起140mm×285mm，展开420mm×285mm；折起95mm×210mm，展开285mm×210mm。

（2）普通画册（书籍）常用尺寸有（A4）210mm×285mm、（A5）210mm×140mm、（B4）260mm×185mm、（B5）125mm×180mm等。

（3）文件封套常用尺寸为215mm×300mm和220mm×305mm。

（4）海报（挂旗）常用尺寸有（A1）850mm×580mm、（A2）580mm×420mm、（B1）750mm×525mm、（B2）530mm×375mm。

（5）手提袋常用尺寸有285mm×80mm×400mm、320mm×105mm×430mm、270mm×80mm×300mm、220mm×65mm×320mm等。

（6）信封常用尺寸为9号324mm×229mm、7号229mm×162mm、5号220mm×110mm、3号176mm×125mm。

（7）信纸便条常用尺寸为185mm×260mm和210mm×285mm两种。

（二）印刷与装订对版面的要求

印刷要求版面上文字无乱码；颜色无RGB色；图片清晰、分辨率至少300dpi以上；色标、规矩完整等；装订要求版面上出血、拼版正确，折标完整；包装格位准确。

版面元素检查要点：在排版软件中首先检查尺寸是否符合要求、出血是否准确；文字尽量使用方正或汉仪等规范字库；颜色有无RGB色；图片模式以及清晰度、分辨率等主要内容；专色的设置是否正确（叠印或挖空）。

（三）版面装饰的基本知识

版面装饰是对版面载体的艺术性设计。把构成版面的各种要素文字、图形、图片等内容，通过塑造形象、动作、构图、色彩、笔法、技巧等一切思想性和技法性内容的筹划过程等诸多因素，根据特定内容的需要进行组合排列，按照造型艺术的原理，把构思与计划以视觉形式表达出来。整体设计的计划应与书稿的内容、性质相匹配，与版面构成的外在和内在、整体和局部、文字传达与图像传播及工艺相兑现，又要与印刷工艺要求相适应。

版面整体装饰设计的核心是设计，而设计的核心是创意。创意则需思考版面的形式意味、视觉想象、文化意蕴、材料工艺等。

（四）印前图文处理系统及组成

印前图文处理系统主要包括原稿录入、图文处理、排版校样、版面输出四部分，如图2-2-29。

（1）原稿录入部分　文字（键盘录入、OCR软件）、图像（光盘、U盘、硬盘、网络传输、扫描仪等）。

（2）图文处理部分　图形（Illustrator软件、CDR软件）、图像（PS软件）、组版（ID软件、方正软件）。

（3）校样部分　传统打样（油墨打样机）、数字打样（激光打印机、数字打样机）。

（4）版面输出　CTF（激光照排机，菲林片）、CTP（直接制版机、PS版）。

图2-2-29　印前图文处理工艺

（五）印刷版面设置的基本要求

页面组版是以稿件的版式设计为基础，利用页面组版软件，将事先准备好的图像、图形和文字信息按客户要求组合在一起，从而形成一套完整的印刷版面的过程。

按照印刷要求的幅面以及印后加工的要求，将制作完成的多个页面或包装单体组合成印刷版面的过程，叫作拼大版，也被称为拼上机版（印刷版）。为了保证印刷工序的顺利进行、而且质量可控，要求大版版面的结构上要出现信息有：版面内容、内（裁切线）外角线、十字线、叼口、拖梢、色标、信号条等，如图2-2-30所示。

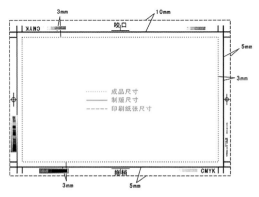

图2-2-30　印刷版面上的结构信息

排版软件中置入图像有两种方法：一种是"嵌入"方式，一种是"链接"方式。"嵌入"方式置入的图像全部信息都将被包含在出版物中；"链接"方式置入的图像在排版软件中只是建立了一个指向源文件存储位置的链接信息，图像全部信息不包含在出版物中。"链接"的方式输出时一定要注意：一定要将源文件与制作好的排版文件一起提供，否则会造成输出时图像丢失、模糊。

二、排版操作

（一）用Adobe InDesign CS6，完成图例2-2-31排版的操作

（1）建一成品尺寸为大16K（210mm×285mm）的新文档，要求骑马订、竖向、对页的第2~3页，四周页边距均为15mm；并设置好出血位3mm。

（2）在主页上按图示位置做好书眉与页码。

（3）图文混排与段首大字（"F11键"调出段落格式并设置）。

（4）"Shfit+F9键"调出表格，建立并编排表格。

（5）"Shfit+F7键"调出对齐，把版面底部图片位置框2、3、4、5均分排列并底部对齐，完成效果如图2-2-32所示。

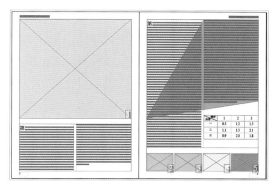

图2-2-31　用InDesign排版样式

图2-2-32　InDesign中"打包"存储生成的文件夹

（二）按要求完成版面元素检查操作

（1）在排版软件中依次检查尺寸、文字、颜色、图片等内容的质量与使用情况。

（2）在输出"打包"文件夹中，根据文本文档（说明.txt）中内容检查相关项目。

第四节　标准文件生成

学习
目标

1. 能发排拼页与拆页文件。
2. 能输出页面描述语言文件。

3. 能设置渐变级数。

一、色彩管理的基本概念

（一）数据备份的重要性和实现的方法

（1）数据备份是容灾的基础，是指为防止系统出现操作失误或系统故障导致数据丢失，而将全部或部分数据集合从应用主机的硬盘复制到其他的存储介质的过程。没有了数据就没有了一切，在大数据、信息化的今天，数据备份尤为重要。

（2）将主机硬盘的数据用外置的硬盘、光盘或者网盘等复制存储备份，重要的数据可以存在不同的存储介质上，存两份或多份备份。

（二）页面描述语言的基本概念

PS是PostScript的官方缩写（而通常说的Photoshop软件称PS，只是业内叫法），是Adobe公司于1985年成功开发的一种可编程打印控制的页面描述语言，它能包含文字、图形、图像、颜色、色标、规格线等所有的印刷版面信息。大家平常看到的所谓"PostScript"打印机就是指支持"PostScript"语言的打印机，PostScript最重要的用途是以设备无关方式描述图形，这样同一个描述可以不加修改地在任何一台PostScript打印机上输出。另外，用PostScript还可以在计算机屏幕及其他绘图设备上绘图，可以在屏幕上显示相应的PostScript文件。PostScript由于可以满足上述条件，所以在网上广为流行，在印前输出上叫作打PS文件，使用Adobe Acrobat Distiller软件可以将PS文件转换为PDF文件。

（三）色彩管理的基本概念

印刷流程中使用的设备都有自己独特的表达色彩方式，各自色彩空间中的数据完全取决于具体设备的特性，这就给印刷流程中色彩正确传递带来了很大麻烦。对于同一个彩色图像，当将图像文件从一个设备传送到另一个设备时，因为相同的数值在不同的设备上会产生不同的色彩，导致色彩在不同设备间传递时色彩数据与色彩感觉无法协调统一，会产生扫描仪看到的色彩同在显示器上的色彩不一致，而打印、印刷的色彩跟显示器上的色彩不匹配。

所谓的色彩管理，是指运用软、硬件相结合，通过科学化及数字化的方法，在生产系统中自动、统一的管理和调整不同输入设备、输出设备和显示器间色彩匹配的一致性，并将单个设备的色彩特性记录于"特征文件"中，从而在设备上得到可预知的色彩，将色彩重现于不同的输出环境下，以保证颜色在整个印刷数字化流程中的一致性。色彩管理工作在确保整个印刷系统色彩传递一致性方面具有极其重要的意义。

色彩管理系统包含的工作有三步骤：设备校正、特征化和色彩转换，合称色彩管理系统的"3C方法"。

（1）设备校正（Calibration） 也称为设备最佳化，即使扫描仪、数码相机、显示器、打印机、打样机、印刷机等众多的设备处于正常与最佳的工作状态。

（2）设备特征化（Characterization）　是指使用数字化的方法，将扫描仪、显示器、彩色打印机、印刷机等彩色设备的呈现色彩的能力详尽地描述出来。并通过色彩管理软件，用恰当的特征文件来描述各设备的色彩空间与设备无关的色彩模式的对应关系。

（3）色彩转换（Conversion）　是指根据不同颜色在不同色空间之间——对应的映射关系，把某设备上的色空间中的色彩转换到另一个已知条件下的色空间中去，从而实现色彩管理。

二、生成 PS 文件的操作

（一）设置渐变级数的操作

在Illustrator中应用渐变时，应将渐变级数设置的高一些，这样出来的渐层才精确、最终印刷出来的效果才好，具体做法是：

（1）在"编辑"→"透明度拼合器预设"→新建预设，将"渐变和网格分辨率"设置为最高值400，如图2-2-33所示。

（2）"文件"→"文档设置"→预设中调用第一步的"新建预设"，完成，如图2-2-34所示。

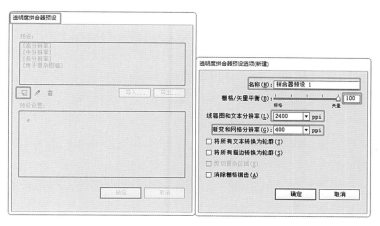

图2-2-33　Illustrator中设置精确渐层

图2-2-34　Illustrator中调用精确渐层

（二）生成PS文件的操作

（1）安装虚拟PostScript打印机　此虚拟打印机是一款由软件模拟的非真实存在的打印机，安装的目的是为各种电脑应用软件提供一个通用的、将版面文件转换为PostScript格式文件的功能。目前，专业的印前处理软件都可以通过PostScript虚拟打印机生成PS文件。

安装步骤：控制面板→设备和打印机→添加打印机→添加本地打印机→选择FILE（打印到文件）端口→厂商AGFA：Avantra44SF或Adobe：Adobe PDF Converter（从列表或者磁盘位置安装）→OK到底完成，如图2-2-35所示。

（2）在印前软件中打印生成PS文件　将需要生成PS文件的文档执行"打印"命令，在弹出的对话框中设置好正确的选项后，选择"存储"命令，存成PS文件，如图2-2-36所示。

图2-2-35　安装虚拟PostScript打印机

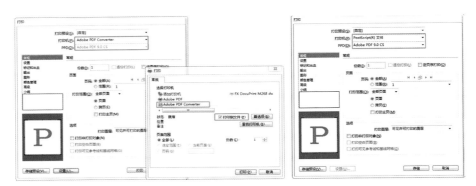

图2-2-36　打印生成PS文件

三、数据备份要点

（一）精确渐层设置要点

渐层不精确，则印刷后的渐变颜色之间界限很清晰、过渡不自然，所以在设计版面时要设置精确渐层。在Photoshop中做渐变时注意，除了分辨率要符合印刷要求外，做好渐层之后最好运行一下"滤镜"→"杂色"→"添加杂色"→用"数量0.5，高斯分布"，则印刷出来的渐层质量高。

（二）数据备份的要点

电子设备本身的不稳定性、应用软件的意外退出、突然断电等不确定因素，都明示了备份数据的重要性。所以一定要引起重视，杜绝因为数据丢失而引起的遗憾。在实际的应用过程中要注意两点：

（1）设计版面的过程中养成随时存盘的习惯；工作结束的时候，存储制作软件本身的格式用于备份，便于修改，而存储PDF文件用于输出。

（2）汇总文件或重要资料，建议用外置存储器存储，以防本机硬盘的意外损坏而导致数据丢失。

第三章

样张制作

学习
目标
1. 能按要求选择和准备油墨、承印物等。
2. 能对打样机进行日常维护。
3. 能根据需要选择打样软件的参数和色彩特性文件。

一、数字打样工艺流程

（一）数字打样机的作用

就是把彩色桌面系统制作的页面（或印张）数据，不经过任何形式的模拟手段，直接经彩色打印机（喷墨、激光或其他方式）输出样张，以检查印前制作的页面效果和质量，为用户提供可以签字付印的依据，并为印刷工序提供参照样张。

（二）打样操作流程和工艺规范

以方正畅流软件为例，数字打样的操作流程是：

（1）新建作业（job）。

（2）根据作业需要，添加节点（处理器），指定流程包含的处理工序。

（3）连接节点（处理器），定义各工序的处理顺序。

（4）设置节点（处理器）参数，确定各工序的处理方式。

（5）在规范化器节点处导入待打样的数字文件，则流程将按照各工序的顺序自动进行，直到数字打样机自动打出样张来。

方正畅流数字打样工艺流程如图2-3-1所示。

图2-3-1　方正畅流数字打样工艺流程

71

二、数字打样机维护操作

（一）按要求选择和准备油墨、承印物等

（1）尽量使用原装油墨。

（2）数字打样机可以使用的介质种类很多，要根据不同的用途使用不同的承印物。如果用于数字打样，则应该使用专门的打样纸，如EPSON数码打样纸、泛泰克或Easycolor等仿铜版纸。如果用于写真类照片输出，则应使用高质量光泽照片纸。如果用于高仿国画复制输出，则应使用打印宣纸。

（二）对打样机进行日常维护

（1）当墨水检查指示灯闪烁时，要尽快更换墨盒。

（2）当纸张用尽时，要尽快更换纸张。如果长时间不打印，要将不使用的卷纸从打印机中取出。正确的将其卷起，然后放置在原始包装袋中进行保存。如果将卷纸留在打印机中，打印质量将会变差。

（3）保存打印介质时，要避免将打印介质放置在阳光直射、过热或潮湿的地方。

（4）定期进行喷嘴检查，一旦发现喷嘴堵塞，要立即清洗打印头。

（5）维护箱用于吸收清洗打印头时排出的废墨水。当液晶显示屏指示需要更换维护箱时，要及时更换维护箱。

（6）如果长时间不使用打印机，要在打印机上盖上一块防静电的布，以避免灰尘进入打印机。

（7）对打样机进行日常维护的过程中，应当建立专门的维护保养记录，以备跟踪查阅。

（三）根据需要选择数字打样软件参数和色彩特性文件

（1）不管使用哪种数字打样流程软件，数字打样的参数设置都是基本相同的。主要包括：PDF规范化、预飞、陷印、折手、拼版、PDF挂网、RIP后数码打样、点阵导出等，要根据工作任务进行正确的设置。

（2）色彩特性文件主要选择胶印机的ICC特性文件和数字打样机的ICC特性文件。其中，数字打样机的ICC特性文件根据打印介质的不同而不同，需要分别进行制作和使用。

（3）数字打样机的色彩特性文件与打印介质和墨水特性密切相关，如果更换了打印介质和墨水，一定要重新获取新的色彩特性文件。即使没有更换打印介质和墨水，使用过一段时间后，随着耗材特性的变化，也需要重新制作新的色彩特性文件。

第二节　数字打样

学习
目标

1. 能在栅格图像处理器（RIP）处理前进行数字打样。

2. 能在栅格图像处理器（RIP）处理后进行数字打样。

3. 能进行专色版文件的打样。

4. 能打印校样线来判断版面出血设置的正确性。

5. 能按照标准参数调整打样机。

一、色彩管理软件的功能

（一）数字打样软件的功能

目前数字打样系统多以高端多色喷墨打印设备并配备专业打样软件和专用打样纸张来实现。

重视并运用好色彩管理软件和专用的ICC制作软件包，是目前提高数码打样中色彩匹配能力的有效方法。

数字打样软件的功能主要包括PDF规范化处理、RIP、色彩管理、折手、拼版、预飞等，用来完成页面的数字加网、油墨色域与打印墨水色域的匹配、页面的拼合、页面的预检等。

（二）专色文件的处理方法

专色的色域范围不但远远超过印刷四色油墨所能实现的色域范围，也大于打印机所能实现的色彩范围。因此，带有专色信息的文件在打样之前，首先判断打样设备能否实现该特定的专色就显得十分重要。因为假如某一专色不在打印机所能实现的色域范围内，那么用喷墨打样机所得到的专色模拟效果与使用专色油墨进行传统打样所得到的色彩效果会存在较大的差异，客户往往不会接受这种效果的打样稿，从而白白浪费物料、人力、时间。

专色处理的核心是建立每一个专色及与其"匹配"的CMYK印刷色和Lab色度值的"对应"关系，并使用专色表来表达和存储这个关系。进行输出控制时，就可以使用这种对应关系来对用数字打样所能表现的最接近的颜色输出某个专色的效果。

（三）色彩管理软件的作用和功能

色彩管理软件的作用是保证数字打样机输出与正式印刷纸张、油墨和印刷适性等多方面相匹配的样张，为印刷工序正式大批量印刷提供参照样张，并为用户提供可以签字付印的依据。

色彩管理软件的功能包括ICC特性文件的创建、编辑与使用，呈色意向的选择以及100%黑色的处理等。

（四）RIP的工作原理

栅格图像处理器的英文是"Raster Image Processor"，缩写为RIP。它是将计算机排好的图文页面输出到不同介质（如黑白或彩色激光打印稿、分色印刷软片、CTP印版等）时一个必不可少的中间处理环节。它接收从计算机传送来的数据，通常是以标准PostScript语言描述的页面图文信息，将其"翻译"成输出设备（打印机、激光照排机、CTP等）所需要的光栅数据，然后再控制设备进行输出。RIP具有分色和加网的作用。

（五）印刷专色的基础知识

印刷专色是指采用黄、品红、青、黑墨四色墨以外的其他颜色油墨。专色油墨是指一种预先混合好的特定色彩油墨，如荧光黄色、珍珠蓝色、金属金银色油墨等，它不是靠CMYK四色混合出来的。

专色具有以下四个特点：准确性、实地性、不透明性和宽表现色域。

（六）注意事项

（1）当在介质类型中选择了专用于某种黑色墨水类型的打印纸时，不能转换黑色墨水类型。

（2）当更换了打印介质后，需要在流程软件中相应地更改其ICC特性文件。

（3）制作数字打样机的ICC特性文件所选择的色靶应当与制作胶印机ICC特性文件所选择的色靶相一致，这样会更有利于实现数字打样机对印刷结果的模仿。

二、数字打样的基本操作

（一）RIP前打样操作步骤

（1）在流程中接收未经RIP的印前数字文件。

（2）经规范化器或其他PDF节点处理后，生成标准的PDF文件。

（3）经过流程软件自带的RIP处理器进行处理后再进行数字打样。

（二）RIP后打样操作步骤

（1）在流程软件中直接接收经最终输出的RIP处理后的1位TIFF文件。

（2）通过流程软件进行数字打样输出。

（三）专色版文件打样操作步骤

（1）新建专色表。通过在方正畅流系统中准备好正确的专色表，以备在作业中使用。

（2）应用专色表。要应用专色表，只需在打样处理器的"色彩">"专色表"参数处设定要使用的专色表即可。

（3）输出专色。打样输出时，方正畅流按专色表中定义的专色信息输出专色。

（四）打印校样线来判断版面出血设置的正确性

（1）在方正畅流折手大版中生成校样线，如图2-3-2所示。

（2）在方正畅流网点打样参数设置中勾选"输出校样线"，如图2-3-3所示。

（3）根据打印出来的样张检查判断出血设置是否正确。

图2-3-2　折手时生成校样线

图2-3-3　打样时输出校样线

（五）按照标准参数调整打样机

（1）在打印驱动程序中正确设置介质类型、色彩和打印质量。

（2）根据装入在打印机中的打印纸选择打印纸来源和打印纸尺寸。

（3）根据打印介质的需要设置黑色墨水类型。照片黑和粗面黑同时安装在此打印机上。照片黑墨水可用于所有的介质类型且打印出专业效果的质量。当在粗面纸和美术纸上打印时，可以使用粗面黑墨水，因为粗面黑墨水有效地增加黑色光学密度。

（4）数字打样时，要正确载入胶印机和打印介质的ICC特性文件。

（5）数字打样时，要正确设置PDF挂网参数。

第四章

打样样张、印版质量检验

第一节　检验打样样张质量

<table>
<tr><td>学习
目标</td><td>1. 能加载测控条和打样信息。
2. 能通过加载的测控条检测打样质量。</td></tr>
</table>

一、相关知识

1. 测控条的作用

测控条的作用是检测印刷复制品质量，实现对印刷工艺的规范化管理。

2. 数字打样的质量控制方法

数字打样的质量控制方法主要有：

（1）保证色彩的准确性，即保证数字打样和印刷样张之间颜色的匹配程度，要符合ISO–12647–7国际标准。

（2）保证色彩的稳定性，即保证数字打样生产环境的稳定，包括温湿度、打印耗材等因素的稳定。

（3）做好打样机纸张的ICC特性文件。

（4）正确匹配打印机ICC特性文件和印刷机ICC特性文件。

（5）做好数字打样机的日常维护和保养。

二、操作步骤

1. 加载测控条和打样信息的操作步骤

（1）启动数字打样流程软件。

（2）在数字打样流程软件中加载测控条，如图2–4–1所示。

（3）在数字打样流程软件中加载裁切标记、套准标记、色标和文本标记等信息。

2．通过加载的测控条检测打样质量的操作步骤

（1）在数字化流程中加载打样测控条。

（2）输出数字打样样张。

（3）使用分光光度计测量数字样张上的测控条，通过色彩管理软件对采集到的颜色信息进行分析，判断数字打样样张是否合格。

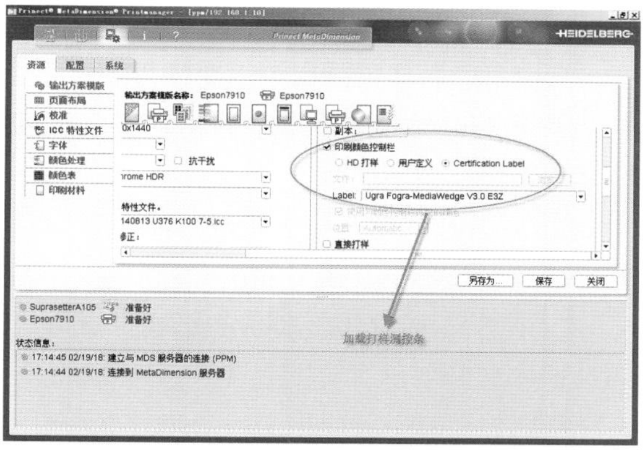

图2-4-1　海德堡印通流程中加载打样测控条

三、注意事项

（1）数字打样一般采用Ugra/Fogra Media Wedge CMYK V3.0测控条。

（2）常见的数字打样色彩管理软件有EFI、GMG、ProfileMaker、方正写真等，可根据实际情况选择合适的色彩管理软件。

第二节　检验印版质量

学习目标	1．能用测量仪器测量印版的网点及角度。 2．能检测加网文字、线条的清晰度和完整度。

一、相关知识

1．印刷和印后加工对印版的质量要求

（1）印刷对印版的质量要求

① 外观质量。版面无破边、无折痕、无划伤。无脏点，显影干净无底灰。咬口尺寸正确，符合印刷机要求。

② 网点质量。20%以下网点，还原误差±0.8%；20%以上网点，还原误差±1%。

（2）印后加工对印版的质量要求

① 角线、裁切线、套准线齐全正确，贴标位置正确。

② 成品尺寸正确。

③ 折手、拼版准确无误。

④ 模切、UV、烫金等工艺文件不能输出到CMYK四色印版上（或以专色版输出），且工艺文件的底色不能镂空。

2．显影对印版质量的影响

显影对印版质量的影响主要体现在对显影液浓度、显影时间、显影温度的控制上。

① 显影液浓度对印版质量的影响。浓度过高，容易造成显影过度。浓度过低，容易造成显影不足，留下底灰。

② 显影时间对印版质量的影响。显影时间过长，容易造成显影过度。显影时间过短，容易造成显影不足，留下底灰。

③ 显影温度对印版质量的影响。显影温度过高，容易造成显影过度。显影温度过低，容易造成显影不足，留下底灰。

所以，在显影时应当设置适当的显影时间和温度。在显影液使用一段时间后，浓度会降低，应当及时更换显影液。

3．测量仪器的测量原理

检测印版质量的测量仪器一般是印版测量仪。

其测量原理是通过内置的高精度摄像机，分析、计算印版的网点百分比、网线数、网点形状、加网角度等，并将结果显示在液晶屏上；而且还可以通过液晶屏观察到放大的网点，检查其形状，从而看到印版是否有划痕等。

二、操作步骤

1．用测量仪器测量印版的网点及角度

（1）在测量之前先设置好测量条件。

（2）把待测物体放到测量孔下，可以使用辅助定位部分来确定准确的测量部位。

（3）压下测量头，略等一下，不要立即松开。

（4）当测量值显示在显示器上后松开仪器，即可从显示屏上读取测量的网点百分比、角度、线数等数据。

（5）测量结束后将仪器放回箱子。

2．检测加网文字、线条的清晰度和完整度

（1）目测法　用内容样与版面内容进行目测对比，检查加网文字、线条的清晰度和完整度。

（2）测量法　通过使用印版测量仪查看网点情况来检查加网文字、线条的清晰度和完整度。

三、注意事项

（1）印版测量仪要存放在专用的保护箱中，存放环境为干燥、防尘、防震。

（2）印版测量仪如长时间不用，则应将电池卸下，避免电池短路腐蚀仪器。

—— 第三篇 ——

印前处理

（高级工）

第一章

图像、文字输入

第一节　原稿准备

学习目标	1. 能判定原稿复制的适用性。 2. 能对图像数据进行格式转换。

一、图像校正

（一）图像校正处理的方法

图像校正一般从图像的层次、色彩、清晰度这三个方面进行调整。层次的调整就是处理好图像的高光、中间调、暗调，使图像层次分明。色彩的调整是要确定好图像的主色调，并纠正色偏，使图像颜色尽量与原稿一致或符合视觉要求，清晰度是要把图像的细节呈现出来，使图像更加清晰细腻。

1. 显示器的校准

图像校准的第一步是显示器的校准工作，在调整图像前应将显示器做特性化处理，将其校准为符合工作需要的颜色显示标准。否则，显示器上图像的颜色可能与打印的或在另一台显示器上显示的同一个图像相差甚远。

2. 图像的裁切与角度调整

从数码相机中拍摄的素材或扫描仪获得的图像有时会出现角度不合适或拍摄范围过大的情况，在Photoshop中可使用旋转画布法、旋转图层法、裁剪法等对图像进行相应调整。

3. 图像层次的调整

图像调整前，还应查看图像的直方图，如图3-1-1所示。判断图像是否有足够的细节产生高品质的输出。直方图中数值的范围越大，细节越丰富。缺少足够细节的扫描图像即使可以校正，也很难处理。查看直方图可以了解图

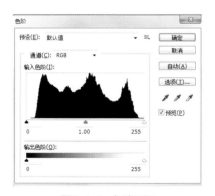

图3-1-1　色阶面板

像暗调、中间调和高光的总体分布，以帮助确定需要进行的色调校正。

阶调调整就是处理好图像的高、中、低调，尽可能的再现各个层次。但印刷品的再现原稿的密度大小是有限的，最高可达1.8或2.0，这就势必要对图像原稿的层次进行压缩。

阶调调整主要从三个方面进行：

（1）黑白场的定标，利用"信息"面板和"阈值"面板记录下黑白场的位置，然后利用"色阶"面板或"曲线"面板进行黑白场的设置，其颜色值应保证是中性灰。

若图像偏暗，可将白场位置设在相对较亮的灰调高光处，若图像偏亮，可将黑场位置适当调整，从而拉开图像的层次，使用画面质量得到改善。

（2）使用"色阶"面板调整，观察色阶面板中的直方图下方，有黑色、灰色和白色3个小箭头。它们的位置对应"输入色阶"中的三个数值，其中黑色箭头代表最低亮度，就是纯黑，也可以说是黑场，白色箭头就是纯白，灰色的箭头就是中间灰。纵轴代表图像中相应通道256种亮度值的像素数。纵向线条越高，那么就有越多的像素有同一亮度值。

（3）使用"曲线"面板调整，对于正常曝光的原稿可以使用线性的层次曲线或略微提亮的层次曲线，而对于偏亮和偏暗的原稿就要使用非线性的层次曲线。如图3-1-2所示的四张图是四种常用的层次曲线。

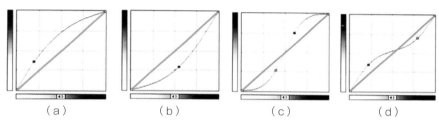

（a）　　　　　　　（b）　　　　　　　（c）　　　　　　　（d）

图3-1-2　曲线面板调整图像层次

（a）提高图像亮度（b）降低图像亮度（c）增加图像对比度和中间调（d）降低图像对比度和压缩中间调

图3-1-2（a）的操作是提高图像亮度，主要针对发闷原稿或正常曝光透射原稿的层次曲线，这个曲线可以提高图像暗调和整个图像的亮度，压缩高光的层次。

图3-1-2（b）的操作起到降低图像亮度的作用，用来压缩图像的暗调层次，拉开高光的层次，降低图像整体的亮度，适用于原稿偏薄或缺少暗调的原稿。

图3-1-2（c）的操作是增加图像的对比度和中间调的作用，S形层次曲线降低了暗调的亮度，提高了亮调的亮度，因此使原稿亮调的区域更亮，暗调的区域更暗，拉大中间调的层次，加大图像的反差，适用于反差太小的原稿，缺少中间调层次，用来拉开图像的中间调，压缩高光和暗调，使中间调层次更加丰富。

图3-1-2（d）的操作主要是降低对比度、压缩中间调的作用，其与第三条曲线的作用相反，适用于反差太大的原稿，可以降低图像对比度，使扫描图像变得柔和，增加高光和暗调的层次，压缩中间调，但一般调整量不宜过大，过大则会使图像发灰，缺少层次感和清晰感。

4．图像色彩的校正

通过扫描或拍摄获取的数字图像，常需对其色彩进行轻微的调整，这样就要在Photoshop

中做适当调整。Photoshop中调整图像颜色的所有命令都集中在"图像/调整"菜单下，共23个菜单命令，如图3-1-3所示。常用于偏色调整的主要有可选颜色、色彩平衡、色相饱和度等。

5. 图像清晰度的调整

在印前图像处理中，锐化是对清晰度强调的最主要的方式。Photoshop中的有四种锐化工具：锐化、锐化边缘、进一步锐化、USM锐化。最常用的锐化工具是USM锐化。"滤镜／锐化／USM锐化"命令主要有三个参数设置，如图3-1-4所示。

图3-1-3 图像调整命令　　　　图3-1-4 USM锐化参数设置

（1）参数"数量" 表示像素之间变深变浅的程度。取值范围在0～500%，其缺省值为50%。数值越大，清晰度越高，但不宜过大，否则会使图像失真，产生不美观的色彩变化。

（2）参数"半径" 在多大半径的范围内实现边界的亮度过渡。普通印刷取值1.5～2.0。取值范围在0.1～250，其缺省值为1.0。半径越大，清晰度越高，但不宜过大，否则会使图像失去自然风味。

（3）参数"阈值" 锐化作用的范围。0：图像全部有差异的像素都锐化；255：不锐化。取值范围在0～255，其缺省值为50%。阈值越大，USM作用越不明显；USM作用范围越大，对图像清晰度强调作用越大。

各参数设置的基本原则是图像显示比例为100%时，在屏幕上观察图像，刚有粗糙的点子出来，说明只能锐化到此。如果再往高处调节，就会出现噪点，图像变得不美观。

6. 修脏去污处理

图像原稿的划痕、脏污问题，可扫描后在Photoshop中选用橡皮图章、仿制图章、修复画笔等工具对图像进行修脏去污处理。

（二）印刷复制对图像分辨率、图像质量的基本要求

（1）印刷要求的图像分辨率正常要达到300dpi以上（一般按印刷加网线数的1.5～2倍拾

取分辨率），再去按设计要求确定图像的尺寸长宽，这样就能得到图像大小即总像素数。

（2）图像画面层次丰富，高、中、低调均有，密度变化级数多，阶调丰富。

（3）图像无偏色，中性灰区域经红、绿、蓝、紫滤色片测得的密度之差不大于0.01~0.03，或在视觉上无明显的偏色。

（4）图像清晰度高，颗粒细腻。

二、原始图像数据格式（RAW）

（一）RAW的定义

RAW的原意就是"未经加工"。可以理解为：RAW图像就是CMOS或者CCD图像感应器将捕捉到的光源信号转化为数字信号的原始数据。

RAW文件是一种记录了数码相机传感器的原始信息，同时记录了由相机拍摄所产生的一些元数据（Metadata，如ISO的设置、快门速度、光圈值、白平衡等）的文件。RAW是未经处理、也未经压缩的格式，可以把RAW概念化为"原始图像编码数据"或更形象的称为"数字底片"。

（二）RAW的优点

RAW文件几乎是未经过处理而直接从CCD或CMOS上得到的信息，通过后期处理中可对图像进行曝光补偿、白平衡调整、风格、锐度、对比度等参数的更改，所有这些在拍摄时难以判断的设置，均可在拍摄后通过电脑屏幕进行调整。

（1）RAW文件并没有白平衡设置，但是真实的数据也没有被改变，所以说操作者可以在不损失图像质量的情况下任意的调整色温和白平衡。

（2）颜色线性化和滤波器行列变换在具有微处理器的电脑上处理得更加迅速，这允许应用一些相机上所不允许采用的、较为复杂的运算法则。

（3）虽然RAW文件附有饱和度、对比度等标记信息，但是其真实的图像数据并没有改变。用户可以自由地对某一张图片进行个性化的调整，而不必基于一、两种预先设定好的模式。

（4）RAW可以转化为16位的图像，也就是有65536个层次可以被调整，这对于JPG文件来说是一个很大的优势。当编辑一个图像的时候，特别是当你需要对阴影区或高光区进行照片细节重要调整的时候，这一点非常重要。而这些细节不可能在每通道8位的JPEG或TIFF图片中找到。

三、图像校正操作

（一）图像校正处理的方法及过程

根据图3-1-5所给素材图片，完成图3-1-6所示的校正效果。

1. 基本调整

（1）图像裁切和角度调整　按所需要内容裁切或旋转图像。

（2）分辨率调整　按印刷要求设置图像分辨率。

图3-1-5　图像校正前　　图3-1-6　图像校正后

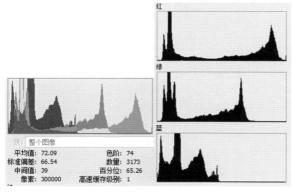

图3-1-7　图像"直方图"

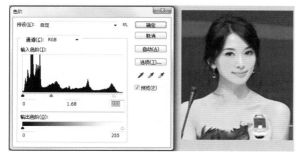

图3-1-8　色阶调整图像层次

图3-1-9　可选颜色调整色偏

图3-1-10　清晰度强调

2．黑白场的定标

选择图像/调整/色阶（Ctrl+L），按印刷要求标定图像的黑白场。分别设定CMYK的值为5、3、3、0以中性灰白作为白场数据。找出亮度最低且有层次变化的点作为黑场，注意黑场密度点中的K的量应在70%～80%。

3．阶调层次的调整（图像高、中、低调的整体调整）

首先选择"窗口/直方图"查看图像直方图中显示（如图3-1-7所示），图像的平均值是72.09，说明图像偏暗，所以应该移动白色、灰色滑块向左移动以提高图像亮度，如图3-1-8所示。

观察图像的绿、蓝色通道亮调部分缺失，说明图像偏橘黄色。

4．色彩校正

通过图像颜色的色相、明度、饱和度调整图像的整体色彩，可以利用色阶或曲线分通道调整绿、蓝色通道以纠正色偏，这里以"可选颜色"为例实现对色彩的校正。"图像/调整/可选颜色"，"颜色"下拉选项中选择"黄色"进行相应调整，如图3-1-9所示。

5．图像清晰度的调整

图像/滤镜/USM锐化，对图像进行清晰度调整，分别调整"数量""半径""阈值"参数值，如图3-1-10所示。

6. 保存图像

按要求保存图像为TIFF格式。

（二）图像数据格式转换的方法

图像文件格式是记录和存储影像信息的格式。对数字图像进行存储、处理、传播，必须采用一定的图像格式，也就是把图像的像素按照一定的方式进行组织和存储，把图像数据存储成文件就得到图像文件。图像文件格式决定

图3-1-11　图像输出时格式转换

了应该在文件中存放何种类型的信息，文件如何与各种应用软件兼容，文件如何与其他文件交换数据。常用的图像文件格式有PSD、BMP、GIF、EPS、JPEG、PDF、PICT、PNG、TIFF等，各种格式都有自己的特点和用途。

具体图像格式的转换方法就是在相应软件中将其保存或输出为需要转换的格式即可，如图3-1-11所示。

（三）注意事项

1. 设定黑白场位置的选择

白场位置选择时要注意忽略镜面高光，要明确白场不是要设在图像的最亮点，而是图像中有细微层次变化的最亮点，白场位置选择时要明确。黑场不是要设在图像的最黑点，而是图像中有细微层次变化的最黑点。

2. 图像校正方法的选择

图像校正要针对不同图像原稿的特点选择所需的校正步骤和校正方法，有的图像可能不需要处理，有的可能需要一两项就可以获得理想的图像，视具体情况而定。

3. 印刷品原稿的锐化处理

对于印刷品原稿首先应去网，其后再做锐化，为了不让龟纹再现，锐化量不能过大，而且应分通道进行锐化操作。

第二节　图像扫描 / 数字拍摄

学习目标

1. 能对不同类别原稿进行定标并获取数字图像。
2. 能对分色图像的质量进行检查和调节。
3. 能识别和处理扫描设备的报警信息。
4. 能导入或保存扫描（拍摄）参数数据。
5. 能设置多任务扫描。

一、输入设备性能参数

（一）扫描仪性能参数

1. 扫描幅面

扫描幅面通常有A4、A4加长、A3、A1、A0等规格。家庭和办公用户一般选用A4幅面的扫描仪，大幅面扫描仪价格较高。

2. 分辨率

扫描仪分辨率是指扫描仪对图像细节的表现能力，它决定了扫描仪所记录图像的细致程度，用每英寸长度上扫描图像所含有的像素个数来表示，其单位是dpi。分辨率越高的扫描仪，扫描出的图像越清晰。办公用户一般选择分辨率为600dpi×1200dpi（水平分辨率×垂直分辨率）的扫描仪。水平分辨率由扫描仪光学系统真实分辨率决定，垂直分辨率由扫描仪传动机构的精密程度决定，选购要以水平分辨率为准。

3. 色彩位数

色彩位数是指扫描仪对图像进行扫描的数据位数，色彩位数反映的是扫描仪对扫描图像色彩的区分能力。色彩位数越高的扫描仪，扫描出图像色彩越丰富。色彩位数用二进制位数表示。如1位的图像，每个像素点可以携带1位的二进制信息，只能产生黑或白两种色彩。8位的图像可以给每个像素点8位的二进制信息，可以产生256种色彩。即色彩位数与色彩数的关系式为：色彩数=$2^{色彩位数}$。常见扫描仪色彩位数有24位、30位、36位和42位等。

4. 感光元件

感光元件是扫描仪完成光电转换的部件，是扫描仪最核心的部分，扫描质量与扫描仪采用感光元件密切相关。电荷耦合器件CCD（Charge Coupled Device）配合由光源、几个反射镜和光学镜头组成的成像系统，在传感器表面进行成像，有一定景深，能扫描凹凸不平的实物，应用广泛。接触式感光器件CIS（Contact Image Sensor）其分辨率较低，极限分辨率在600dpi左右，较CCD技术存在一定的差距，主要应用于便携式和低端扫描仪。但其结构简单紧凑，体积可以做得很小，CIS产品的厚度通常不到CCD产品的一半，且成本较低。

5. 扫描速度

扫描仪的速度直接关系到工作效率，通常用指定的分辨率和图像尺寸下的扫描时间来表示，扫描黑白、灰度图像时，扫描速度一般为2~100ms/L；扫描彩色图像，扫描速度一般为5~200ms/L。系统配置、扫描分辨率设置、扫描尺寸、放大倍率等均是影响扫描仪速度的重要因素。

（二）数字照相机性能参数

1. 分辨率

数码相机的分辨率，是指所能拍到的影像的水平方向和垂直方向的像素，如1600×1200=1920000≈2000000，表示分辨率为200万像素。数码相机的分辨率取决于图像传感器电荷耦合器件CCD或互补金属氧化物导体CMOS的分辨率，图像传感器中的晶体管越多，分辨率越高。

2. 色深度

色深度是指数码照相机采用色彩深度来表达数码摄像头所能正确记录的色彩的多少。色深度值越高，还原图像色彩的真实程度就越高。数码相机的色深度取决于模/数（A/D）转换部件的性能，主要参数有转换速度和量化精度。其中转换速度是指每秒模（A/D）转换部件，将模拟量转化为数字量的次数；量化精度则是表示模/数（A/D）转换能达到的精度。A/D转换位数是数码相机成像质量和性能上的一项重要的技术指标，常见的有8位、10位、12位、14位、16位、24位等，家用数码相机一般为8～12位。

3. 白平衡

白平衡就是在数码相机选定基准点，并把它定义为白色，其他颜色经过白平衡调配，从而使整个图像色彩得到调整，有利于准确地还原物体的颜色。也可以利用这一点，特意将某一彩色定为"白平衡"，使图像因严重偏色而获得一种艺术创作效果。

一般白平衡有多种模式，适应不同的场景拍摄，如：自动模式、手动模式、日光模式、阴天模式、阴影模式、室内白平衡、钨丝灯模式、荧光灯模式、闪光灯模式等。其中，自动白平衡模式是由数码相机外部或内部感应器检测光线色温，以此决定画面中的白平衡基准点，达到白平衡调校。通常自动白平衡的准确率是非常高的，但在光线不足条件下拍摄时，效果就会出现误差；手动白平衡模式是给相机指出白平衡的基准点，即以画面中一个"白色"物体作为白点，如白干墙等，放在数码相机前作为标准，让它充满画面，拍摄一张后根据这个标准来调整白平衡；钨丝灯白平衡模式一般用于由灯泡照明的环境中，在室内拍摄若不使用闪光灯，一定要设置为这个模式。

4. 曝光补偿

曝光补偿就是有意识地变更相机自动演算出的"合适"曝光参数，让照片更明亮或者更昏暗的拍摄手法。相机一般以变更光圈值或者快门速度来进行曝光值的调节。

曝光值是由快门速度值T和光圈值F组合表示摄影镜头通过能力的一个数值。对于同一被摄物体的亮度而言，即使光圈任意改变，如果快门进行相应的调整，则通过镜头光圈的光束的容量是等价的，就是曝光量是一样的，就可以用一个数值来表示这些组合，这个数值就是EV。

曝光补偿是通过调整曝光值EV而改变曝光量的控制方式。拍摄环境比较昏暗时，如果照片过暗，要增加EV值，EV值每增加1.0，相当于摄入的光线量增加一倍；如果拍摄环境过亮，要减小EV值，EV值每减小1.0，相当于摄入的光线量减小一半。按照不同相机的补偿间隔可以以1/2（0.5）或1/3（0.3）的单位来调节。在做某些艺术效果的摄影中，可以利用增加曝光补偿，拍摄出高调的照片，形成较大对比度照片的艺术效果。或利用降低曝光补偿，刻意获得低亮度照片的艺术效果。

合理使用曝光补偿，可以大大提高摄影作品的成功率，具体的应用原则就是"白加黑减"，也就是说在"白"的环境下，测光有偏低的情况，需要增加，反之亦然。

二、图像质量审定和定标修正方法

（一）分辨率

分辨率就是单位长度内排列的像素数目。分辨率的常用单位是像素/英寸（ppi）。另外一个单位是像素/厘米，1in=2.54cm，所以300像素/in=118.11像素/cm。在设置图像分辨率时如果误设为300像素/cm，就会使文件尺寸过大，从而影响图像处理和输出的速度。图像的分辨率要依输出用途而定，一般情况下仅用于屏幕显示、网络传输的图像设置为72ppi；用于打印输出的图像设置为150ppi，用于印刷的图像要求分辨率达到300ppi以上。

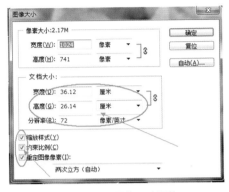

（二）图像尺寸

Photoshop中的"图像大小"命令可设置图像分辨率和图像的物理尺寸。如图3-1-12所示，多数情况下，在"文档大小"区域设置图像的宽度、高度和分辨率，单位可以是厘米也可以是英寸。

图3-1-12　图像尺寸调整

（三）分析图像层次和色彩构成

Photoshop中打开图像文件，选择"窗口/直方图"横轴代表的是从左边最暗部"0"到右边最亮部"255"，其色彩值的分布情况；纵轴代表的是该色彩值的像素总数。对话框下方"平均值"代表亮度值的平均；"标准偏差"代表亮度值的分布；"中间值"代表色彩值的中间值；"像素"表示使用直方图的方式计算的像素总数，如图3-1-13所示。

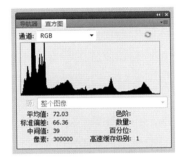

图3-1-13　直方图

三、调节分色图像质量

（一）检查和调节分色图像的质量

1. 印前输出文件质量检查

（1）套版线、色标及各种印刷、裁切线的检查　套版线要设置为四色套印的黑：C100 M100 Y100 K100。

（2）图像颜色模式的检查　彩色图像为CMYK颜色模式，黑白图像为灰度颜色模式。

（3）套印、叠印、挖空、专色、四色字的检查　黑色文字使用单色黑设置，以保证只在黑版上出现。

（4）图片的分辨率的检查　扫描分辨率=加网线数×（1.5～2.0）。

（5）字体的检查　选用常见字体，转曲线。

2．分色片的质量检查

（1）使用透射密度计进行实地密度的检查测量，实地块密度值>3.5。

（2）灰雾度检查，灰雾值<0.1。

（3）线性化数值的检查，线性化差值<2。

（4）网点形状、网角及加网线数的检查，以圆形网点为例：网点殷实，无锯齿，无拖尾；网角符合标准（一般单色45°，四色相差30°）不撞网；挂网线数适合印刷介质（如：新闻纸不高于120lpi，铜版纸不低于133lpi）。

（5）曝光后的药膜质量检查，实地无砂眼，药膜无划伤、油迹，无定影未除掉的"白点"。

（6）套准精度的检查，套准对位精度差<0.5mm。

（二）多任务扫描的设定

将多个原稿同时放置在扫描仪上进行扫描时，当扫描完成后，如何自动实现多个数字文件的单独存储。下面以"中晶扫描仪"为例进行说明。

（1）切换扫描仪工作界面至"高级控制面板"。

（2）执行"查看/显示扫描任务窗口"命令，在扫描任务窗口中，通过"DUP"或者"NEW"来新建工作任务，如图3-1-14所示。

图3-1-14　扫描任务队列

移动光标，框选对应各工作任务的扫描任务框。如图3-1-15所示，用户就可以做到一次同时放多个原稿，扫描的时候能够自动的分成多个图像文件分别进行存储。

在"扫描任务队列"窗口中，可以利用"删除"按钮将不需要的扫描任务选中删除。

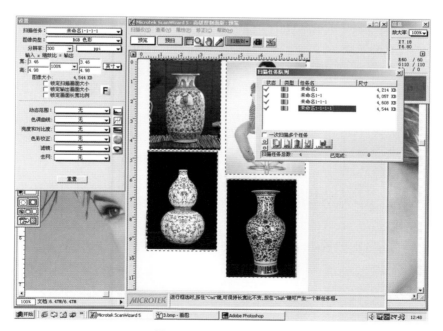

图3-1-15　框选扫描任务框

第二章

图像、文字处理及排版

第一节　图像处理

学习 目标	1. 能进行图层的融合和特效处理。 2. 能配置和指定色彩特性文件。 3. 能检查显示器的色彩还原准确性。 4. 能检测工作环境的光源显色指数情况。 5. 能识别网点百分比，误差在 8% 以内。

一、图像融合

（一）图像融合的概念和方法

（1）图像融合是Photoshop中的一种图像处理方法，指将一幅或多幅图像通过一定方法进行整合以得到特殊的效果，形成一幅清晰的、无缝隙的、过渡自然的图像的过程。

（2）图像融合的方法最常用的是图层"蒙版"法，通过用黑白色画笔擦选来完成，它的最大好处是原始图片不会受到影响，同时辅助以羽化、渐变等命令。

（二）色彩特性文件的指定和加载方法

（1）在Photoshop中如果用新建文件，在"文件"→"新建"→高级中的"颜色配置文件"选择要指定的样式。

（2）在Photoshop中如果用打开文件，在"编辑"→"颜色设置"→工作空间的"CMYK"选择要指定的样式。

（3）在Photoshop处理好图像的最后存储中，切记选上"ICC配置文件"选项，如图3-2-1所示。

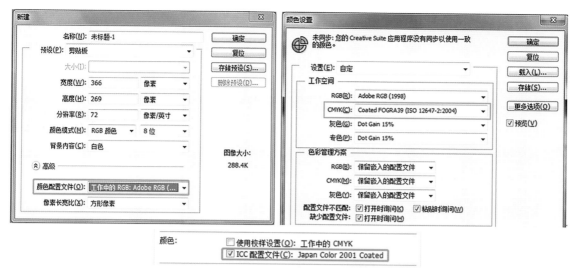

图3-2-1　Photoshop色彩特性文件的指定和加载方法

（三）照明和观察条件对图像色彩的影响

人们在观察一个颜色刺激时所产生的视觉感受与观察条件有关，即使不考虑同色异谱的情况，当两个颜色的三刺激值相同时，也只有在周围环境、背景、照明条件等都相同的观察条件下，两个颜色的视觉感知才是一样的。换而言之，一旦将两个三刺激值相同的颜色置于不同的观察条件下，则人的视觉感知就会产生变化。因此，在颜色复制过程中，颜色除了与所用复制设备的颜色响应特性及色域表现能力有关，还与周围环境、背景以及照明条件等观察条件有很大的关系，在颜色复制过程中，要使原稿和复制品具有相同的视觉效果，必须考虑两者所处的观察条件。

现代印刷行业生产过程中的数据化与标准化日益得到重视。数字化的颜色信息正在印刷生产的各个工艺环节传递，尤其在对颜色进行管理和控制的过程中，颜色的照明和观察条件的标准化则更应得到重视。在实际生产中，我国新闻出版行业标准CY/T3-1999以及国际标准化组织推荐的《ISO3664：2000观察彩色透射片和复印品的照明条件》标准，应作为印刷复制行业颜色技术测量和颜色评价的主要标准。

工作人员应尽量消除周围环境的影响，注意：①避免周围环境同时有额外的光源或光斑，从而影响在标准光源下正确辨色；②避免在观察视场中有强烈的色彩对比或是环境表面强烈的色彩反射，例如来白墙、地板等的表面反射。周围环境的反射率最好小于20%。在稳定的周围环境中进行观察工作；③由于在观察和评判样品时，人的主观印象起着重要作用，所以，当进入观测环境后，应让眼睛适应环境一段时间后再进行观测评判。

总之，在印刷分散的各个工艺环节，要保证其间有效的色彩传递、测量、观测和评判，就必须在标准的照明条件和观察条件下进行，在印刷生产中采用并严格执行标准照明和观察标准是帮助企业解决颜色质量问题的关键。

二、色彩识别的相关知识

（一）色彩

1. 色彩

色彩是由光源、物体和观察者三个因素共同作用的结果。色彩视觉过程是由不同波长的光在人的眼睛中产生刺激，进而在观察者的大脑中形成知觉。色彩的本质就是由光刺激而形成的感知，它最终有赖于人的颜色视觉特性。

2. 色彩模式

人眼所辨别的色彩数量巨大，针对这些色彩的定义和描述，形成了多种色彩感觉表达系统，称之为色彩模式，色彩模式是描述色彩和对色彩分类的方法，不同的色彩模式应用于不同的领域。

（1）HSB模式　HSB模式是基于人类对色彩的感觉为基础，利用颜色的色相、亮度、饱和度三种基本特性描述色彩，如图3-2-2所示。艺术家和设计师习惯使用这种色彩模型，画家用改变色浓度和色深度的方法来从某种纯色中获得不同色调的颜色。

（2）Lab模式　Lab模式是与设备无关、数理方法推算出来的，解决了不同的显示器或打印设备所造成的颜色复制差异，它包含了CMYK和RGB的全部颜色，如图3-2-3所示。Photoshop中以Lab模式作为内部转换引擎来完成不同颜色模式之间的转换，在转换过程中起到了中间桥梁、过渡的作用。

（3）RGB模式　RGB模式来源于人类视网膜的三色机制，是一种色光加色色彩模型，如图3-2-4所示。它根据不同强度红、绿、蓝色光三原色可匹配成各式各样的色彩的原理而形成，是Photoshop默认的色彩模式。显示器、数码相机、扫描仪等设备都是利用RGB模式工作的。

（4）CMYK模式　CMYK模式是打印和印刷模式，如图3-2-5所示。与RGB色彩模式相对立，是一种减色模式。

（二）色彩空间与色域

1. 色彩空间

为了在色彩模型基础上具体地描述色彩，色彩学家们引用了数学上"空间"的概念，将三维坐标轴与色彩的特

图3-2-2　HSB色彩模式

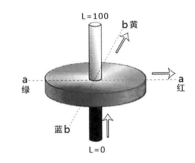

L通道：从黑到白
a通道：从绿到红
b通道：从蓝到黄

图3-2-3　LAB色彩模式

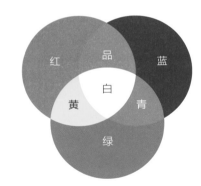

图3-2-4　RGB色彩模式

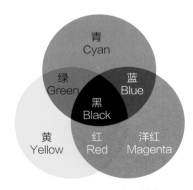

图3-2-5　CMYK色彩模式

定参数对应起来，使每一个色彩都有一个对应的空间位置，空间中的任何一个坐标点都代表一个特定的色彩，这个空间称为色彩空间，是色彩的集合。某设备所表现的色彩数越多，该设备的色彩空间越大。

2. 色域

色域是指某种色彩空间所能表达的色彩总量所构成的色彩区域范围，如图3-2-6所示。CIE规定在CIE-xy色度图中描述各种设备的色域，在这个坐标系中，各种设备色域用连线组成的区域表示，区域面积越大，就表示这种设备的色域范围越大。由图可以看出，Lab的色域空间>RGB的色域空间>CMYK的色域空间。

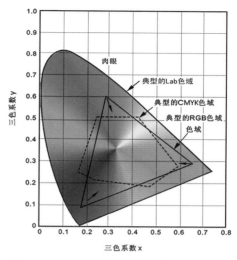

图3-2-6　Lab、RGB、CMYK模式的色域空间

三、图像融合操作

（一）按要求完成图例操作

1. 根据图3-2-7所给三幅素材，完成图3-2-8作品

（a）　　　　　　　　（b）　　　　　　　　（c）　　　　　　　　图3-2-8　完成后样式

图3-2-7　素材图像

（a）素材a　（b）素材b　（c）素材c

2. 操作步骤

（1）将图3-2-7素材c，拷贝到素材a中后建好蒙版，将前景色设置为"黑色"，并用线形渐变工具制作蒙版，做好图示融合效果。

（2）将图3-2-7素材b，拷贝到素材a中后建好蒙版，将前景色设置为"黑色"，先用多边形套索工具大体删除，再用画笔工具细微调整制好蒙版，做好图示融合效果。

（3）根据光源方向，将素材b做好阴影特效，完成。

（二）按要求识别网点百分比操作步骤

1. 根据图3-2-9所给素材，对照色谱完成网点成数的识别

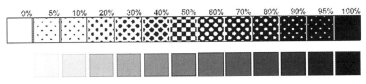

图3-2-9　所给素材

2. 操作步骤

（1）将图3-2-9所给素材用放大镜仔细观察，按照网点成数的判断规则来识别出各自的网点百分比。

（2）找到一调幅网点印刷的彩色图案，用放大镜仔细观察，识别出各自颜色的网点百分比后，对照色谱来加强自己的判断正确率。

（三）注意事项

1. 图像特效应用要点

图像在应用特效时，尽量用图层调色板下的"*f*x"效果中的特效，如图3-2-10所示。这样处理可以有效地方便以后的调整、备份。做特效时要考虑方便修改、二次运用，一次成型的效果往往在后期想改动时只能重做而陷入被动。

图3-2-10　Photoshop中图层特效位置

2. 识别网点百分比注意要点

对于调幅网点，由于印品版面的浓淡程度是通过网点的大小来表现的，面积大小不同的网点，工艺上俗称"成数"。只有准确地了解网点大小的概念，才能较好地运用网点印出最接近原稿色彩的印品。所以，认识网点的大小（成数）是印刷操作者和质检人员应该掌握的知识。识别网点成数有两种方法：

一种是用密度计测定网点的积分密度，然后再换算成网点面积的百分数，如：网点的积分密度为0.3，则网点面积为50%，这种方法比较科学、准确。

另一种方法是用放大镜目测网点面积与空白面积的比例，这种方法比较直观、方便，但对经验的要求比较高，所以要经常练习，反复比对，能熟练使用放大镜观察印刷网点的大小、角度、形状等属性。

3．色彩特性文件应用要点

ICC的基本思想就是：以PCS作为色空间转换的中间色空间，通过建立ICC配置文件，描述一款具体设备所产生的色彩数值所对应的Lab中的色彩，使得色彩传递不依赖于彩色设备，不同设备的色彩能够相互比较、相互模拟和相互正确地转换。

各厂商按照ICC规范，对自己的彩色设备完成设备色彩特征的标准描述，生成符合ICC规范的ICC Profile，并随设备一起提供给用户。建立准确的设备色彩特性描述文件是色彩管理系统的核心，是否能够准确地描述设备色彩特性，决定了色彩管理的结果。

第二节　图形制作

<table>
<tr><td>学习
目标</td><td>1．能对图形进行特殊效果处理。
2．能对图形进行外观设置和图像描摹。
3．能用图形软件绘制模切版。
4．能用图形软件制作各种专色印版。</td></tr>
</table>

一、图形变换

（一）图形变换、混合、组合的方法

（1）图形变换是执行"对象"→"变换"命令，包含"移动、旋转、对称、缩放、倾斜、分别变换"等功能，如图3-2-11。在运用时尤其要注意"再次变换"功能，对于相同操作的变换，直接用快键"Ctrl+D"就可完成，很是方便。

图3-2-11　图形变换

（2）图形混合是利用工具栏中的"混合"工具，选中要混合的两个对象，双击混合工具出现混合选项对话窗口，设定选项值，执行混合命令，如图3-2-12。

（3）图形组合是调出"路径查找器"调色板，执行相应的命令，包含"联合、减去顶层、交集、差集、分割、修边、合并、裁剪、轮廓、减去后方对象"等功能，如图3-2-13。

（二）图形外观和图像描摹的方法

（1）选中图形，在"图形外观"调色板中不但可以清晰地看到所有的描边、填色、应用效果等的名称与设置情况，而且可以对其效果进行修改、隐藏，其功能类似图层命令，可以很方便、直观地对图形进行操作，如图3-2-14所示。

（2）选中置入的图像，通过"图像描摹"调色板可以将位图描摹成矢量图，将描摹结果"扩展"后则分解成可编辑状态，用"直接选择工具"可以进一步对其修正，如图3-2-15所示。

图3-2-12 图形混合

图3-2-13 图形组合

图3-2-14 图形外观

图3-2-15 图像描摹

（三）烫印、模切、UV上光版的制作要求

烫印、模切、UV上光等工艺都属于印后加工工艺，各工艺在制作时要求如下：

1．烫印

（1）图层　将烫印的全部内容放在一新建图层上，图层名为"烫印版"。

（2）着色　将烫印的全部内容用pantone色或专色填充。

（3）叠印　将烫印的全部内容的颜色设置好叠印。

（4）输出　阴图菲林片。

2．UV上光

（1）图层　将UV上光的全部内容放在一新建图层上，图层名为"UV上光版"。

（2）着色　将UV上光的内容全部用pantone色或专色填充。

（3）叠印　将UV上光的内容（包括线型）颜色全部设置叠印。

（4）输出　阳图菲林片。

3．模切

（1）图层　将模切版的刀版线型全部放在一新建图层上，图层名为"模切版"。

（2）着色　将模切版的刀版线型表示切掉的部分用实线表示，表示折弯部分用虚线（点线）表示，用pantone色或专色填充。

（3）叠印　将模切版的刀版线型颜色全部设置叠印。

（4）输出　阳图菲林片。

二、图形变换操作

（一）根据要求，完成图像描摹操作

1．图像描摹

有个LOGO图案，如图3-2-16（a）所示素材，找不到源文件了，请用图像描摹成矢量形式，如图3-2-16（b）所示，以备设计时应用。

（a）　　　　　　　　　　　　　　　　　（b）

图3-2-16　完成的图像描摹
（a）位图图像　（b）描摹后的矢量图像

2．操作步骤

（1）将图3-2-7所给素材a在Photoshop打开变成灰度形式，并通过色阶或层次曲线调整后，置入Illustrator新建文档中。

（2）选中图像，执行"图像描摹"中的"高保真度照片"完成图像描摹。

（3）点击中的"扩展"命令，用魔棒工具点选白色部分，删除。再用"直接选择工具"可以进一步对其进行修正、填色，完成。

（二）根据要求，完成图例操作

1．图例操作

根据图3-2-17所给素材样式及外观提示，完成图例。

2．操作步骤

（1）用常规形状绘制工具绘制一正方形与一圆形，并用"路径查找器"中的"分割"命令分割图形；填色"渐变绿色"与"红色"；做特效"f_x"中的"马赛克拼贴"效果；用"变换"命令中的"旋转"完成。

（2）将文字"共有部分"转曲后用"变换"命令中"倾斜"完成；将文字copy放置后面并填充白色，再copy文字放置前面并复制一下后填充黑色；双击混合工具，在混合选项设置窗口中按图例3-2-18设置后，选中前后文字在相同点点击完成黑白混成。

图3-2-17　完成的图像描摹

图3-2-18　混合选项设置

（3）"Ctrl+F"将文字贴到前面，并内部填色c20y100，描边1pt填色m100y100；选中设置好的文字复制一下，再执行一次"Ctrl+F"，去掉描边，完成。

（三）图形软件绘制模切版

1．制作要求

ZL六号中式信封的尺寸是230mm×120mm，左粘舌10mm与右封口15mm，上封口70mm与下封口60mm，根据图3-2-19所给样式尺寸及外观提示，完成信封的模切版绘制及设置。

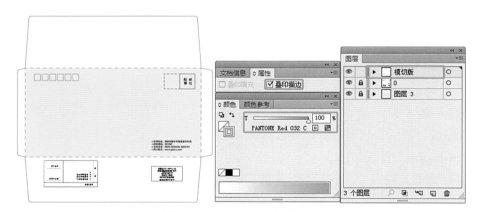
图3-2-19　Illustrator绘制模切版

2．操作步骤

（1）Illustrator中建255mm×250mm的文件，图层命名为"模切版"，先画主体框尺寸230mm×120mm；通过"Ctrl+C""Ctrl+F"并结合变换尺寸，顺次画左粘舌10mm与右封口15mm。

（2）选中主体框，再通过"Ctrl+C""Ctrl+F"并结合变换尺寸，顺次画上封口70mm与下封口60mm，并将折痕的线型做成点线。

（3）用直接选择工具修正倾斜各角后，将所有线型填充为"Pantone Red 032C"。

（4）调出"属性"调色板，将所有线型设置"叠印"，完成。

三、图形制作要点

（一）各种专色印版制作要点

印刷领域的专色印版主要用于两个方面：用于专色油墨的印刷和用于后加工的印后。在应用时注意：

（1）制作专色油墨的印版时，一定要弄明白是采用叠印方式还是挖空方式。有些专色油墨是要印刷在其他颜色之上，有的专色油墨印刷时下面不要有颜色，这就要求制作专色版时是要设置叠印还是挖空。而且挖空时还应考虑做出适当的陷印处理，以防止露白边问题的发生。

（2）制作用于印后加工的专色版时，一定要设置叠印。无论是烫印版、凹凸版、上光版还是模切版，其加工方式都是对印刷好的印张进行处理，而万万不能在制作文件时设置成挖空。

（二）图像描摹使用要点

（1）图像描摹是Illustrator软件特有的功能，它能将置入的位图描摹成矢量图。

（2）上面的图例先把图片拖到Photoshop设置灰度，这样可以减少文件容量，不至于描摹时候花太长时间；调整色阶或曲线，加强黑白对比，黑白对比越明显，识别越接近原图。

（三）绘制模切版要点

（1）模切版绘制时要先弄懂包装的结构展开图。包装结构是立体成型的，但是在印刷过程中是平面单张的形式，这就要求我们在印前设计时要设计最终成品的平面展开图样，所以懂包装的正确展开样式与尺寸至关重要。

（2）用Illustrator、CorelDRAW或InDesign等平面设计软件制作模切版图形时，要实线与虚线结合，最重要的是颜色用专色并且设置叠印。

（3）平面设计软件在制作模切版线型时，角度、收位等细节及正确尺寸的设置是难以把握的。现在模切版制作全部是激光切割，需要的图形是在AutoCAD软件下制作完成的，AutoCAD软件是专业制作模切版图形的软件。它存储的DWG格式的文件还可以被矢量软件Adobe Illustrator按1：1比例打开，进行矢量编辑，非常方便，如图3-2-20所示。

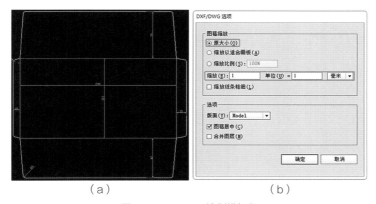

（a）　　　　　　　　　（b）

图3-2-20　CAD绘制模切版

（a）模切版　（b）Illustrator按比例1：1打开CAD文件选项

第三节 图文排版

1. 能用拼字方式进行补字。
2. 能进行拼注音排版。
3. 能设置陷印、叠印、富黑和铺底的参数。
4. 能对数理化公式、特殊字符进行编排。
5. 能制作烫印、模切和 UV 上光版。
6. 能处理中文竖排中的排版问题。
7. 能设计各种装饰艺术版面。
8. 能设置图像、图形对象与文字的跟随关系。
9. 能根据工艺要求拼版。

一、版式设计规则

（一）实用原则

实用，就是版式的排列、组合要从人的生理和心理需要出发，使读者阅读时感到方便、舒适。这是版面编排与设计的首要原则和重要出发点。实用主要包括：减轻读者的视力疲劳、顺应读者心理要求及有利于读者思维等几个方面。

1. 减轻读者的视力疲劳

眼睛的构造及其生理功能和活动规律表明，眼球上下转动不如左右转动灵活，而且纵向视野小于横向视野，纵向阅读眼睛易于疲劳。因此，横排的文字比竖排的文字容易阅读。所以，长篇文章宜横排而不宜竖排。横排的长度也要适当，一般以人的最佳视域100mm左右（相当于五号字27个字左右）为宜。字行过短，阅读时眼睛运动次数增多，也容易产生疲劳，影响阅读速度和效果。当然，字数过长也不利于阅读，有实验表明，行长超过120mm，阅读速度将会降低5%。

2. 要顺应读者心理

读者普遍的心理是"好逸恶劳"，因此，版面的编排如加分栏、分割、排列组合等，都应顺应读者这一心理，使阅读方便省劲，例如转文不要跳页太多，同时要避免倒转；图的安置应紧跟提示段，若受版面限制使图的排列超前或移后时，不能离有关文字太远，更不能跨页，否则会影响读者阅读的兴趣和思维过程的连续性。

3. 有利于读者思维

读书是读者跟随作者思维进行的思维活动，所以，版式的编排设计不要违背读者思维，比如：排表格时，原则上要排在自然段后，不要腰截文字；凡是一面能排下的表，要尽量避免转页排续表，一面排不下的表格，转页时一定要重排表头等，以免打断读者思维。

（二）经济性原则

出版物是精神产品，同时也具有商品的性质，所以，包括版面设计在内的所有装帧设计都不能不考虑到经济因素。经济观念的根本问题是降低成本，影响出版物成本的因素很多，如开本规格、档次、封面设计、版式设计、用纸种类以及印刷工艺等。对于版式来说，降低成本，就是在注重实用和美观的同时，尽可能节约版面，因为版式的实用因素联动着经济因素。

版心太大，版面缺少舒朗的美感；过小，会降低版面容量。字号小了影响阅读，损伤视力；字号大了则浪费纸张，使成本加大。总之，版式设计力求很好的平衡这些关系，在形式美的前提下兼顾经济因素。

（三）版式设计的基本步骤

1. 确定主题

确定主题即确定需要表达的信息。版式设计的最终目的是使版面产生清晰的条理性，用悦目的组织来更好地突出主题，达到最佳诉求效果。

2. 寻找、收集用于表达信息的素材

含文字、图形、图像。所有内容均是为主题服务的，出现无用的内容只会引起误解。

3. 确定版面视觉元素的布局

将版面的各种编排要素在编排结构及色彩上作整体设计，加强整体的结构组织和方向视觉秩序，如水平结构、垂直结构、斜向结构、曲线结构等，加强整体性可获得更良好的视觉效果。

4. 使用图形、图像、排版处理软件进行制作

对文字、图形、图像等元素都要严格进行规范化处理，必须符合后期打印、输出、印刷的要求。

（四）出版物及辅文排版参数对版面效果的影响

（1）辅文是相对于正文而言的，在图书内容中起辅助说明作用或辅助参考作用的内容，如识别性辅文：封面（面封、书脊、底封）文字、书名页（扉页、版权页和附书名页）文字等；介绍性辅文：内容提要、作者简介、封面宣传语等；说明性辅文：出版前言、序、前言、凡例、跋、后记、译后记、出版后记等；检索性辅文：目录、索引等；参考性辅文：注释、参考文献、名词解释、译名对照表、大事年表、各种附录等。

（2）书刊正文必须按照书刊的内容进行设计，不仅要符合版心、页眉、天头、地角、字体、字号等最基本的参数，而且针对不同性质的刊物应有不同的特点：政治性的刊物，要端庄大方；文艺性的刊物，要清新高雅；生活消遣性的刊物，要活泼生动。不同对象的刊物，也要在技术上作不同的处理：给文化水平低的人看的书字体不妨大一点，儿童看的书字体要字大行疏，给青年人看的书可字小行密。杂志中不同的文章最好字体有所变化，尤其在设计版式及标题时更要注意，比较重要的文章标题要排得十分醒目。

对设计师而言，针对排版效果的研究是一项跨学科、跨专业领域的研究，涉及设计学、医学、心理学、社会学、美学等专业领域。因此，这对设计师自身素质提出了更高的要求。

二、数理化公式、特殊字符排版要求

科技排版是指数学、物理、化学等专业科技书刊中的公式、迭排公式以及化学方程式和化学结构式的排版。

（一）数学公式排版

（1）基本概念　在通常排版中公式有排在行中（即公式不单独占行）及单独占行两种排法。串文排是指串排于正文行中间的公式，排这种数学式一般要求与相邻汉字的间空为四分空。而结论性公式或较长公式，则单独占行，并排在每行中间，这种公式一律居中排，超过版心3/4时可回行排。迭排公式是指在数理公式中，凡出现分式的式子，其版式称为迭排式。单行公式或横排公式是指没有分式的式子，其版式为单行式。公式的序码简称为式码，当书刊中出现公式较多时，式码能起到引证和检索的作用。式码统一用阿拉伯数字编码并置于圆括号内。对于单篇论文，由于公式不多，则可用自然数编式码。对于科技图书，由于公式较多，为了明确式码与篇、章、节的对应关系，则常在式码前加上篇、章、节的序号。式码应排在公式后边的顶版口处（居中排）。

（2）正斜体的区分

① 根据国家有关标准所确定的规范化缩写词，如三角函数、反三角函数、双曲函数、反双曲函数、对数函数、指数函数以及复数等，一律排成白正体。

② 数学中表示名称、数值的字母用斜体。例如：代数中代表已知数的a、b、c，表示未知数的x、y、z，几何中表示边的a、b、c，表示角的A、B、C。

（3）公式的回行　公式一般从等号处回行，以等号对齐。在特殊情况下，也可从运算符号处回行。回行后，运算符号（$+$、$-$、$\times$、$\div$）应比等号错后一字。在各种方程式中，乘号一般是省略的。如果公式在排版时需要从相乘关系处回行时，最好在行首加"·"符号，以便在阅读时明确其运算关系。在行末是否保留运算符号，需根据出版社的工艺要求，全书要保持统一。从阅读效果看，行末保留运算符号，在阅读到行末时，便于知道后续的运算关系。分式长出版心时，可从分子、分母的加、减、乘、除号处回行。

（4）重叠分式的排法　重叠式的分数线应比分子或分母最长的一行字的两边再长出1/2左右，多层分式中的主线略长一些，与整个公式的主体部分对齐。特别是多层公式要分清主线和辅线。

（5）行列式的排法　行列式要上下主体居中对齐，每行式子间距要均匀，线与上行字和下排字对齐。线两边与字空半倍，行隙空半倍，线外数字居中排，遇到行列式有"$+$""$-$"号时，应"$+$""$-$"对齐。

（6）公式中的括号、开方号的用法　公式中的括号、开方号按公式层次，一层用一倍的，双层用两倍的，三层用三倍的。

（7）公式不能交叉排　每一式子中的一个单元部分不能与另一单元部分交叉排。

（8）上下式应对齐　如果有若干相关公式形成上下排式，则其公式左边应对齐，形成所谓齐头排。有些公式也可以排成上下等式对齐的排式。

（9）方程式的排法 如方程组行数很多，限于空间在一面中排不完整个式子时，可分开两面排，也可分为两半排，即上一面末排，下一面首排。

（二）化学式排版

（1）化学元素符号用正体外文，大小写应注意区别，如CO、Co等，不能机械地统一。

（2）元素符号右下角的数码用下角的三分之一位置（如CO_2），元素符号上的正负号用对开上角的（如$C-$、$H++$、$C+$、$H+$）。

（3）化学键在键状结构式内，不论横键、竖键、斜键、单键、双键以及三键均用一倍的字空，键的两端和字母贴紧。

（4）反应号（→＝＝）用两倍或一倍字空，反应号上文字用小六号字，文字较多反应号可适当增长，文字排不下时，可回行排在反应号下。但是"＝＝"号上有字时，不论字有多少，不应把上面的字转到"＝＝"号的下边去。

（5）化学式居中排，结构式过长排不下时，可在"＝＝"或"→"处回行。以不拆为主，可改用更小字号排。回行时"→"放在前行末，下行前不放，其他符号两头各放一个。

（6）结构式有一定排列规则、键号须对准主要反应原子（即连接有价键的原子），次要反应原子必要时可倒过来（以标明能团里那一个原子和分子的碳价相连接）。

综上所述，排版原则在实际工作中要灵活使用，具体问题具体对待，既要有原则又要灵活。工艺设计人员以及排版操作人员只要完全掌握这些知识，就能使基于计算机排版软件排出的书刊更加美观。

（三）数理化公式转行规范

（1）公式的主体应排在同一水平线上，对于一些作为整体出现的符号、缩写词等不可分离，如：lim，max，sup。

（2）当公式过长需要转行时，需要遵循下面几点：

① 优先在"＝"或"≈""＞""＜"等符号处转行，关系符号留在行末，转行后的行首不必重复写出关系符号。

② 其次可在"×""÷""＋""－"符号处转行，这些符号留在行末，转行后的行首不必重复写出符号。

③ 不得已时可考虑在"∑""∏""∫"等运算符号和lim，exp等缩写字之前转行，但决不能在这类符号之后立即转行。

④ 行列式或矩阵不能从中间拆开转行。

三、配色基础知识

（一）基色

（1）原色 所有颜色的源头被称为三原色，三原色指的是红色、黄色和蓝色，如图3-2-21所示。如果我们谈论的是屏幕的显示颜色，比如显示器，三原色则分别是红色、绿色和蓝色，也就是我们熟悉的RGB；而常说的四色印刷，原色是指青色、品红色、黄色与黑色，即CMYK模式。

（2）间色　如果将红色和黄色、黄色和蓝色、蓝色和红色均匀混合，就会创建三种间色：绿色、橙色和紫色，如图3-2-22所示。将这些颜色应用进项目中，可以提供很强烈的对比。

（3）三次色　来源于间色与原色的混合，主要有：红紫色、蓝紫色、蓝绿色、黄绿色、橙红色和橙黄色，如图3-2-23所示。

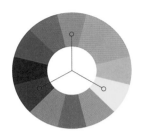

图3-2-21　原色

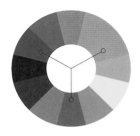

图3-2-22　间色

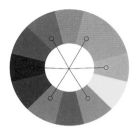

图3-2-23　三次色

（二）基本色彩组合

（1）互补色　互补色是指色轮上那些呈180°角的颜色，如图3-2-24所示。比如蓝色和橙色、红色和绿色、黄色和紫色等。互补色有非常强烈的对比度，在颜色饱和度很高的情况下，可以创建很多十分震撼的视觉效果。

（2）相似色　相似色是指在色轮上相邻的三个颜色，如图3-2-25所示。相似色是选择相近颜色时十分不错的方法，可以在同一个色调中制造丰富的质感和层次。一些很好的色彩组合有：蓝绿色、蓝色和蓝紫色，还有黄绿色、黄色和橘黄色。

（3）三角色　三角色是通过在色环上创建一个等边三角形来取出的一组颜色，如图3-2-26所示，可以让作品的颜色很丰富。在上面的例子中，蓝紫色和黄绿色就可以形成十分强烈的对比。

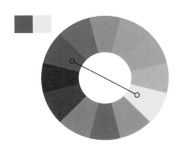

图3-2-24　互补色

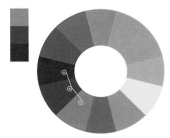

图3-2-25　相似色

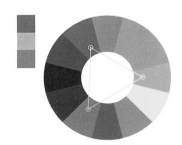

图3-2-26　三角色

（4）分散的互补色　和互补色的区别在于分散的互补色并不是取目标颜色正对面的颜色。如图3-2-27所示，黄色的互补色应该是紫色，但是我们取紫色旁边的两个颜色——紫红色和蓝紫色。这样子不仅可以有一个强烈的对比度，而且还可以让颜色更丰富。

（5）四方色　四方色是在色轮上画一个正方形，取四个角的颜色，如图3-2-28所示。示例的颜色是：紫红色、橙黄色、黄绿色和蓝紫色。当使用一个颜色作为主色，其他的三个颜色作为辅助色的时候，这种色彩组合效果较好。

（6）四方补色　四方补色和四方色的差别在于四方补色采用的是一个矩形。通过一组互补色两旁的颜色建立的色彩组合。如图3-2-29所示的互补色橙色和蓝色，分别选用它们两旁的颜色来建立矩形，最终取得橙红色、橙黄色、蓝绿色和蓝紫色。

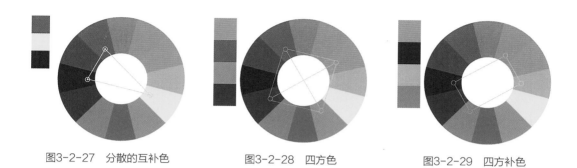

图3-2-27　分散的互补色　　　　图3-2-28　四方色　　　　　图3-2-29　四方补色

（7）明暗　颜色的色调也可以影响颜色给人的感觉，如图3-2-30所示的蓝色来说，第一张是原图，第二张添加了白色，第三张添加了黑色，同样的蓝色产生了不同的感觉。在实际应用中，可以在采用单色配色方案时，通过改变颜色的色调来创建不同的感觉。

（8）暖色　暖色可以创造温暖的感觉，暖色通常会让人联想起太阳、火焰和爱情，如图3-2-31所示。红色是血的颜色，感觉是温暖的，橙色和黄色会给人夏天的感觉。给图像添加一个橙色的滤镜，图像看起来就会有温馨快乐的感觉。

（9）冷色　冷色也有其独特的含义，通常会让人联想起凉爽的气候、冬季、死亡、悲伤、冰、夜晚和水这些事物，如图3-2-32所示。冷色可以给人平静、安宁、新人、干净的感觉。紫色与尊贵经常联系在一起，看起来十分内敛。

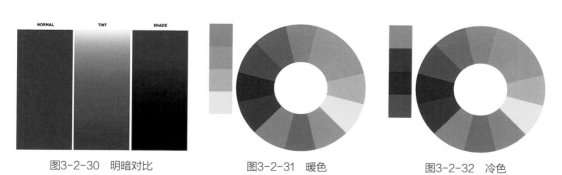

图3-2-30　明暗对比　　　　　图3-2-31　暖色　　　　　　图3-2-32　冷色

（三）颜色的意义

（1）红色　红色是代表爱情和激情的颜色，情人节的礼物通常都有一个红色的盒子，或者是粉红色，也就是添加一些白色的红色。红色也代表愤怒和血液，在火焰中可以同时找到红色、橙色和黄色。红色也表示危险，所以很多表示停止的标识牌都是红色的，因为红色可以很好地吸引人们的注意。红色是很强势的颜色，当它和其他颜色相遇时，比如搭配黑色，可以创建非常强势的感觉，还可以搭配一些严肃的语气和强硬的命令。

（2）橙色　橙色代表了温暖，但是并不像红色那样咄咄逼人。橙色能够创建一个有趣的氛围，因为它充满了活力，而且橙色创造出的活跃气氛并没有危险的感觉。橙色可以与一些健康产品搭上关系，比如维生素C，毕竟橙子里也有很多维生素C。

（3）黄色　提到黄色，经常可以联想到太阳和温暖。使用橙色的时候，可以创造出一种夏天的好玩的感觉，黄色则带给人口渴的感觉，所以经常可以在卖饮料的地方看到黄色的装饰。黄色也可以和懦弱与恐惧联系起来，这个则是因为以前"yellow"这个词也代表着这个意思。当黄色与黑色搭配在一起时，十分吸引人的注意力，一个绝佳的例子就是很多国家的出租车都采用这种配色。

（4）绿色　绿色在西方国家是钱的颜色，这与它们的文化和财富有关。因为大多数植物都是绿色的。绿色也代表着经济增长和健康。绿色经常用作一些保健食品的LOGO，因为看起来就十分贴近自然。绿色还意味着利润和收益。如果搭配上蓝色，通常会给人健康、清洁、生活和自然的感觉。

（5）蓝色　蓝色是一个神奇的颜色，因为不同明度的蓝色会给人不同的感受、想法和情绪。深蓝色可以给人一种悲伤的感觉，让人联想起伤心时怎么听都不够的蓝调音乐，而浅蓝色则通常会让人联想起天空和水，给人以提神、自由和平静的感觉。蓝天永远都是平静的，水流可以冲走泥土，清洗伤口，所以蓝色也代表着新鲜和更新。蓝色给人冷静的感觉，会帮助人放松下来。

（6）紫色　紫色总是让人不禁想起皇室成员的长袍。紫色可以更多地与浪漫、亲密、柔软舒适的质感产生联系。紫色给人一种奢华的感觉，也有一种神秘感。

（7）白色　白色通常与医院联系在一起，因为医生们都是穿着白大褂的，而且医院内部的装修通常也是白色的。此外，宗教绘画有时候也是没有色彩的，白色也代表着圣洁。白色通常给人干净的感觉，比如白色的床单和衣服都让人感觉很干净，也可以代表棉花和柔软的云朵。心理健康相关的事物也可以选用白色，白色也同样适用于卫生、清洁相关的设计。

（8）黑色　黑色通常与死亡有关，尤其是在美国。它可以代表腐坏，因为很多食物腐坏变质以后就是黑色的。黑色也代表邪恶，因为是白色的对立颜色，而白色通常代表着纯洁、美好、善良。黑暗和未知也会给人焦虑的感觉。很多图像中，黑色表达了抑郁、绝望和孤独。虽然黑色有很多负面的含义，但是黑色也是一个万能色彩，当黑色遇上其他颜色的时候会产生其他的意义。比如当黑色邂逅金黄色，就可以给人一种奢华、高档的感觉；当黑色偶遇银灰色，则会给人一种成熟稳重的感觉。

（四）配色应用要点

（1）在文字、图形、图像等设计要素中，能起到组织、穿插、融合、统一作用的就是颜色，所以颜色的配比对一幅作品的好坏起的作用是巨大的。要懂颜色配比，知颜色冷暖，充分掌握颜色的属性。

（2）Lab、RGB、CMYK三模式的色域空间是逐渐递减的，从一个大空间到一个小空间，印刷上采用的是不等比压缩的方式，这就要求设计师们在配色不同阶调时要有不同的把握。

而且颜色在配色上注意留白，尽量用清爽、浓淡去反映，避免花哨。

四、各种印后加工方式及其特点

（一）印后加工方式

（1）覆膜　覆膜是将塑料薄膜涂上黏合剂，与印刷品经加热、加压后使之黏合在一起的加工技术。印刷品经过覆膜后，由于表面多了一层塑料薄膜，更加平滑，而且光泽度和色彩的牢固度也更好，图文颜色鲜艳并富有立体感，同时还拥有了防水、防污、耐磨耐折、耐腐蚀的功能。

（2）上光　上光是高档印刷品中常见的工艺，是在印刷品表面涂覆（或喷，或印）上一层无色透明的涂料，从而在印刷品的表面形成薄而均匀的透明光亮层。不仅保护了印刷品，还能改变印刷品的外贸质感和视觉效果。

（3）起凸　起凸的工艺名为凹凸压印，即通过有紧密配合度的一块凹版和一块凸版，夹合印刷品，在一定压力下，使印刷品表面形成与凸版相似的图文或花纹，使印刷品具有明显的浮雕感。

（4）烫印　烫印是借助于一定的压力与温度，使金属箔或颜料箔烫印到印刷品或其他承印物上的方法，称为烫箔加工，俗称烫金。目前常说的烫金多指电化铝材料的烫印。

（5）模切压痕　模切压痕就是在印刷品表面进行模切加工，以便创造出立体效果或折痕的一种印后加工工艺。具体来说，模切工艺就是用模切刀根据产品设计要求的图样组合成模切版，在压力作用下，将印刷品轧切成所需形状的成型工艺；压痕工艺则是利用压线刀通过压力在板料上压出线痕，以便板料能按预定位置进行弯折成型。

刀版线，即组成刀版的实线和虚线，是按照最终印刷品（如手提袋或包装盒）的成品外沿用单色的线勾画出来的，以便根据它制作模切版。刀版线在CorelDRAW、Illustrator或InDesign里均可绘制，但最标准的是在AutoCAD中绘制。要注意的是：用钢刀模切的地方用实线绘制，用钢线压痕的地方用虚线绘制。刀版线也可以使用专色勾画，但是要选叠印（选叠印的原因是这样就可以不挖空下面的对象，从而保证了CMYK四张胶片图文内容的完整性）。

（二）印后加工方式及其要点

（1）覆膜、起鼓、烫印、上光、模切压痕、装订等印后加工形式，都是在精美设计、印刷之后得到印张的基础上完成的，前期工作的对错对后期工作有着直接的影响。

（2）覆膜、起鼓、烫印、上光、模切压痕等需要模版的印后加工形式，设计制作文件时一定要注意选择叠印的形式，不要在印张上出现印上或挖空等模版痕迹。

五、书刊装订

（一）印后装订

书刊印后加工指印刷以后对印张的订装加工，它是将印刷好的一批批分散的半成品页张

（包括图表、衬页、封面等），根据不同规格和要求，采用不同的订、锁、粘方法，使其连接起来，再选择不同的装帧方式进行包装加工，成为便于使用、阅读和保存的印刷品加工过程。书刊装订，实际上包括订和装两大工序，订就是将书页订成本，是书芯的加工；装是书籍封面的加工（表面整饰），就是装帧。书籍（含本册）的加工实际上是先订（联）后装（帧）的，由于在加工中是以装为主，故称装订。订联的过程（折、配、订、锁、粘等）称书芯加工；将订联成册的书芯，包上外衣封面的过程称书封加工，也称装帧。总之，装订是印张加工成册的总称。

（二）常用印刷标记的作用和意义

大版结构如下图3-2-33所示，出现的常用印刷标记有：

（1）内角线　成品尺寸，即裁切线。

（2）外角线　制版尺寸，也叫出血尺寸，内、外角线一般相差3mm（包装5～10mm）。

（3）十字线　也叫套准线，是彩色印刷的套准依据。

（4）咬口（叼口）　是指大版印版在印刷机咬牙一边所需要的范围。制版时在咬口范围内不能出现图像，否则印刷不上。一般咬口范围为8～12mm。

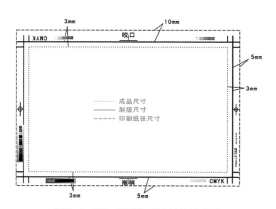

图3-2-33　印刷版面上的结构信息

（5）拖梢　咬口对面，一般应有5mm的范围。

（6）色标　表明了该大版的颜色。印刷时，印刷人员根据大版上的色标，决定这块大版上用何种油墨。最终的印刷品上，CMYK四个色版的色标正好排成一条线，如果有专色，色标上也能反映出来。通过色标还能检查最终印刷品的质量。

（7）信号条　信号条又叫"测控条""梯尺"，是监控印刷质量的几组色块，能及时反映印刷时的网点扩大或缩小，轴向重影或周向重影，以及晒版时的曝光不足或过量，印版的分辨力等情况。一般宽6mm，分布在印张边缘。

六、排版操作

（一）用方正飞翔6.0，按要求完成图例3-2-34排版操作

（1）建一成品尺寸为大16K（285mm×210mm）、横式的新文档，要求单页、横向、四周页边距均为10mm，设置好出血位3mm。

（2）将宋朝叶绍翁的诗词《游园不值》图文置入排版，内文用小五号书宋+楷体+黑体，按图示设置。

（3）诗词内容用楷体并拼注音，生母用单色品色；并做好带角效果的底纹。

（4）Shift+S调出"图文互斥"，做好文字绕排；第二幅图上"绘图"黑字做好叠印，"游

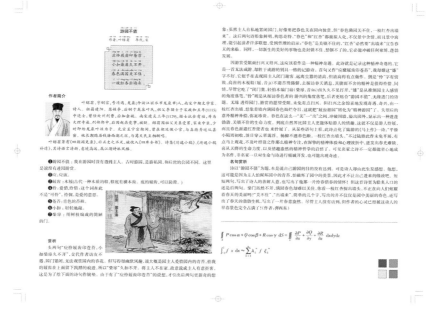

图3-2-34　印刷版面上的结构信息

园不值"红字做好陷印。

（5）诗词注释前面的阴圈码从【特殊符号】→【阿拉伯数码】→【阴圈码】中设置。

（6）文本结束括号作者姓名（作者：伊西东）用拼字法拼出。

（7）用公式输入法，结合"Tab"键的运用，输入两个数学公式，其他按图示完成。

（二）按要求制作烫印版

（1）如图示3-2-35所给样式及外观提示，Illustrator中完成邀请函烫印版的制作。

（2）操作步骤

① Illustrator软件中建一新文档，将需要烫印的内容全部放在一个新建图层上，并将图层命名为"烫印版"。

② 在颜色调色板中新建一专色颜色，并将颜色命名为"烫金版"，将烫印的内容全部用所定义的此专色填充好。

③ 调出"属性"调色板，将烫印的内容全部设置"叠印"，完成图3-2-35。

图3-2-35　Illustrator绘制烫印版

第四节　标准文件生成

学习 目标	1. 能输出便携式文档格式（PDF）文件。 2. 能设置颜色转换的 ICC 文件。

一、相关知识

1. 便携式文档格式（PDF）文件的定义及特点

PDF格式（全称为Portable Document Format）是Adobe公司基于PostScript Level2语言开发的电子文件格式，可以存储矢量图像和位图图像，支持超链接，印前输出格式、网络电子出版格式。这种文件格式与操作系统平台无关，适用于如MAC OS、Windows及Unix间不同平台间的文件沟通，这一特点使它成为在Internet上进行电子文档发行和数字化信息传播的理想文档格式。越来越多的电子图书、产品说明、公司文告、网络资料、电子邮件开始使用PDF格式文件。PDF格式文件目前已成为数字化信息事实上的一个工业标准。

（1）兼矢量图与位图，忠实再现原文　PDF是一种矢量图和位图的混合格式，在排版软件中做的线条、色块、图案、文字，到了PDF中仍然是矢量性质的，而置入排版文件的位图到了PDF中仍然是位图。激光照排机的分辨率是多大，它们出片后的分辨率就是多大，PDF格式的文件能如实保留原来的面貌和内容，屏幕上文件可以放大到800%而丝毫不失清晰。浏览和打印可以根据需要选择定制程序，创建不同尺寸和不同精度的PDF文件。

（2）文件小，易于传输与储存　PDF可以对图文进行无损压缩，比原来的排版文件、链接图片的总和小。

例如，排版文件和链接图片的总和是47.6 MB，压成PDF后只有6.48 MB，而且这还是位图不经任何压缩的情况，在出片时位图会达到最高品质。

如果以JPEG方式压缩位图，6.48 MB的PDF只有1.31 MB，位图品质降低，不适合出片，但可以打印或传给客户校稿。

文件变小的意义在于，可以轻松地在网上把文件传给出片公司或客户。过去出片是打电话叫出片公司的人，带着沉重的活动硬盘来取；如今把几百兆的PDF从网上传给他们就可以了。

（3）单文件，可分页　在用排版文件出片时，一般要将特殊的字和链接图片一起交给出片公司，但PDF嵌入了字体、图片，还可以像排版文件那样分页，只需一个文件就可以出片。

（4）跨平台性　不依赖该计算机的硬件配置、操作系统和创建文件的应用程序。关于跨平台性，所有关于PDF的资料都做了解释，但在所有深奥的术语之下表达的是这么一个意思：在自己的机器上生成的PDF，到了别人的机器上不会变，不管他们的操作系统是Windows98、Windows2000、WindowsXP、还是MaxOS 9、MaxOS X，不管他们有没有当前所用的排版软件，他们看到的PDF都和你看到的一样，即使在排版时用到了某种怪异字体，只要让PDF嵌入这个字体，别人就能看到它的效果。

在出片时，PDF的跨平台性保证了设计师与出片公司的正常沟通。设计师不再担心出片公司使用不同版本的软件，打开排版文件，引起字距变化，不再担心他们缺字体。用PDF出片时，根本不用排版软件打开文件，而用在网上免费下载Acrobat Reader、Acrobat Professional这样的PDF编辑器。即使仍然用排版文件出片，也可以附带一个PDF文件，让出片公司看到设计的版面是什么样，而不需要像以前那样打印一堆纸稿交给他们。

（5）文件保护　PDF文件可以进行加密，控制敏感信息的访问权限，防止PDF被改动或打印，因而能用来传送有知识产权的电子文件。

2．ICC标准文件的制作过程

ICC设备配置文件的基本制作过程：

（1）稳定设备的使用条件，并进行设备的校准。

（2）选择符合ICC规范色彩标靶。

（3）让色彩设备再现色彩标靶，并用分光光度计精确度量标靶色彩值。

（4）借助于生成ICC配置文件的软件，比较标靶度量值与标靶原标准值，计算生成设备的ICC配置文件。

3．ICC文件的作用

ICC配置文件描述一款具体设备所产生的色彩究竟是标准色彩空间中的哪个色彩，根据ICC配置文件的数值数据，将影像的色彩数据由与设备密切相关的色彩空间，如扫描仪、数码相机的RGB色彩空间、打印机的CMYK色彩空间，转移到与设备无关的色彩空间，从而实现色彩的准确传递。

ICC配置文件包含了一台特定设备所特有的全部色彩特征，包括这台设备的色域、色彩空间、着色剂以及操作模式等，可分为三种：

输入设备配置文件——用于描述扫描仪和数码相机的设备特征。

显示设备配置文件——用于描述CRT、LCD和投影仪的设备特征。

输出设备配置文件——用于描述打印及印刷的设备特征。

除以上三种配置文件外，还有设备连接（Device Link Profile）、色彩转换空间（Color Space Conversion Profile）、抽象的（Abstract Profile）、指定色彩的（Named Color Profile）四种其他类型的ICC配置文件。

二、操作步骤

1．各软件生成PDF文件的操作

（1）使用Adobe Acrobat Distiller软件可以将PS（PostScript）文件转换为PDF文件（以前的软件版本低，还没有直接存储PDF的选项，只能用这种方式）。

（2）现在大多数版本的软件都可以直接生成PDF文档。例如在InDesign CS6中生成PDF文件很简单，方法如下：执行"文件/Adobe PDF预设"命令即可直接生成PDF文件，无须进行PS（PostScript）转PDF操作。

（3）在word2007及以上的版本中，如果安装了"SaveAsPDFandXPS"模块，可以通过"另存为"命令发布生成PDF文档。

（4）其他软件生成PDF文件的方法请参见表3-2-1。

表3-2-1　各软件生产PDF文件

软件格式	Photoshop	Illustrator	InDesign	CorelDRAW	Word
EPS	文件/存储，选择 Photoshop EPS 格式	文件/存储，选择 IllustratorEPS 格式	文件/导出，选择 EPS 格式	文件/导出，选择 EPS 格式	不能生成 EPS 格式
PDF	文件/存储，选择 Photoshop PDF 格式	文件/存储，选 Illustrator PDF 格式	文件/导出，选择 Adobe PDF 格式	文件/发布至 PDF	文件/另存为，选择 PDF 格式发布

2. 设置颜色转换的ICC文件

（1）打开Photoshop。

（2）在Photoshop中选择"编辑/颜色设置"菜单命令（图3-2-36），在弹出对话框的"工作空间"选项中，可以在RGB和CMYK颜色空间下设置所需的色彩特性文件（ICC文件）。

（3）设置好ICC配置文件后，单击"确定"按钮即可。

三、注意事项

1. PDF文件的应用要点

（1）PDF文件忠实地再现原稿的每一个字符、颜色以及图像，无论在哪种打印机上都可保证精确的颜色和准确的打印效果。尤其是它支持的跨

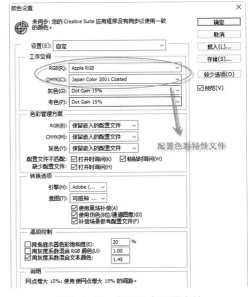

图3-2-36　设置颜色配置文件

平台性，在印前设计的数据交换中更加方便应用，已成为设计师们首选的文件存储格式。

（2）Adobe自家的Acrobat软件即可查看、阅读与编辑PDF文件，能对PDF文件进行分解、合成、颜色预览、打印输出等操作。在存储PDF文件时，重点是注意存储标准、印刷标记和输出时配置文件的嵌入这三个选项的设置。

2. ICC标准文件的使用要点

（1）建立准确的设备色彩特性描述文件是色彩管理系统的核心工作，是否能够准确地描述设备色彩特性，决定了色彩管理的结果。

（2）彩色设备的使用条件是动态的，设备表现色彩的特征会因时间和条件发生变化，因此ICC配置文件不是一成不变的。同一台设备，随着使用环境、耗材、老化等因素的变化，ICC配置文件也需要更新。有时设备生产商提供的ICC配文件根本不能用，多数情况下，需要自己动手制作彩色设备的ICC配置文件。

第三章

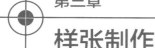

样张制作

第一节　数字流程制作

学习 目标	1. 能设置流程中的预检、陷印、拼版、色彩管理模块的参数。 2. 能选择印刷补偿曲线或反补偿曲线。 3. 能备份流程作业文件。 4. 能创建工作流程作业与传票。 5. 能在流程中设置字库与补字库参数。

一、相关知识

1. 数字流程中的预检、陷印、拼版、色彩管理模块的参数功能

这里以方正畅流数字流程为例进行说明。

预检（预飞）用于印前检查，根据用户定义的预飞规则对PDF页面进行检查，生成预飞报告，以避免发生印刷事故。

陷印是方正畅流的一个重要功能模块，用于满足客户及市场对陷印处理的切实需要，增强畅流的陷印处理能力。

拼版，又称装版或组版，广泛应用于报纸、宣传材料等单页印刷品的生产中。它将多个页面按一定的方式拼在一张大纸或大版上，可明显降低成本并提高效率。

色彩管理用于调用打样机纸张ICC特性文件和胶印机ICC特性文件以及不同颜色空间的转换意图方式。

2. 印刷补偿曲线与反补偿曲线的原理和方法

在做完CTP制版线性化后，可以使输出后的印版网点大小等于电子文件数据，从而保证网点转移的准确性。但由于存在印刷网点扩大，实际曲线是使用线性化输出的印版印刷后，测量印品的网点梯尺获得的网点曲线，而目标曲线则是根据ISO 12647-2中网点扩大率标准得到的理想网点增大曲线。为了达到目标曲线，需要在输出印版时对其进行相应补偿，经过补偿得到的曲线即为印刷补偿曲线。比如，网点值50的地方到印刷出来时70的，然而根据

ISO标准，50的网点扩大15个百分点，也就是说50的地方印刷出来是65比较合适。那么现在是70，明显是超出标准值5个百分点，补偿曲线只需要在50的地方输入70即可，通过计算，再出版的时候，电子文件上50的网点值对应在版上的网点值就是45左右。其他网点值依次类推。反补偿曲线与补偿曲线一样，都是针对网点扩大进行的补偿，只不过因为补偿曲线计算方式的不同，它直接在50的地方输入45就可以了。

3. 创建、备份工作流程作业文件与传票的方法

（1）创建工作流程作业文件与传票　登录方正畅流客户端后，单击作业导航器操作界面中作业列表上方的"新建"按钮即可创建工作流程作业文件与传票。

（2）备份工作流程作业文件与传票　在建立工作流程后，单击作业窗口工具栏中的"保存为作业传票模板"图标即可备份工作流程作业文件与传票。

二、操作步骤

1. 设置流程中的预检、陷印、拼版、色彩管理模块参数的操作步骤

（1）预检参数设置步骤

① 启动方正畅流客户端。

② 在作业中创建方正预飞处理器。

③ 双击方正预飞处理器，设置预检参数。预检参数分为常用、页面、图像、颜色、文字和呈色6个目录，共14个类别。左侧为目录与类别，右侧是各个类别包含的参数（或称"检查项"），如图3-3-1所示。

（2）陷印参数设置步骤

① 启动方正畅流客户端。

② 在作业中创建方正陷印处理器。

③ 双击方正陷印处理器，设置陷印参数，如图3-3-2所示。

图3-3-1　方正畅流中设置预检参数

图3-3-2　方正畅流中设置陷印参数

（3）拼版参数设置步骤

① 启动方正畅流客户端。

② 在作业中创建折手处理器。

③ 双击拼版处理器，设置拼版参数，如图3-3-3所示。

（4）色彩管理参数设置步骤

① 启动方正畅流客户端。

② 在作业中创建色彩管理处理器。

③ 双击色彩管理处理器，设置色彩管理参数，如图3-3-4所示。

图3-3-3 方正畅流中设置折手（拼版）参数　　　　图3-3-4 方正畅流中设置色彩管理参数

2. 选择印刷补偿曲线或反补偿曲线的操作步骤

（1）CTP线性化。

（2）使用线性化后的CTP设备进行制版。

（3）使用上一步输出的印版进行印刷，测量印品上的网点梯尺，在CTP数字化流程的RIP软件中将测量值填到对应网点百分比的文本框中，得到印刷补偿曲线或反补偿曲线。

（4）在RIP软件中加载线性化曲线和印刷补偿曲线或反补偿曲线（也叫过程校准曲线），如图3-3-5所示。

3. 创建、备份工作流程作业与传票的操作步骤

这里以方正畅流流程为例进行说明：

（1）创建工作流程作业文件与传票

① 用户启动客户端登录畅流后，默认将进入作业导航器的操作界面。

② 单击作业列表上方的"新建"按钮，弹出"新建作业"对话框。在"作业名称""工作单号""客户名""描述"等框内填入相应信息，然后单击"确定"。

③ 新建作业，进入作业窗口后，便可建立工作流程了。操作可分为三步：添加节点、连接节点、设置节点参数。

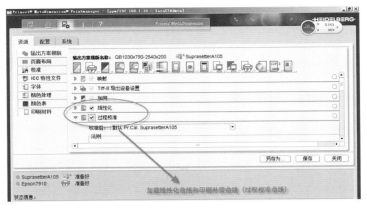

图3-3-5　加载线性化曲线和印刷补偿曲线

（2）备份工作流程作业文件与传票

① 通过主菜单"工具">"备份管理"，进入"备份管理"窗口。

② 在"系统备份工具"选项卡下选择备份模式。"全部备份"可备份系统中的全部作业，"选择性备份"仅备份选定的作业。

4．在流程中设置字库与补字库参数的操作步骤

（1）安装字库

① 启动方正畅流控制台。

② 停止并选中规范化器。

③ 若字库为PS文件形式，选择主菜单"字体">"添加字体文件"。此时将弹出"打开"对话框，打开PS字体文件，畅流将自动完成后续的安装工作。若字库为安装光盘形式，则选择主菜单"字体">"启动字体安装"。选择此命令后，将光盘放入光驱，畅流将随即启动光盘上的安装程序进行安装。安装后，选择主菜单"字体">"停止字体安装"。

④ 字库完成安装后，重置字体。选择主菜单"字体">"重置文件"。

（2）设置补字库参数

① 启动方正畅流控制台。

② 选择主菜单"设置">"环境设置"，可设置补字库路径，如图3-3-6所示。

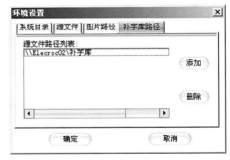

图3-3-6　方正畅流中设置补字库路径

三、注意事项

（1）选择印刷补偿曲线或反补偿曲线时，要注意有些制版设备并不能加载补偿曲线，这时候需要在输出前根据补偿曲线来改变文件数据来达到补偿的目的。

（2）安装字库时，必须停止并选中规范化器。否则，无法安装字库。

第二节　数字打样

学习目标
1. 能安装、设置及使用数字打样软件。
2. 能设置打样机的功能参数。
3. 能进行软件参数的备份与恢复。

一、相关知识

1. 各种数字打样软件的功能和特点

目前数字打样软件常见的有方正写真、Black magic、EFI Color Proof XF、GMG Color Proof、GMG Dot Proof、Star Proof等。这些数字打样软件主要具有色彩管理和RIP功能。其中，EFI Color Proof XF、GMG Color Proof属于RIP前打样，Black magic、GMG Dot Proof、Star Proof属于RIP后打样，方正写真兼具RIP前打样和RIP后打样双重功能。

EFI Color proof XF，将EFI最新的色彩技术和基于工业标准的现有硬件集于一身，在扩展网络功能的同时又包括了多个可以不同方式连接在一起的组件，从而满足客户基本或扩展配置的要求。Color proof XF具有多功能、灵活性、可扩展性及高性价比等优势，支持Windows 和Mac OSX跨平台操作，并且兼容最新的用于开放式作业预制的JDF。它适用于报业出版商、广告公司、印刷制版及摄影工作者。

GMG Color Proof具备独立的RIP技术，强大的打印机校准功能、精确的色彩再现、无限量的专色处理、自动的循环校色，并且支持多台打印机同时输出，其在单黑、专色和真网点打样方面更有非常出色的性能。

GMG Dot Proof涵盖了Color Proof的所有功能，精确的色彩再现和网点增益的自动计算，真实还原高达200 l/in的网点打样，直接加载CTF、CTP的补偿曲线，自动检查网点、网线信息，实现无限量的专色处理。全开放的平台可实现与众多流程的集成。

O. R. I. S. Color Tuner可以替代传统的胶印打样方式，直接从工作站输出制作完成的文件到打印机，而且打样结果与印刷十分接近，主要针对胶印、凹印领域的印前提出专业的数字打样解决方案，为打印机校准、自动化的色差调整（ACM）及特殊需求（专色、灰平衡、选择性色彩校正、远程打样方面）提供了完整而精确的效果实现。

2. 打样机各功能参数的作用

打样机主要功能参数包括打印参数、色彩管理参数、维护保养参数。

打印参数主要用来设置打印基本参数，包括打印分辨率、打印色彩和打印质量、打印纸来源和打印纸尺寸、黑色墨水类型等。

色彩管理参数主要用来控制打印色彩质量，包括胶印机和打印介质的ICC特性文件设置、RIP参数设置等。

维护保养参数主要用来定期对打样机进行维护和保养，包括喷嘴检查、打印头清洗、打印头校准等。比如可以通过打样机控制面板菜单设置是否定期或每项作业前自动检查喷嘴。

3．软件参数的备份与恢复的方法

在数字打样流程软件中，设置好各个模块的参数后，另存为新的模板即可对软件参数进行备份。下一次要恢复使用这些参数时，只需要载入当时存好的模板即可。

二、操作步骤

1．安装、设置及使用数字打样软件的操作步骤

（1）启动电脑，连接电脑与数字打样机，插入数字打样软件安装光盘。

（2）根据数字打样软件安装光盘提示安装服务器端和客户端软件。

（3）对数字打样软件的系统环境、用户及密码、权限、网络等进行设置。

（4）根据数字打样软件使用说明书进行操作。数字打样软件的操作一般可分为三步：新建作业→添加模块（节点），设置参数→数字打样。

2．设置打样机功能参数的操作步骤

（1）设置打印参数　包括打印分辨率、打印色彩和打印质量、打印纸来源和打印纸尺寸、打印方向、黑色墨水类型等。

（2）设置色彩管理参数　包括选择胶印机和打印介质的ICC特性文件设置及RIP参数等。

（3）设置维护保养参数　包括喷嘴检查、打印头清洗、打印头校准等。比如可以通过打样机控制面板菜单设置是否定期或每项作业前自动检查喷嘴。

3．软件参数备份与恢复的操作步骤

（1）在数字打样流程软件中，设置好模块参数设置窗口中的相关参数。

（2）将设置好参数的模块另存为新的模板，即可完成对软件参数的备份。

（3）载入上一步另存的模板，即可恢复软件参数。

三、注意事项

（1）安装数字打样系统时，要注意软件和功能模块的完整性，包括字库都要正确安装。

（2）数字打样软件的具体操作可以参考使用说明书或参加供应商提供的相关培训。

打样样张、印版质量检验

学习 目标	1. 能使用测量仪器检测样张的各项技术参数。 2. 能使用测控条检验样张的质量。 3. 能提出并实施打样机的周、月保养计划。

一、打样印刷质量检测

（一）打样印刷质量检测与控制方法

数字打样的质量检测方法主要是依靠测量仪器和色彩管理软件相结合，按照ISO 12647-7标准中的规定，控制打样色彩的准确性和稳定性。

数字打样的质量控制方法主要是要做好打印机的基础线性化，获得准确的胶印机和数字打样机的ICC特性文件，匹配打印机ICC特性文件和印刷机ICC特性文件以及做好数字打样机的日常维护保养工作。

（二）测控条的功能及检测方法

测控条（control strip）是由网点、实地、线条等已知的特定面积的各种几何图形测标组成的用以判断和控制晒版、打样和印刷时信息转移的一种工具，如图3-4-1所示。

图3-4-1 测控条

测控条是实施印刷质量数据化测控的重要媒介，GB/T18720-2002《印刷技术印刷测控条的应用》国家标准中，对测控条的使用范围、定义、性能要求以及使用方法作了相关的解释和规定。其原理包括：

（1）网点面积的增大与网点边缘的总长度成正比。

（2）利用几何图形的面积相等，阴、阳相反来测控网点的转移变化。

（3）辐射状图形变化时，圆心处变化明显。

（4）利用等宽或不等宽的折线测控水平和垂直方位的变化。

（5）利用等距同心圆测控任意方位的变化。

（6）能够提供测试单元图形。

测控条的检测方法一般是结合相关的软硬件（色彩测量仪器及其对应的软件）来进行。

二、测量仪器的使用

（一）色度仪

打开色度仪后检查设备基本情况，设备正常即可使用。

（1）对仪器进行校正，包括校白、校黑。

（2）仪器配置设定，包括语言设定、测量参数设定、颜色设定等。

（3）样品测量。

（4）结果评定。

（二）分光光度仪

分光光度仪是用来校正显示器、投影仪和打印机的。

这里以爱色丽Eye-One i1 Pro为例来介绍分光光度仪的使用方法：首先在电脑上安装 Eye-One i1 Pro的驱动程序i1 Profiler或其他数字打样认证软件，然后连接电脑与Eye-One i1 Pro，逐行扫描色块，在色彩管理软件上就能获得色差等技术参数。

（三）分光密度仪

分光密度仪是用来测量颜色、密度、网点和反射光谱数据 的。以爱色丽Exact分光密度仪（图3-4-2）为例来介绍其使用 方法。

（1）校准。开机后选择"诊断"，进入"校准总结"，点击 "马上开始校准"。

（2）测量参数设定。进入"基本工具"，选择"设置"，设 置"测量条件""光源/视角""密度状态""密度基准白"。

（3）测量。进入测量界面，然后测量样品，得到测量结果值。

图3-4-2　分光密度仪

三、检测样张操作

（一）使用测量仪器检测样张的各项技术参数

（1）加载打样测控条。

（2）输出数字打样样张。

（3）启动数字打样认证软件（如Proof Control），确定测量仪器（Eye-One）已连接，选定输出数字打样样张所加载的测控条文件，使用Eye-One逐行测量测控条上的色块。

（4）测量结束后，得到最大色差、平均色差和色相差等衡量打样样张质量的技术参数，软件自动生成结果报告。

（二）使用测控条检验样张的质量

（1）加载打样测控条。

（2）输出数字打样样张。

（3）启动数字打样认证软件（如Proof Control），确定测量仪器（Eye-One）已连接，选定输出数字打样样张所加载的测控条文件，使用Eye-One逐行测量测控条上的色块。

（4）测量结束后，软件自动生成结果报告，合格通过后保存结果并打印标签。如果未通过，则重新校准打印机后再次重复以上操作，直至样张检测合格通过为止。

（三）提出并实施打样机的周、月保养计划

（1）确定打样机保养内容，包括打样机的存放和运输（移动），耗材的存放、更换与使用，机器温湿度控制与防尘，维护箱、切纸器的更换，打印头喷嘴检查与清洗，打印头校准等工作。

（2）制订周保养计划。

（3）制订月保养计划。

（4）实施周保养计划和月保养计划并做好记录。

（四）注意事项

（1）在检验样张质量时，使用的数字打样认证软件不同，则操作步骤略有不同。

（2）打样机除了做好周保养、月保养外，还要能对各种故障进行必要的维修并做好维修记录。

第二节　检查印版

学习
目标

1. 能借助测量仪器和测控条，检查网点形状完整性和网点增大值，并提出制版工艺的改进建议。

2. 能对印版质量进行综合检查，对产生的问题提出解决方案。

一、测控条特性

（一）各类测控条的特性

测控条分为两大类：信号条和测试条。

（1）信号条　信号条由若干信号块构成，如图3-4-3所示，能够及时反映印刷时的网点扩大或缩小、轴向或周向重影，晒版时的曝光不足或过量，印版的分辨力等情况。信号条具有使用方便，容易掌握，结构简单，成本低，无须专用仪器设备，只需一般放大镜或人眼，就能察觉质量问题的特点，属于定性分析。

图3-4-3　信号条

（2）测试条　测试条由若干区、段测试单元（块）和少量的信号块组成，如图3-4-4所示，它不仅具有某些信号条的功能，还能通过专门的仪器设备（如带偏振装置的彩色反射密度计，色度计以及带刻度的高倍率放大镜等）在规定的测试单元上进行测量，再由专用公式计算出印刷质量的一些指标数值，供评判、调节和存储之用，属于定量分析。

图3-4-4　测试条

（二）网点增大的原理及增大值的计算方法

（1）网点增大原理　网点增大主要是指印版上的网点转印到纸张等承印物上后，网点面积百分比增大的现象，其原因主要分为两个方面：光学网点增大和机械网点增大。

（2）网点增大值的计算方法　网点增大值的计算方法有两种：一种是利用布鲁纳尔测控条来进行计算。用密度计分别测量布鲁纳尔测控条50%部位细网（即精细测控块）和50%部位粗网的密度值，二者相减即是50%网点（加网线数为60l/cm）的网点增大值。如果使用的是五段式布鲁纳尔测控条，还可以通过测量75%细网和75%粗网的密度来计算75%网点的增大值。另一种是用玛瑞—戴维斯公式法或尤尔—尼尔森公式法来求网点增大值。

（3）制版过程中避免网点增大的方法　制版过程中可以通过控制好曝光参数、显影参数以及创建线性化曲线和印刷补偿曲线来控制网点增大。

二、测量印版操作

（1）借助测量仪器和测控条，检查网点形状完整性和网点增大值，并提出制版工艺的改进建议，具体操作如下：

①对CTP进行线性化操作，加载测控条，输出印版。

②调整印刷机至标准状态，印刷样张。

③ 使用测量仪器测量印刷样张测控条上的网点面积和网点增大值。

④ 根据测量结果分析原因。

⑤ 根据分析的原因和网点增大值的国际标准对制版工艺提出改进建议，如印刷线性化曲线和补偿曲线是否正确合理，是否需要重新制作。

（2）对印版质量进行综合检查，对产生的问题提出解决方案，步骤如下：

① 对印版质量进行综合检查，包括外观质量、网点质量、版面内容、拼版方式等所有方面。

② 对产生的问题进行原因分析。

③ 根据产生问题的原因分析提出解决方案。

（3）注意事项

① 测量仪器操作要规范，确保测量结果准确无误，否则，一切操作都将毫无意义。

② 印版质量检查包括很多方面，检查时要细致，不能有遗漏。要定性和定量检查方法相结合。

第四篇

印前处理

（技师）

第一章

图像、文字输入

第一节　图像获取

1. 能根据各类原稿的特点设置扫描参数。
2. 能对图像质量进行分析。
3. 能对非正常的原稿进行扫描调整。
4. 能利用标准原稿生成扫描仪和数字照相机的特性文件。

一、图像扫描

（一）去网扫描的原理

印刷品图像是网目调图像，使用平板扫描仪扫描印刷品图像时，无法获取像照片或画稿上的那种连续调信息，而是获取网目调网点。如果不选择"去网"选项而直接扫描，扫描仪就会部分地识别图网点之间的空隙，但不能原样复制或将其转换成连续调，其结果是扫描后图像上出现很粗的网纹。

扫描印刷品图像时，在扫描设置面板上的"去网"栏里设置一定的去网线数，就可以在扫描的过程中达到去网的目的，具体去网线数的设置只要与印刷文件的加网线数保持一致，就可以消除掉大部分的网纹。"去网"设置，实际是对扫描焦距进行调整，使扫描仪不能将印刷品的网点辨别出来。与此同时，图像清晰度会受到一定程度的影响，如图4-1-1所示，其中网点最粗的85lpi调整幅度最大，其图像也相应模糊，网点最细的175lpi调整幅度最小。

图4-1-1　去网扫描

（二）非正常原稿的种类与调整方法

原稿是印刷复制的依据，原稿的质量直接影响着印刷品的优劣，图像原稿的质量主要体现在阶调层次、色彩平衡、清晰程度等方面。

1. 阶调层次

阶调层次方面，如"平"则密度反差小，最暗处密度不高，高调与暗调密度差过小，如图4-1-2所示；"闷"则整体密度过高，反差过低，暗调和中间调接近，没有高光点，如图4-1-3所示；"崭"是密度反差大，最暗处密度高，中间调、暗调层次损失过多，如图4-1-4所示。

直方图横轴的左端代表暗调，右端代表亮调；纵轴代表像素的数量，由直方图形状可了解到图像暗调或亮调是否缺失，由此可判断图像是曝光过度还是曝光不足。对于"平"和"闷"的图像，可在图像处理软件Photoshop中，直方图或曲线调整其阶调层次，拉大反差，"崭"要适当增加其中间调层次。

2. 色彩平衡

色彩方面，原稿偏色一般分整体偏色、暗调偏色、亮调偏色和交叉偏色（暗调、亮调偏色不同），校色时要综合考虑。如：白色偏黄，蓝色偏紫等情况。白色偏黄图像的调整，这里采用的方法是在Photoshop中打开"图像/调整/可选颜色"，再在打开的"可选颜色"对话框中选择"颜色"下的"黄色"进行单色调整，数值设置如图4-1-5所示，接下来打开"图像/调整/色阶"使用设置白场的吸管工具，在图像中猫咪的下眼睑处单击，在设置白场的同时最终完成色偏的调整。如图4-1-6所示，对于蓝色偏紫图像的调整，主要采用的方法是在Photoshop中打开"图像/调整/曲线"，在曲线对话框中通过对R、G、B三个通道分别调整来纠正色偏。

3. 清晰度

图像相邻层次明暗对比的清晰度，如相邻层次的密度差别大，则视觉感受是清晰的。可以在分色时强调层次边界反差，造成

图4-1-2 "平"的原稿

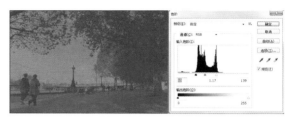

图4-1-3 "闷"的原稿

图4-1-4 "崭"的原稿

图4-1-5 白色偏黄图像的调整

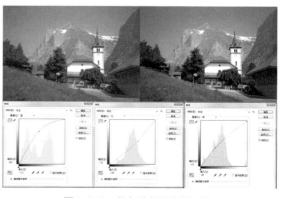

图4-1-6 蓝色偏紫图像的调整

提高清晰度的假象，使细微层次的反差得到实质性的加强。

二、扫描仪和数字照相机色彩管理

色彩管理的主要目标是：实现不同输入设备间的色彩匹配，包括各种扫描仪、数字照相机、Photo CD等；实现不同输出设备间的色彩匹配，包括彩色打印机、数字打样机、数字印刷机、常规印刷机等；实现不同显示器显示颜色的一致性，并使显示器能够准确预示输出的成品颜色；最终实现从扫描到输出的高质量色彩匹配。色彩管理的目的是要实现所见即所得。进行色彩管理，基本需要顺序地经过设备校正、设备特征化和色彩转换三个步骤。

（一）扫描仪的色彩管理

（1）借助标准色标，测量校正扫描仪的色标。如Kodak公司制作的Q-60色标（原始数据TDF文件是"R1200208.Q60"），并将测量结果文件"KodakR1200208 091122Date"放到色标色彩数值文件TDF中。

（2）制作扫描仪ICC配置文件。ICC配置文件是独立于输入设备的，对彩色的IT8标准色标进行扫描，就可以制作扫描仪的ICC配置文件。

① 扫描前的准备工作。提前30min启动扫描仪预热灯管，以保证灯管的发光达到正常稳定的状态，使用平板扫描仪时注意将色卡边缘与载物台的边框对齐，防止扫描影像倾斜。仔细按测试卡的边缘选取扫描范围，不要扫描测试卡外的空白范围，以免影响曝光精度。

② 扫描选定的标准色卡。将扫描仪恢复到出厂时预置的缺省色彩设置，关闭其内置的色彩管理选项，按色彩管理软件的要求设置扫描的分辨率，详细记录扫描仪的这种默认设置状态，然后按照透射或反射方式选择标准色卡（前面测量校正的Q-60物理色标，其TDF文件是经测量而修正过的"KodakR1200208 091122Date"，它记录了Q-60物理色标的当前色彩数据）。

扫描如果是在色彩管理软件中驱动扫描仪扫描，软件自动将扫描生成的测试文件送入测试文件窗口。如果是在其他应用程序下扫描，则应以非压缩的TIFF格式存储扫描图像文件，而且存储时不得加载任何已有的配置文件（确保ICC复选框未选定），如KodakR1200208 091122Photo.tif

③ 载入测试文件与参与文件。在色彩管理软件Profilemaker中调用"KodakR1200208 091122Date"与"KodakR1200208 091122Photo.tif"，生成设备的ICC色彩配置文件。

④ 使用扫描仪的ICC文件。使用扫描仪时将色彩管理打开，扫描软件会自动将扫描仪的ICC文件配置到扫描文件中。如果扫描仪不支持色彩配置文件，可以通过第三方软件如Photoshop等将其载入，实现扫描仪的色彩管理。

（二）数码相机的色彩管理

1. 数码相机的白平衡校正

数码相机白平衡的调整模式通常有自动白平衡、分档设定白平衡、手动设定白平衡三种模式。

数码相机的白平衡是指当某一色温的光进入数码相机时，数码相机通过内部的电路调整，改变R、G、B三个CCD电子耦合元件电平的平衡关系，将这一色温的光色确定为白色。当数码相机定义了白以后，数码相机就以此为基础，调整其他色彩的R、G、B三色光在CCD电子耦合元件电平的比例，记录其他色彩。

（1）自动白平衡　依靠数码相机里的测色温系统，测定被摄物色温，依据测得数据数码相机自动调整RGB电信号的增益得到白平衡。自动白平衡以"点测光"进行工作，数码相机内置色温表，具有选择RGB三色参数最接近的那个白点为白平衡的依据的能力。一般在色温条件为2500～7000K时可以进行正常的自动白平衡调节，而当拍摄光线超出范围时，自动白平衡功能就不能正常工作。

（2）分档设定白平衡　指数码相机按光源分档预置白平衡。预置白平衡档位有日光、阴天、日光灯、白炽灯、闪光灯等。

（3）手动设定白平衡　在拍摄现场，选择最近似白色的物体，如纸张、灰卡或白平衡工具Expo Disc白色滤镜，手动设定白平衡后，数码相机自然会依照调整的白平衡进行拍照，这是目前最准确的白平衡调节方式。

2．数码相机特征化工具

（1）18%标准灰板　18%标准灰板是点测光曝光的最佳工具，同时可以作为色温调节和色彩平衡的参考。18%标准灰板常用来对数码相机进行白平衡校正。最常见的是柯达灰板（Kodak Gray Cards）和爱色丽灰度卡。18%灰板就是Kodak Q–60 Color Input Target色标中灰梯尺的第11级灰度，是人类视觉的中等灰度，数码相机如果能控制好中等灰度的还原，则所有色彩的正确再现就有了一个稳定的基础。

（2）数码相机白平衡滤镜　白平衡滤镜以投射光源的18%来向相机传达，因此具有与18%标准灰板同样的效果。白平衡滤镜能把从镜头进来的所有角度的光平均地投射，所以用它进行白平衡设定比灰板更准确。其使用方法与一般的滤镜使用方法相同，将其直接安装在镜头前面，取消AF自动对焦，使用MF手动对焦，按下白平衡校正（或快门），自定义白平衡。

（3）色标　色标（卡）是检验数码相机色彩还原状态的多色块集成体。色标可以与色彩管理软件配合，生成数码相机的ICC配置文件。最早的色标是Kodak的Q系列标准色卡和IT8.7/2色标，目前使用的色标主要是爱色丽公司的ColorChecker24标准色卡和ColorChecker SG色卡，它们是目前公认最适合用来制作相机ICC配置文件的色卡。

在拍照时，ColorChecker24标准色卡可放置在现场直接使用；ColorChecker SG能提供饱和的颜色和更纯正的消色，色域更加广泛。使用时须确保照明均匀。

3．数码相机拍摄图像的存储格式

数码相机拍摄后，最常用的图像存储格式有JPEG、TIFF、RAW三种。

（1）JPEG格式　JPEG格式是一种有损压缩格式，通常压缩率在10~40倍，用JPEG存储图像可以节省很大一部分存储卡空间，大大增加了图片拍摄的数量，对于普通用户来说是一个不错的选择。

（2）TIFF格式　TIFF图像格式是一种无损压缩格式，通常压缩率在2～3倍，用TIFF存储图像文件可以完全还原，并能保持图像原有的色彩和层次，TIFF被认为是印刷行业中受到支持最广的图像文件格式。

（3）RAW格式　RAW图像格式是指数码相机读取CCD或CMOS光电转换器上的电信号时，电平高低的数字化原始记录数据。这种数据除了包含光电转换器的每一个像素值和ISO、快门、光圈、焦距之外，其他相机设定对RAW图像文件一律不起作用，图像没有经过色彩空间确定、白平衡调整、曝光补偿、色彩平衡、锐化处理gamma调校、对比度、降噪等项目的调教等。拍摄后，需要利用特定的RAW软件对RAW格式的图片进行处理。专业数码相机一般都支持使用RAW图像格式存储图像，不同的相机制造商采用不同的编码方式来记录RAW图像文件。

4. 制作数码相机的ICC配置文件

制作并正确地使用数码相机的ICC配置文件比较复杂。因为数码相机通常采用外部照明光进行拍摄工作，光源可能是直射的太阳光，多云或阴天的日光，或是室内人造灯光等，这些照明光的色温和强度是千变万化的。而数码相机的色彩管理只能在指定的光照条件下完成，这样创建的ICC配置文件适用范围受限。为此建议为日光和白炽灯照明条件下的数码相机分别创建ICC配置文件。

制作数码相机的ICC配置文件的一般步骤为：首先，由于色标在使用一定时间后，其色彩会发生变化。因此在制作数码相机的ICC配置文件前，要更新ICC配置文件制作软件中的原始色标值，达到修正色标的目的；接下来要做的是，稳定照明条件，通过拍摄灰卡获取拍摄白平衡色温值；稳定照明条件，通过拍摄ColorChecker色标，得到拍摄的色标文件；最后，将经过校正的色彩管理软件中的原始标值，与拍摄的色标文件在色彩管理软件中进行比较和计算，生成数码相机的ICC配置文件。

（三）屏幕校正仪的功能

屏幕校正仪也叫显示器校准仪，是用来校准显示器色彩和亮度的。不同显示器可以通过校色让画面看上去尽可能一致。显示器校准仪工作时会吸附在显示器上，读出灰阶和色块的读数，然后软件计算白点、黑点以及RGB值，校正发现的偏差，比如RGB通道中的红色，标准数值为R＝255。校正仪器工作时会吸附在显示器上收集屏幕上显示的红色值是否为255，最终自动生成显示器的ICC配置文件。

显示器校准仪的技术主要包括以下几个方面：

（1）环境光测量　根据打印图片观看场地的光线测量结果，自动确定最佳显示器亮度，以便打印图片的效果与显示器上的一致。

（2）环境光的智能控制　工作空间周围的环境光强度和数量会影响到人对显示器上色彩的感知。该解决方案可以对这种影响加以补偿，可以选择自动调整校色，或者只是在环境光发生变化时通知。

（3）闪光纠正TM　测量和调节显示器配置文件，降低闪光照在显示器表面造成的对比度。通过精确测量显示器的有效对比度，可以获得更为准确的显示器校色效果。

（4）智能型迭代校准　在每次校准时，这种自适应技术在显示器上形成最高颜色准确度，实现最佳效果。

（5）自动显示控制 ADC技术自动调节显示器硬件参数设置（亮度/背光，对比度和色温），加速校准过程，消除手动调节，保证最高质量效果。

三、色彩管理操作

（一）利用标准原稿生成扫描仪特性文件

这里以扫描标准色标Kodak IT8.7/2，使用"Profile Maker5.0"扫描软件生成"Microtek ScanMaker 700"扫描仪的特性文件为例。

1．扫描标准色标

（1）清洁扫描仪玻璃面板，预热扫描仪30min。

（2）去掉扫描仪设备属性中的颜色管理文件。

（3）关闭扫描程序中的色彩管理功能，包括指定的ICC文件、自动白平衡、自动对比度、黑白场设定等功能。

（4）RGB模式扫描色标，分辨率为300dpi，保存为TIFF格式。

（5）利用Photoshop检查扫描后的色标，是否存在灰尘和划痕现象，使用Photoshop修复并保存，注意打开扫描图像和保存时不要加载任何ICC特性文件。

2．生成扫描仪特性文件

（1）打开色彩管理软件"Profile Maker5.0"在其主界面中选择"SCANNER（扫描仪）"选项，进入创建扫描仪ICC特性文件界面，如图4-1-7所示。

（2）在"Reference Date（参考数据）"选项中选择与所用色标一致的文本参数；在"Measurement Date"选项中选择前面扫描的Kadak IT8.7/2的TIFF文件，并在弹出的界面中对扫描的图像进行裁切设置，如图4-1-8所示。

（3）设置完成后，在界面中点击"OK"，扫描仪将返回到创建扫描仪ICC特性文件界面，这时点击"Calculate Profile"的"Start…"，如图4-1-9所示，软件自动生成ICC特性文件，并将ICC保存到软件默认的系统中，完成扫描仪ICC制作。

（二）利用标准原稿生成数字照相机的特性文件

这里以拍摄标准色标Macbeth ColorChecker，使用Eye-One Match软件生成数码相机的特性文件为例。

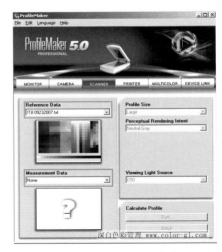

图4-1-7 扫描仪特性文件创建界面

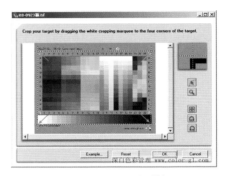

图4-1-8 导入测量数据

图4-1-9 置入扫描图像文件后的扫描仪特性文件创建界面

1．拍摄标准色标

（1）完成数码相机的校正工作。

（2）关闭数码相机的色彩管理功能。

（3）标准光源下，拍摄标准色标，确保拍摄图像仅含有所需要的标准色标中色块。

（4）设置拍摄图像的精度和尺寸，确保拍摄图像大小在750KB～2MB之间。

（5）拍摄色标图像保存为RGB模式的TIFF格式文件。

2．制作数码相机的特性文件

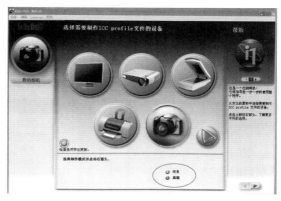

图4-1-10　Eye-One Match主界面

（1）打开色彩管理软件，选择需要制作ICC profile文件的设备，进入制作数码相机ICC文件的界面，选择"高级"模式，进入下一操作，如图4-1-10所示。

（2）在标准光源下，拍摄标准色标ColorChecker，拍摄时除了相机的白平衡调整外，关闭所有可能改变图像颜色的功能。拍摄后色标照片白场的RGB值在210～245，黑场的RGB值应在20以下。

（3）载入色标的数码照片到Eye-One Match中，进行下一步操作。

图4-1-11　生成ICC特性文件

（4）成功载入色标的数码照片后，裁切掉色标之外的无关内容，完成照片的裁切，继续下一步。

（5）进行裁切图样与标准图样的比较，如不一样需返回上一步重新裁切。

（6）Eye-One Match会对拍摄的色标照片进行检查，弹出报错信息时需重新拍摄，若无问题则可进行下一步操作。

（7）选择测量照明光源，将集光罩和黑色的校准罩安装在Eye-One上，点击校准成功后，进行环境光源的测量。

（8）将Eye-One朝向光源并按住"测量"按钮。测量后Eye-One Match显示测量所得的色温和照度值，点击"保存变化"保存测得的光源数值。进入计算机色彩配置文件，此时软件自动计算，生成ICC文件，如图4-1-11所示。

（三）注意事项

（1）印刷品去网时注意事项　对于网纹较明显的印刷品扫描原稿，在Photoshop中进行单通道去网时，因为亮部、灰部、暗部的网纹分布不均匀，可以使用选择区只对网纹较严重的地方去网，从而避免一些细节被抹杀。

（2）色标使用注意事项　色标长期使用会产生色彩漂移，造成物理色标上色块值与TDF

文件值不一致，所以在使用前应对旧色标进行测量，并将测量结果放到色标色彩数值文件TDF中。平时色标保存应装入避光的封套内存置于阴凉干燥处。

第二节　图像处理

学习目标	
	1. 能进行多图像的融合，缺损修复。
	2. 能从图像信息表上判断颜色的准确性。
	3. 能用图像处理软件进行颜色设置。
	4. 能对专色图像进行陷印、叠印处理。
	5. 能识别网点百分比，误差在 5% 以内。

一、专色图像处理

（一）专色概念及专色图像处理方法

1. 专色的概念

专色是指在印刷时，不是通过印刷C、M、Y、K四色合成这种颜色，而是专门用一种特定的油墨来印刷该颜色。每种专色要有专门的分色版，专色的色彩还原精度高，色域宽，实地印刷质量好。

图4-1-12　新建专色通道对话框

2. 专色图像处理方法

Photoshop 软件中制作专色版，是在通道中完成的。创建专色通道方法如下：将需要使用专色的区域，制作成为选区，在"通道"调板中单击"新建专色通道"，在弹出的对话框中单击颜色色块，如图4-1-12所示。打开"选择专色"对话框，并单击"颜色库"选择要定义的专色如图4-1-13所示。注意密度设置只是改变专色的屏幕显示，输入小的数值，专色会显示半透明的效果，输入100%，专色显示为不透明，这个数值不会改变专色的色相，也不会产生新的颜色。

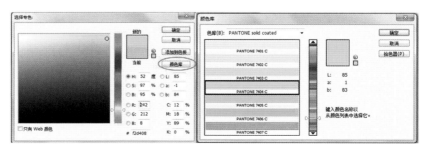

图4-1-13　专色设置

3．专色设置注意事项

（1）专色应用　应用专色，一定要到颜色库中选择专色。输出时，一种专色就会产生成一张印版，所以在定义专色时，同一种颜色的专色名称要一致，并且要放在同一个专色通道中，以避免错误地输出多张色版。

（2）处理专色区域的陷印问题　对于连续调图像，一般不需要考虑漏白的问题，因为专色通道总是叠印在其他颜色通道之上。但是当把相对透明的专色油墨加入到一个图像上时，为了防止专色叠印在其他图像上影响最终效果，就必须要将图像上专色区域对应的部位镂空。为了防止由于印刷时的套印不准，在镂空区域出现漏白，镂空部位的面积应稍微收缩一点，也就是要比专色区域稍小一点，也就是陷印处理（补漏白）。一般图像处理软件都具有陷印处理的功能。

手动设置补漏白的方法是按住Ctrl键单击专色通道，载入专色通道选区；执行"选择/修改选区/扩展或（收缩）"，设置1~4个像素；选择CMYK混合通道，将背景色设置为C0M0Y0K0，然后按Delete键删除，即完成了图像的镂空和补漏白，如图4-1-14所示。具体是选择扩展还是收缩，则要依据底图颜色和专色的颜色，一般要遵守以下原则：扩下色不扩上色；扩浅不扩深（黄色向青色、品红色和黑色扩展）；扩平网不扩实地；扩其他色不扩黑色；不需要为连续色调图像（如照片）创建陷印；有时还可以互扩（纯青和纯品红对等扩展）或反向陷印（有渐变色时）。

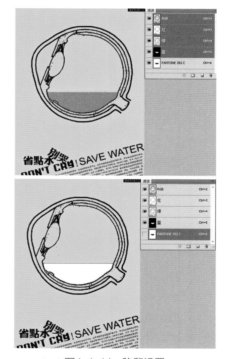

图4-1-14　陷印设置

（3）专色文件的存储　在Photoshop中含有"专色通道"的文件，一定要存储为DCS2.0（*.EPS）格式。专色文件做好后，执行"文件/保存"，选择PhotoshopDCS2.0格式，如图4-1-15所示。在弹出的对话框中设置参数如图4-1-16所示。

预览中选择"TIFF8位像素"，DCS选项中选择具有彩色复合（72 dpi）的单文件，这样生成一个DCS格

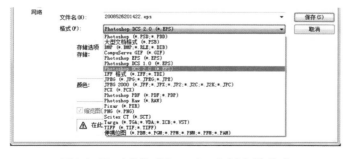

图4-1-15　存储为"PhotoshopDCS2.0"格式

图4-1-16　专色文件存储时的参数设置

133

式文低分辨的预览文件，便于在排版中查看和精确定位。但要注意文件一定要放在同一个目录下，便于后面的发排输出。

（二）蒙版、图层、通道、滤镜的图像处理方法

1. 蒙版

Photoshop中的蒙版的形式主要有图层蒙版、剪贴蒙版、矢量蒙版三种。蒙版抠图法所采用的就是图层蒙版，其一般步骤为：使用魔棒工具对区域进行定位抠图，然后使用蒙版工具选出将要抠图的范围，在此过程中不停地采用黑白两色笔在蒙版区域上进行删减、添加等步骤，直到选出精准的区域。用黑色画笔（前景为黑色）涂抹，则本层被涂的部分就会变为透明，显示出下面图层的对象；用白色画笔（前景为白色）涂抹，则本图层被涂的部分不透明，从而遮住下面图层的对象，如图4-1-17所示。

Photoshop中的蒙版的主作用除抠图外还可以用于制作图像的边缘淡化效果，以及图层间的融合效果，如图4-1-18所示。

2. 图层

Photoshop中图层的类型主要有背景层、图像层、文字层等。图层面板中双击背景层，可将其转化为图像层。文字层转化为图像层的方法是"图层/栅格化/文字"。图层的基本操作主要包括图层的复制、删除、排列顺序、链接、合并、对齐等，图层面板中可设置图层的混合模式（正片叠底、滤色、饱和度等近30种）；可以设置其不透明度；添加图层特殊样式（投影、外发光、斜面和浮雕等十几种）等图层操作，图4-1-19是图层样式面板。

3. 通道

photoshop中通道是一个非常重要的概念，是用于保存图像的颜色信息、选区信息和专色信息的工具，应用通道可以对图像数据进行精细、复杂的加工，还可以提高图像的处理效率。通道的类型主要有颜色通道、Alpha通道和专色通道三种。

（1）颜色通道用于存储图像的色彩信息　每个颜色通道都是一个灰度图像，只代

图4-1-17　蒙版抠图

图4-1-18　蒙版制作图层融合效果

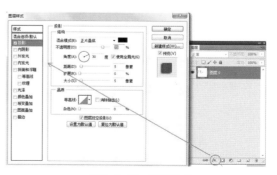

图4-1-19　图层样式

表一种颜色的明暗变化。所有颜色通道混合在一起时，便可形成图像的彩色效果，也就构成了彩色的复合通道。图像的颜色模式决定了为图像颜色通道的数目，如位图模式和灰度模式的图像都只有一个通道；RGB模式的图像由一个复合通道，三个单色通道，共四个通道组成；CMYK模式的图像由一个复合通道，四个单色通道共五个通道组成。通过对图像单色通道调整可以调整图像偏色。

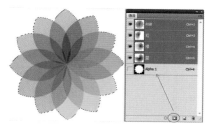

图4-1-20　将选区存储为通道

（2）Alpha通道可用于存储和编辑选区范围　在Alpha通道中，黑色表示非选取区域，白色表示被选取区域，不同层次的灰度则表示该区域被选取的百分率。按下Ctrl点击Alpha通道，可"将通道作为选区载入"。执行"选择/存储选区"命令，也可将现有的选择区域存为一个Alpha选区通道，如图4-1-20所示。

（3）专色通道主要用于保存专色信息的通道　专色通道具有Alpha通道的所有特点，可以保存选区信息、透明度信息等。每个专色通道只是一个以灰度图形式存储相应专色信息，与其在屏幕上的彩色显示无关。

图4-1-21　滤镜菜单命令

通道的主要作用是：存储图像的色彩资料，存储和创建选区，还能用于抠图处理。

4．滤镜

滤镜是Photoshop的特色工具之一，主要是用来实现图像的各种特效。其功能非常强大，常用来制作一些材质、光晕、火焰等特殊效果。在Photoshop中，每一个滤镜都对应着一种独特的效果，或使图像产生扭曲变形，或使图像的颜色发生随机的变化，或使图像产生模糊、浮雕等效果，如图4-1-21所示。其中最常用的主要有风格化滤镜、模糊滤镜、扭曲滤镜、渲染滤镜、特殊滤镜等。滤镜通常需要同通道、图层等联合使用，才能取得最佳艺术效果。

滤镜主要分为两大类：一类是内部滤镜，即安装Photoshop时自带的滤镜；另外一类是外挂滤镜，需要我们进行安装后才能使用。常见的外挂滤镜有 KPT、PhotoTools、Eye Candy、Xenofex、Ulead effect等。

（三）灰平衡的概念

灰平衡应该是指黄、品红和青三个色版按不同网点面积率比例在印刷品上生成中性灰。根据减色法呈色理论，C、M、Y三原色油墨最大饱和度的叠合应该得到黑色。同理，三原色油墨不同饱和度的等量叠合也应该产生不同明度的灰色。但是，由于实际使用的油墨在色相、饱和度和明度方面还存在着油墨制造上难以克服的缺陷，使得等量的三原色油墨叠合不能获得中性灰。为了使三原色油墨叠合后呈现准确的不同明度的灰色，必须根据油墨的特性，改变三原色油墨的网点面积配比，实现对彩色复制至关重要的灰平衡。

二、图像操作案例

（一）多图像的融合，缺损修复过程

根据图4-1-22～图4-1-24所给素材，完成图4-1-25所示的拼合效果。

（1）首先在photoshop打开素材1进行图像修复工作，选择工具箱中的"修补工具"或"仿制图章工具"修复面部残缺处。这里使用的是"修补工具"，如图4-1-26所示。

（2）按要求新建图像文件，设置好相应的尺寸、分辨率及色彩模式等，移入打开的素材1、素材2和素材3图片。

（3）分别在图层1和图层2上创建图层蒙版，在蒙版上创建合适的选区并将羽化值设为30，然后按下"Alt+Delete"填充黑色（前景色设置为黑色），最后使用黑或白色画笔进一步在蒙版上涂抹调整完成拼合效果，如图4-1-27所示。

（二）对专色图像进行陷印、叠印处理的过程

1. Illustrator中设置陷印

（1）自动设置　选中对象，选择"窗口/路径查找器"在打开的对话框中选择"陷印"，如图4-1-28所示，输入陷印值，"粗细"默认为0.25pt（范围为0.01～5000pt）；减色：指减少陷印区域中亮色的比例，使陷印区域内变色程度减轻，默认值为40%；反转陷印：指改变陷印方向，使暗色向亮色区域中扩大。在Illustrator中自动陷印只能处理相邻填充色块间的陷印，而填充色块与笔画、渐变、连续

图4-1-22　素材1

图4-1-23　素材2

图4-1-24　素材3

图4-1-25　拼合效果

图4-1-26　修补工具修复图像

图4-1-27　蒙版图层拼合

图4-1-28　Illustrator中自动设置陷印

图4-1-29　Illustrator中手动设置陷印

图4-1-30　Photoshop中自动设置陷印

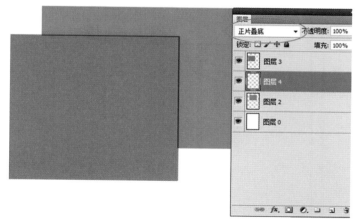

图4-1-31　Photoshop中手动设置陷印

调图像以及其他特性的图案间不能进行陷印。

（2）手动设置　对一个图形对象创建0.25pt的轮廓线，同时将其设置为叠印。其方法为选中图形，然后选择"窗口/属性"在打开的"属性"调板中勾选"叠印描边"，如图4-1-29所示。

2．Photoshop中设置陷印

（1）自动设置　选中对象，然后选择"图像/陷印"在打开的对话框中，输入陷印值，"宽度"默认为1pt，如图4-1-30所示。

（2）手动设置　为陷印对象创建选区，并复制该图层，然后选择"选择/修改选区/扩展或（收缩）"，设置1~4个像素，并填充与陷印图形对象相同的颜色，设置图层面板中"图层混合模式"为"正片叠底"，如图4-1-31所示，最后再重新载入扩展前的对象选区，按Delete键删除选区内容即可。

（三）注意事项

1．Photoshop中自动设置陷印时的注意事项

Photoshop中自动设置陷印时，首先要将颜色模式转换为CMYK，否则图像菜单下的"陷印"呈灰色，为当前不可操作状态的，另外，要对图形对象进行陷印设置时必须要拼合图像。

2．Photoshop中使用滤镜时的一些注意事项

（1）在滤镜对话框中，按"Alt"键可以使对话框中的"取消"按钮变成"复位"按钮，单击此按钮，可以将对话框中的参数恢复至打开对话框时的设置。

（2）要对文本和形状图层应用滤镜时，必须先将其转换为普通图层，然后才能应用滤镜效果。

（3）在位图、索引颜色和16位通道模式下不能使用滤镜，同时，在不同的色彩模式下，滤镜的适应范围也不同，如在CMYK或Lab模式下，"艺术效果""纹理"等部分滤镜将不可使用。

（4）应用滤镜时需要占用一定的内存，尤其是应用于高分辨率图像时，所以可以先对图像的一小部分创建选区后应用滤镜，对效果满意后，再对整幅图像应用滤镜。

第二章

图像、文字处理及排版

学习目标

1. 能进行文件跨平台、跨版本软件之间的相互转换。
2. 能处理字体冲突，进行字体替换。
3. 能进行可变数据排版。
4. 能对格式化程度高、数据量大的书籍进行批处理和自动排版。
5. 能设置并管理多级标题编号，完成目录、索引的抽取。
6. 能编辑、使用并管理版面素材库。
7. 能根据版面的模切成型要求、纸张开料方向，设置不同的版面拼版位置。

一、图文排版

（一）图文的排版流程

图文的排版流程，一般分为素材整理、版式设计、版面制作与校对等几个步骤：

1. 素材整理

（1）文字　键盘录入（五笔或拼音）或OCR识别。

（2）图形　Adobe Illustrator软件或CorelDRAW软件处理。

（3）图像　Adobe Photoshop软件处理。

2. 版式设计

事先构思的图文混排版式草图。

3. 排版制作

用Adobe InDesign排版软件或其他排版软件，按照要求的准确尺寸建立工作页面，将图文置入版面中，根据版式设计的构思草图，按输出要求完成排版。

4. 输出校正

将完成的排版文件输出打印，完成校正、存储备用。

（二）印刷品质量要求

印刷品的质量在很大程度上取决于印前和印刷的准备工作、使用的机器和印刷材料，如纸张和油墨。印刷产品的最终质量则由印后加工及其设备所决定。图文并茂的印刷品（单色或多色的）的质量可以通过色彩质量、图像细节及阶调再现范围、多色套印精确程度和印刷图像及其印刷页面或纸张的表面特性等因素来确定，一般从主观（定性）和客观（定量）两方面去质量评价。

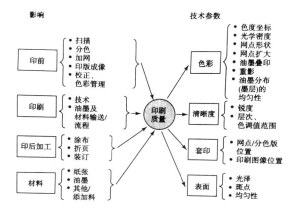

图4-2-1 决定印刷质量的影响因素和参数

1. 定量质量评价（客观）

质量决定因素和质量定义所选择的指标

如图4-2-1所示。这些指标必须是可定义的，并且是可测量的。色彩质量控制可以采用一些合适的测量仪器。大多数数据的基础是与印刷品图像一起印出的一些测量元素（测量目标／块）。

2. 定性质量评价（主观）

印刷质量也可以通过目测检验。目测质量控制的实现，必须满足一些最基本的照明和观察条件要求（ISO 3664）。目测检查项目将心理因素引入图像评价。根据图像信息、图像结构和印刷品的用途，可以采用不同的评价标准。

只有通过质量测量评价，才能提供测量对象以及某种程度上印刷质量自动控制的可能性。在印刷中，色彩再现质量是最重要的质量特性之一，测量印刷图像的效果是为了改进原稿、样张和产品之间的细小差距，或者在整个印刷过程中保证质量的一致性。

在生产实践中，通过主观的定性质量评价和客观的定量质量评价相结合，印品质量的标准评判内容包括：

（1）墨色鲜艳，画面深浅程度均匀一致。

（2）墨层厚实，具有光泽。

（3）网点光洁、清晰、无毛刺；小网点不丢失，大网点不糊死。

（4）符合原稿，色调层次清晰。

（5）套印准确。

（6）文字不缺笔断道。

（7）印张外观无褶皱、无油迹、脏污和指印，产品整洁。

（8）背面清洁、无脏迹。

（9）裁切尺寸符合规格要求。

（10）最终成品符合设计要求。

（三）出版物的结构和要素

1. 出版物的定义

出版物是指运用一定的物质生产手段，将经过编辑加工的作品以文字、图形、图像、声音或其他符号形式表现出来，具有一定量的副本，使之在社会上或一定范围内发行传播的、承载精神文化内容的精神载体。

广义的出版物，根据联合国教科文组织的规定，包括定期出版物和不定期出版物两大类。定期出版物又分为报纸和杂志（也称期刊）两类，不定期出版物以图书（包括书籍、课本、图片）为主。

传统的出版物，包括报纸、杂志和图书，都是印刷品。随着留声机、缩微成像技术、录音技术、录像技术和计算机的发明与应用，出现了新型的、非印刷品的出版物，即唱片、缩微胶片、录音带、录像带、光盘等，通称为缩微制品、视听材料和电子出版物，这一类产品也被视为出版物，又合称为音像读物。随着现代技术的进步，出版物的物质形态和它所负载的内容将有许多新的发展。

2．出版物的构成要素

（1）以读者所需要的信息知识构成内容。

（2）以一定的表达方式陈述信息知识，包括文字、图像、符号、声频、视频、代码等。所谓多媒体出版物，其实就是在一种媒体上同时使用了上述多种表达方式的出版物。

（3）以一定的物质载体作为知识信息存在的依据。

（4）是以一定的生产制作方式使知识信息附着于物质载体上。

（5）是以一定的外观形态呈现出来。印刷出版物、唱片、录音带、录像带、激光视盘等声像出版物，缩微平片、缩微胶卷等缩微出版物，磁盘、光盘等电子出版物，是出版物目前常见的呈现形态。

3．书籍出版物的构成要素

书籍出版物是我们最常见的。一本书由两部分构成：一是外表形式，叫作装帧；二是内文，包括文字和图片，如图4-2-2所示。书的装帧包括封面、扉页、书脊、版权页。封面是书的"面孔"，印有书名、作者、出版者等。扉页是指封面或衬页后正文前的一页，同封面一样印有书名、作者、出版者和出版年月。书脊也称封脊，接连书的封面和封底，印有书

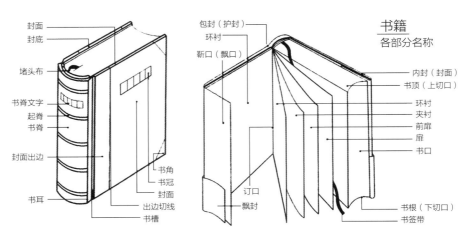

图4-2-2　精装书的基本结构示意图

名、作者、出版者，便于读者在书架上查找。版权页是书的自我介绍，除书名、作者、出版者、发行单位、印刷单位外，还标明开本大小、印张数量、字数、版次、出版年月、书号、定价等。凡没有书号的书，属于非法出版物，国家禁止出售。从1987年元旦起，我国采用国际标准书号ISBN。每本书上都标有ISBN，后面有一组数字，分别代表组号、出版号、书名号和校验号。书的内文除正文内容和插页外，还包括内容提要、前言、后记、序、跋等。内容提要简单介绍这本书的内容，便于读者选购或借阅。除了一本书的正文之外，作者还想向读者讲述一些有关这本书的事情的文章，放在前面的叫"序"，或者叫"小引""前言"，放在后面的叫"跋"或"后记"。这类文章有一些不由作者自己写，而是请一些有名望的人来写。此外，书中还有详细的目录，便于读者查找其中的章节。

（四）专业学科排版规范

不同学科设计对排版的要求是有差异的，这就要求我们在排版时要严格根据各自的规范、要求去排版。例如：

1．国家行政机关公文排版

（1）字　标识公文中横向距离的长度单位。一个字指一个汉字所占空间。

（2）行　标识公文中纵向距离的长度单位。本标准以3号字高度加3号字高度7/8倍的距离为一基准行。

（3）用纸　公文用纸一般使用的纸张定量为60～80g/m²的胶版印刷纸或复印纸。纸张白度为85%～90%，横向折度≥15次，不透明度≥85%，pH为7.5～9.5。

（4）用纸幅面及版面尺寸　公文用纸采用GB/T148中规定的A4型纸，其成品幅面尺寸为210mm×297mm，尺寸允许偏差见GB/T148。

（5）页边与版心尺寸　公文用纸天头（上白边）为37mm±1mm；公文用纸订口（左白边）为28mm±1mm；版心尺寸为156mm×225mm（不含页码）。

（6）图文的颜色　未作特殊说明公文中图文颜色均为黑色。

（7）排版规格　正文用3号仿宋字，一般每面排22行，每行28个字。

2．教科书版面编排要求

（1）为学生的学习和教师的教学提供帮助　教科书编写有利于引导学生利用已有的知识与经验，主动探索知识的发生与发展，同时应有利于教师创造性地进行教学。内容组织应多样、生动，有利于学生探究，并提出观察、实验、操作、调查、讨论的建议。

（2）具有良好的普适性与选择性　教科书编写要考虑到社会发展的现实水平和教育状况，注意教科书对大多数学生和大多数学校的适用性。尤其是，内容的选择应符合课程标准的要求，体现学生身心发展特点，反映社会、政治、经济、科技的发展需求。

（3）具有鲜明的时代性　教科书内容选择体现当代社会进步和科技发展，反映各学科的发展趋势，关注学生的经验，增强课程内容与社会生活的联系。同时，根据时代发展需要及时调整、更新教科书的内容。

（4）强调内容的基础性　基础性是教科书的突出特点，可不能因此丢失内容的时代性和发展性。注意贴近社会生活，理论与实践相结合，并适当渗透先进的科学思想和研究成果，为学生今后学习新知识奠定基础。

（5）协调学科知识结构与学生心理结构之间的平衡　教科书要合理体现各科知识的逻辑顺序和学生学习的心理顺序。

除此之外，教科书在编排形式上要有利于学生的学习，符合卫生学、教育学、心理学和美学的要求。教科书的内容阐述，要层次分明，文字表达要简练、精确、生动、流畅，篇幅要详略得当。标题和结论要用不同的字体或符号标出，使之鲜明、醒目。封面、图表、插图等要力求清晰、美观。字体大小要适宜，装订要坚固，规格大小、薄厚要合适，便于携带。

3．报纸版面编排要求

报纸版面的安排是一项技巧性很强的工作，它既要体现编辑对所刊发的文章的理解和刊载意图，又要依据一定的美学原则，尽可能地让内容与形式得到完美的结合。安排得好的版面，能给人赏心悦目之感。所以，重视版面的安排，是办报者非常注重的一项工作。

为解决各版"强势"差别所造成的矛盾，报纸编辑通常采取以下办法：

（1）要闻版开头，接转其他版。尽量让要闻版上多登重要稿件篇数，长的文章留一些转入其他强势较弱的版。但这样会造成读者读一篇文章就要翻页的麻烦。因此，十分重要的文章最好不要转版。

（2）"题在要闻版，文在其他版"。即在第一版上辟出一小块空间为其他版的重要文章做一个简要目录。有些报纸采取这种方法，以"导读"形式出现。但编排上要注意与其他文章区别开，四周要加框。

（3）要闻版登摘要，其他版登全文。它的好处是缓解了要闻版空间小的矛盾；短处是摘要与全文有重复、浪费版面。

4．画册排版

一般来说，好的画册排版，要符合以下三个标准：

（1）有规律 每个部分都循规蹈矩，不散乱。

（2）有活力 排版可灵活多变，不闷场。

（3）有个性 有鲜明特点，看完后别人还记得。

二、数据库的概念

（一）数据库

数据库（Database）是按照数据结构来组织、存储和管理数据的仓库。随着信息技术和市场的发展，数据管理不再仅仅是存储和管理数据，而转变成用户所需要的各种数据管理的方式。数据库有很多种类型，从最简单的存储有各种数据的表格到能够进行海量数据存储的大型数据库系统都在各个方面得到了广泛的应用。

在信息化社会，充分有效地管理和利用各类信息资源，是进行科学研究和决策管理的前提条件。数据库技术是管理信息系统、办公自动化系统、决策支持系统等各类信息系统的核心部分，是进行科学研究和决策管理的重要技术手段。

（二）数据库系统阶段的数据管理特点

（1）采用数据模型表示复杂的数据结构。数据模型不仅描述数据本身的特征，还要描述数据之间的联系，这种联系通过所有存取路径。通过所有存储路径表示自然的数据联系是数据库与传统文件的根本区别。这样，数据不再面向特定的某个或多个应用，而是面对整个应用系统。如面向企业或部门，以数据为中心组织数据，形成综合性的数据库，为各应用共享。

（2）由于面对整个应用系统，使得数据冗余小，易修改、易扩充，实现了数据贡献。不同的应用程序根据处理要求，从数据库中获取需要的数据，这样就减少了数据的重复存储，也便于增加新的数据结构，便于维护数据的一致性。

（3）对数据进行统一管理和控制，提供了数据的安全性、完整性以及并发控制。

（4）程序和数据有较高的独立性。数据的逻辑结构与物理结构之间的差别可以很大，用户以简单的逻辑结构操作数据而无须考虑数据的物理结构。

（5）具有良好的用户接口，用户可方便地开发和使用数据库。

从文件系统发展到数据库系统，这在信息领域中具有里程碑的意义。在文件系统阶段，人们在信息处理中关注的中心问题是系统功能的设计，因此程序设计占主导地位；而在数据库方式下，数据开始占据了中心位置，数据的结构设计成为信息系统首先关心的问题，而应用程序则以既定的数据结构为基础进行设计。

（三）数据库在印刷领域的作用

数据库在印刷领域的作用主要是存储与备份，主要表现在：

（1）各输入、输出等设备将设置好的数据存储，方便于以后工作的对比与应用。

（2）制作文件数据存储，方便业务的保存，再版、再印时可随时调用，保证了数据的长期性和一致性。在以前的传统制版中，图文信息都是通过胶片保存，时间过长会出现发黄、老化乃至损坏等问题，影响重印效果，而且很难保证产品的一致性。

（3）制作文件的数据存储库，还可完成业务数据的积累，有利于以后资料的丰富和应用。

三、图文排版操作

（一）能处理字体冲突，进行字体替换操作

在打开某一文件时，如果系统中没有文件中用到的某种字体，系统会发出警告，并要求替代字体。根据图4-2-3所给素材，用三种方式完成字体缺失的处理步骤。

1．源文件转曲法

通知制作源文件的设计人员，在软件中将文字转成曲线后（即轮廓化）再存储传输，这种方式是最保险、最安全的，不足之处是转曲后不能修改了。各软件文字转成曲线的方式是：

图4-2-3　文档打开时字体缺失窗口

（1）Adobe Photoshop中：执行"图层"→"栅格化"→"文字"命令，如图4-2-4所示。

（2）Adobe InDesign中：执行"文字"→"创建轮廓"命令，快捷键是Ctrl+Shift+O，如图4-2-5所示。

（3）Adobe Illustrator中：执行"文字"→"创建轮廓"命令，快捷键是Ctrl+Shift+O，如图4-2-6所示。

（4）CorelDRAW中：执行"排列"→"转化为曲线"命令，快捷键是Ctrl+Q，如图4-2-7所示。

2. 字体安装法

通知制作源文件的设计人员，将缺失的字体文件一并传输过来，安装到计算机字库中。方法是：拷贝字体到"系统C盘"→"Windows"→"Fonts"文件夹中，再打开制件文件即可，如图4-2-8所示。

3. 字体替换法

在打开制作文件时，报如图4-2-3所示缺失字体画面，点击"查找字体"，出现如图4-2-9所示画面，在征得客户同意的前提下，用计算机本机上相近的字体替换掉缺失的字体即可。

图4-2-4　Photoshop文字转曲

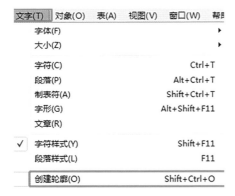

图4-2-5　InDesign文字转曲

图4-2-6　Illustrator文字转曲

图4-2-7　CorelDRAW文字转曲

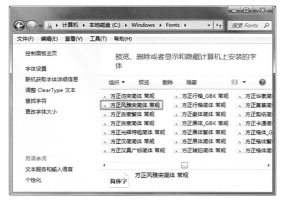

图4-2-8　计算机字体文件夹位置

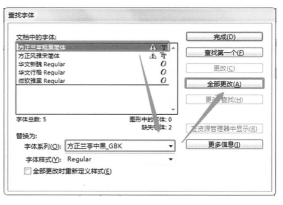

图4-2-9　计算机字体文件夹位置

（二）版面素材库使用操作

素材库有利于组织最常用的图形、文本和页面，可以向库中添加标尺参考线、网格、绘制的形状和编组图像，并可以根据需要任意创建多个库。在Adobe InDesign软件中，详细说明了"库"的使用。

1．创建库

（1）新建　执行"文件"→"新建"→"库"命令，为库指定位置和名称，新建"库1"。

（2）打开　执行"文件"→"打开"→"库"存指定的位置和名称。

（3）关闭　单击"库"面板右上角的"×"号关闭，或者单击倒三角 ≡，在弹出的菜单选项中选择"关闭库"命令。

（4）删除　直接将"库"文件拖到"回收站"中即可。

2．将对象添加到库

（1）用选择工具选取对象，拖到"库1"面板中即可；如果选中几个对象后同时拖，则这几个对象将作为一个编组对象。

（2）如果将一页上的所有对象作为一个编组对象添加到库中，则单击倒三角，在弹出的菜单选项中选择"添加第一页上的项目"命令；如果将一页上的所有对象每个都作为单独的对象添加到库中，则单击倒三角，在弹出的菜单选项中选择"添加第一页上的项目作为单独对象添加"命令。

3．将库中的对象添加到文档中

（1）用选择工具选取库面板中的一个或多个对象，拖到文档中即可。

（2）用选择工具选取库面板中的一个或多个对象，单击倒三角，在弹出的菜单选项中选择"置入项目"命令，则对象按其原坐标置入。

4．管理库对象

（1）更新　选择要替换到库的对象和库中被替换的对象，单击倒三角，在弹出的菜单选项中选择"更新库项目"命令，则库对象更新。

（2）库间拷贝或移动　在两个库中，选择库1中的对象，拖到库2中即为拷贝（库1中对象还在）；而拖动的同时按下Alt键则为移动（库1中对象没有了）。

（3）删除　选择要删除的一个或多个对象，右键单击"删除项目"即可，或者拖到面板上的垃圾桶上删除，如图4-2-10所示。

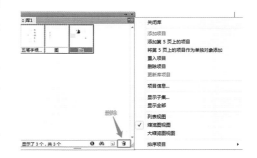

图4-2-10　Adobe InDesign中"库"面板及弹出的菜单选项

（三）模切类包装版面拼版操作

根据图4-2-11所给样式，根据客户的纸张方向及尺寸要求，完成勾底盒形的绘制及拼版。

（1）结合AutoCAD软件首先完成单版准确的模切线图，在Illustrator中按1：1的比例原大打开，图

图4-2-11　模切类包装版面的单版及拼版样式

层命名为"模切版"，并将颜色设置成专色、叠印样式。

（2）新建另外图层进行相关内容的设计，并做好相应切线外的出血位。

（3）运用旋转命令进行穿拼版工作，合理调整加刀、出血位，在客户要求的纸张范围内进行拼版。

（四）注意事项

1. 字库应用要点

为避免文字处理过程中出现差错，必须遵守如下注意事项：

（1）使用成熟的字库　目前各种各样字库不断推出，客观上给我们的应用带来更多的选择，但是有一些字库并不成熟，甚至存在明显缺陷，为保证质量，需对新字库作必要检测或采用成熟的字库。现在常用的、稳定的成熟字库有汉仪字体、方正字体、文鼎字体等。

（2）系统中若装入新字体文件太多，会出现死机次数明显增加或运转速度缓慢的现象，因此字体种类不要装得太多，以够用为原则，还有利于节省硬盘空间、加快运算速度。

2. 模切类包装版面拼版应用要点

（1）结合AutoCAD软件首先完成单版文件准确的模切线图，这是准确进行后期设计和拼版工作的基础。

（2）模切线颜色用专色并且设置叠印。

（3）结合模切线形图的直观显示，运用穿插、旋转等操作命令进行正确拼版。印刷时，模切线形图在纸张上是不出现的，如果没有准确的线形界限，对于一些复杂盒形的拼版是难以进行的。

第二节　标准文件生成

学习目标
1. 能制作输出参数模板。
2. 能制作补字文件，补充字库所缺字符。

一、网络基础知识

计算机网络基础，是指将地理位置不同的、具有独立功能的多台计算机及其外部设备，通过通信线路连接起来，在网络操作系统、网络管理软件及网络通信协议的管理和协调下，实现资源共享和信息传递的计算机系统。

（一）计算机网络的主要类型

计算机网络的组成基本上包括：计算机、网络操作系统、传输介质（有线或无线）以及相应的应用软件四部分。虽然网络类型的划分标准各种各样，但是从地理范围划分是一种大家都认可的通用网络划分标准，按这种标准可以把各种网络类型划分为局域网、城域网、广域网和互联网四种，下面简要介绍这几种计算机网络。

（1）局域网（Local Area Network，LAN）　这是最常见、应用最广的一种网络。所谓局域网，那就是在局部地区范围内的网络，它所覆盖的地区范围较小。现在局域网随着计算机网络技术的发展得到充分的应用和普及，几乎每个单位都有自己的局域网，有的家庭中都有自己的小型局域网。这种网络的特点就是：连接范围窄、用户数少、配置容易、连接速率高。IEEE的标准委员会定义了多种主要的LAN网：以太网（Ethernet）、令牌环网（Token Ring）、光纤分布式接口网络（FDDI）、异步传输模式网（ATM）以及最新的无线局域网（WLAN）。

（2）城域网（Metropolitan Area Network，MAN）　这种网络一般来说是在一个城市，但不在同一地理小区范围内的计算机互联。这种网络的连接距离可以在10～100km，它采用的是IEEE802.6标准。MAN与LAN相比扩展的距离更长，连接的计算机数量更多，在地理范围上可以说是LAN网络的延伸。在一个大型城市或都市地区，一个MAN网络通常连接着多个LAN网。城域网多采用ATM技术做骨干网，ATM是一个用于数据、语音、视频以及多媒体应用程序的高速网络传输方法，它的最大缺点就是成本太高，所以一般在政府城域网中应用，如邮政、银行、医院等。

（3）广域网（Wide Area Network，WAN）　这种网络也称为远程网，所覆盖的范围比城域网（MAN）更广，它一般是不同城市之间的LAN或者MAN网络互联，地理范围可从几百公里到几千公里。因为距离较远，信息衰减比较严重，所以这种网络一般是要租用专线，通过IMP（接口信息处理）协议和线路连接起来，构成网状结构，解决循径问题。广域网因为所连接的用户多，总出口带宽有限，所以用户的终端连接速率一般较低，通常为9.6kbps～45Mbps。

（4）互联网（Internet）　互联网又因其英文单词"Internet"的谐音，又称为"因特网"。从地理范围来说，它可以是全球计算机的互联。这种网络的最大的特点就是不定性，整个网络的计算机无时无刻不在不断变化。但它的优点也是非常明显的：信息量大，传播广。

（二）计算机网络的主要功能

计算机网络功能主要是实现计算机之间的资源共享、网络通信和对计算机的集中管理。除此之外还有负荷均衡、分布处理和提高系统安全性与可靠性等功能。

（1）资源共享

① 硬件资源。包括各种类型的计算机、大容量存储设备、计算机外部设备，如各种打印机、静电绘图仪、图像扫描仪、数码印刷机等各种输入、输出网络设备。

② 软件资源。包括各种应用软件、工具软件、系统开发所用的支撑软件、语言处理程序、数据库管理系统等。

③ 数据资源。包括数据库文件、数据库、办公文档资料、企业生产报表等。

④ 信道资源。通信信道可以理解为电信号的传输介质，通信信道的共享是计算机网络

中最重要的共享资源之一。

（2）网络通信　通信通道可以传输各种类型的信息，包括文字数据信息和图形、图像、声音、视频流等各种多媒体信息。

（3）分布处理　把要处理的任务分散到各个计算机上运行，而不是集中在一台大型计算机上。这样，不仅可以降低软件设计的复杂性，而且还可以大大提高工作效率和降低成本。

（4）集中管理　计算机在没有联网的条件下，每台计算机都是一个"信息孤岛"。在管理这些计算机时，必须分别管理。而计算机联网后，可以在某个中心位置实现对整个网络的管理。如数据库情报检索系统、交通运输部门的订票系统、军事指挥系统等。

（5）均衡负荷　当网络中某台计算机的任务负荷太重时，通过网络和应用程序的控制和管理，将作业分散到网络中的其他计算机中，由多台计算机共同完成。

（三）计算机网络在印前处理中的应用

（1）内部局域网的应用　包括计算机分工协作、内部交流通信、文件数据传输、各种输入与输出设备应用等。

（2）外部互联网的应用　包括校样文件传输、与客户交流通信、各种素材的浏览与收集等。

二、字库结构的基本知识

字库就是使用计算机及相关电子产品显示汉字的图像源。计算机调用字库显示汉字，不是直接调用相同的图像，而是调用这个汉字的内码，程序通过这个内码，再到相应的图像源（字库）当中寻找相应的图像信息，并画到屏幕上或者打印到纸上。所以，只要是文本文件，在以二进制模式打开的时候，显示的都是这些字的内码而不是图形。

1. 字库存放位置

PC机Windows操作系统中，字库存放在C:\Windows\fonts\目录下，打开这个目录就可以看到各式各样的字库，其中显示为汉字的（如"宋体"），就是中文字库。安装字库的时候，只要用鼠标点击浏览器的文件→安装新字体，就显示出一个文件操作界面。选中相关字库文件所在的目录，系统就会自动扫描字库文件，选中之后再点击"安装"，字库就会拷贝到C:\Windows\fonts\目录下，这就安装成功了。也可以直接将其拷贝到该目录下进行安装。

用常见的字库程序打开字库之后可以发现，字库内的每一个字的图像都是由曲线环绕而成，曲线上有很多的小点点。当鼠标拖动这些控制点的时候，曲线会发生变化，字的图像也就改变了。如果就这样存盘，在使用这个字库中这个字的时候，就会和原来的不一样，而和修改后的样子相同，这就是字库的编辑。

2. CID字库

CID（character idenlifier是字符识别的意思）字体是由美国Adobe 公司开发，其特点是易扩充、速度快、兼容性好，具有跨平台高质量输出的优点。它采用True Type 1格式，将各字符排序，并在总字符集中编制CID标识码，由CMap (Character Map) 字符映射文件将字符编码映射到字符的CID标识码，再由CID标识码从CIDFont文件中取到字形信息。一个CMap文件可以映射整个总字符集，也可以只映射它的一个子集，可以引用其他的CMap文件来重组字库。利用它可以支持双字节编码、支持Unicode编码。只要在文件中写明编码和字库的CID号码之间的对应关系就行，能够灵括、自然、方便地支持GB码、GBK码、BIG5码、方正码。CID字库在照排输出、CTP数字化工作流程中得到广泛应用，占领了印前的后端输出市场，各厂商都在开发CID字库。

3. 字库市场

目前国内从事汉字字库开发的国内厂商主要有北大方正、汉仪、华文、四通、中易等。其中北大方正是中国最早从事中文字库开发的专业厂商，也是最大的中文字库产品供应商，现拥有各种中、西文以及多民旗文种字库数百款。字库也是一种艺术，期待未来的字库市场也是"百花齐放、万家争鸣"，各家的新字体像雨后春笋一样推出，繁荣整个字库市场。

三、标准文件创建与设置操作

（一）制作输出参数模板的操作

有一A4正反面、出血3mm的CMYK文件，要拼对开自翻版印刷。用海德堡印通数字流程（海德堡A-105 CTP），说明其输出CTP版的参数模板的设置过程。

（1）用Adobe Acrobat打开PDF文件，将文件进行文字转曲、成品框等规范化处理。

（2）启动Prinect Cockpit软件，点击Prjobs 右键"新建活件组"添加成功后，再右键"新建活件"，并读入处理好的PDF文件，如图4-2-12所示。

（3）点击版式"创建版式"，并自动调出拼大版软件Signa Station进行拼大版操作，如图4-2-13所示。

① 活件数据：默认值。

② 定义：页面数值设置PDF中页面数。

③ 主页：成品尺寸设置210mm×297mm，裁边3mm。

④ 装订方式：单页，无规则。

⑤ 标记：裁切标记，折页标记。

⑥ 印版：确定用哪种印刷机的模版、自翻印刷、纸张大小等。

⑦ 折页方案：standard、4×2，8个版。

⑧ 版式完成，将PDF文件拖到版式的镂空"1"页面上，点击"打印活件"出

图4-2-12　启动Prinect Cockpit软件

图4-2-13　启动拼大版软件Signa Station

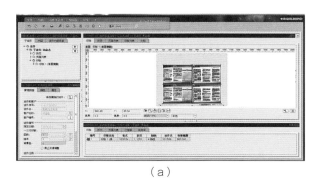

（a）
（b）

图4-2-14 拼版完成窗口
（a）拼版完成窗口（b）拼版完成后打印窗口

现："查看、输出到Prinect Cockpit、保存、关闭"，如图4-2-14所示。

点击"查看"可以进入Adobe Acrobat软件，查看整个拼版文件的对错。

点击"输出到Prinect Cockpit"，可以回到Prinect Cockpit软件，完成拼版工作。

⑨ 拼完版后返回到Prinect Cockpit软件，将大版文件传递给PPM服务器，由PPM服务器上的满天星对传过来的大版文件进行分色和加网，并将数据流兵分两路：一路是将生成的CIP3数据（即PPF数据或叫墨区数据）传递给印刷机控制台，供印刷机长调用；另一路是将分色后的1—bit Tiff文件传给SHOOTER，由SHOOTER中的MetaShooter Printmanager软件依据分色后的1—bit Tiff文件控制CTP进行制版。

（二）制作补字文件的操作

以方正新女娲2.0补字软件为例，介绍补字软件的使用、补字的制作、发排输出等相关问题。假设我们要补这样一个字符："韦华"合起来的一个字，要求采用参考字符的部首拼接而成，黑体，简体字，编码使用748补字区的头一个是FDA1。

图4-2-15 启动新女娲补字2.0

（1）启动新女娲补字2.0，单击"字库"菜单，选择"设置当前字库"，单击"创建"按钮。在"创建一个新字模文件"对话框中，"编码空间"选择"方正748编码"，字体选择"HTJ（方正黑体简体）"。单击"确定"按钮，再单击"当前字库（字模文件）"的确定按钮，如图4-2-15和图4-2-16所示。

（2）在"字库"菜单中单击"创建一个新主字"，出现主字编辑窗口，如图4-2-17所示。

（3）选择"韬"字作为参考字。

单击"字库"菜单里的"选择参考字符"，出现如图对话框。在左边列表里选择字体为"方正黑体_GBK"，在"字符码值"中输入"韬"的编码：E8BA，如图4-2-18所示。注意

图4-2-16 设置当前字库

这个编码是GBK编码，不是Unicode编码。单击"确定"按钮，"韬"字就出现在参考字符窗口。如何将"韬"字左半边的"韦"拷贝到主字编辑窗口呢？先按住鼠标左键选中"韦"字旁，出现红框，表示此轮廓已被选中，如图4-2-19所示。再在框内单击一下鼠标右键，"韦"字旁就被拷贝到主字编辑窗口里了，如图4-2-20所示。

（4）用同样的方法，选择"哗"字作为参考字：在"选择参考字符"对话框里选择字符"哗"（BBA9），打开参考字符窗口后按住鼠标拖动选中右边的"华"，在红框内按一下右键，即可把"华"字拷贝到主字编辑窗口中。不过这时候"华"字显得太宽了，必须压缩一些。在工具条中选择"缩放"工具，放在"华"字的红框左边，指针变成双向箭头形，按住鼠标向右拖动就可以把字压扁，如图4-2-21和图4-2-22所示。

（5）此时"韦华"这个字编辑完成，按工具条里的"预览"按钮可以查看补字效果。满意后，使用"字库"菜单中的"保存正在编辑的主字"，输入编码FDA1保存，如图4-2-23所示。

（6）现在整个补字库编辑完成了，进入输出阶段：选择"字库"菜单中的"字库管理"命令，出现对话框，在左侧列表中选中"HTJ"，然后单击"导出字库"按钮，选择好保存路径（例如桌面），单击"确定"按钮即可把"HTJ.NNW"导出到桌面上，如图4-2-24（a）所示。特别注意的是："字库管理器"左下角的"单选"前面的对号必须先去掉，否则"导出字库"按钮是灰色禁用状态。

（7）NNW文件是不能用来后端发排的，必须转换成PFI文件才能用于输出。打开"字库管理器"对话框，在列表中选中"HTJ"，再单击"转换成补字字库"按钮。注意：右下角"单选"是选中状态，不然"转换成补字字库"按钮也

图4-2-17　创建新主字编辑窗口

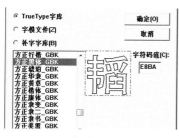

图4-2-18　"韬"字编码E8BA

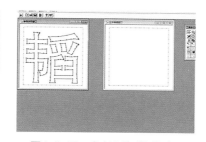

图4-2-19　参考字符"韬"字

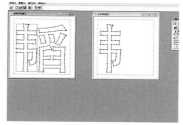

图4-2-20　"韬"字中取"韦"部首

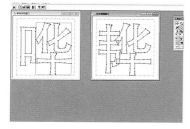

图4-2-21　"哗"字中取"华"部首合成

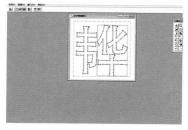

图4-2-22　合成字调整大小结构

图4-2-23　补字完成

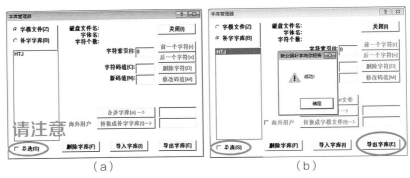

图4-2-24 补字系统

（a）补字输出（b）补字转换成PFI文件

会置灰禁用，如图示4-2-24（b）。此时系统会弹出如图4-2-25这样的提示，单击"是"按钮即可。操作完成后，"HTJ.PFI"文件就已在如图所示的目录下生成，补字工作结束。

（8）发排阶段：在后端输出系统里使用补字非常简单，只要把PFI文件放到RIP的后端字库目录里就行了。在这里我们使用PSP Pro 2.3，它的CID字库的目录是C:\Program Files\Founder\PSPPro\Font，只需把HTJ.PFI拷贝到该目录下即可。

图4-2-25 补字成功报告

（三）注意事项

1. 字库所缺字符应用要点

（1）748编码的补字只有在后端输出时才能看到字形，在小样编辑和大样预览时都无法显示补字，但具有良好的向上兼容性，用748编码做的补字在书版6.0、7.0等早期版本中也可以使用。在补字过程中如果不知道编码是多少，有一个简单的办法，启动方正书版新建一个小样，输入某字，把光标放在前面，窗口底部的状态栏右边就会指出编码值。

（2）在印前设计中也可以用Adobe Illustrator和Adobe InDesign进行造字，具体做法如下：

① 将含有所造字偏旁部首的几个字，设置好与其他排版文字一样的字体、字号。

② 文字转曲线后，用局部选择工具选择所用偏旁部首合成所造字，注意按照所用字体的结构缩放调整，使之美观。

③ 将所造字复制到排版时所预留位置，排版文字全部转曲线防止位置变化。

2. 输出参数应用要点

（1）印前设计的最终文件进入输出工序，要进行规范化处理，如成品格式框、文字转曲、CMYK与专色等，防止输出陷阱。

（2）输出工序的设备如照排机、CTP、数字打样机、数字印刷机等，各有不同的特性和要求，在做文件的输出参数时首先要做好设备的特征化，让设备在稳定、准确的状态下工作，而且在不同的时间段要注意检查与更新。

第三章

样张制作

第一节　数字打样实施

学习
目标
1. 能对数字打样样张颜色进行调整。
2. 能使用色彩管理软件制作色彩特性文件。

一、色度学知识

（一）色度系统

国际照明委员会 (CIE) 规定的颜色测量原理、基本数据和计算方法，称作CIE标准色度学系统。CIE标准色度学系统是以颜色匹配实验为出发点，用组成每种颜色的三原色数量来定量表达颜色的。它是研究人的颜色视觉规律的科学，是以物理光学、视觉生理、视觉心理等科学为基础的综合性科学。它是颜色计算、测量、表达与交流的基础，也是彩色复制的理论基础之一。

任何一种颜色都可以用三原色的量，即三刺激值来表示。选用不同的三原色，对同一颜色有不同的三刺激值。为了统一颜色表示方法，CIE对三原色做了规定，取多人测得的光谱三刺激值的平均数据作为标准数据，并称之为标准色度观察者。为了统一测量条件，CIE对光源、照明条件和观察条件也做了规定。

CIE1931标准色度学系统，是1931年在CIE第八次会议上提出和推荐的，它包括1931CIE–RGB和1931 CIE–XYZ两个系统。1931 CIE–RGB系统适用于1°～4°视场的颜色测量。为了适合10°大视场的色度测量，CIE于1964年又另外规定了"CIE 1964补充标准色度学系统"及其色度图。

（二）图像颜色空间转换的呈色意向概念

在不同设备进行颜色空间的转换时，经常会出现两者色域空间大小（宽窄）不同的情况。比如，输出设备（打印机或印刷机）的色域就要比扫描仪和显示器的色域小（窄）。ICC规定在从大（宽）色域向小（窄）色域转换时，要对大（宽）色域进行压缩，这就叫色域压缩，也叫再现意图或呈色意向。再现意图或呈色意向有四种方式：饱和度法、可感知法、相对色度法和绝对色度法。

饱和度法追求尽可能地保留原饱和度，而不管其颜色的明度和颜色间的相互关系怎么变化。在卡通、连环图画和商业图形（饼形）有时采用这种压缩方式，除此之外，很少被用于日常工作流程中去。

可感知法采用的策略是：目标色域外的颜色和色域内的颜色同时映射，并保持颜色之间的对应关系。当使用这个再现意图的时候，图像的整个色域将被压缩使之适应目标设备的色域。从RGB到CMYK色空间转换的时候，这是最常用的再现意图。

相对色度法采用的策略是，在白点匹配的基础上，超出色域的颜色均由目标色域边界上相近的颜色替代，色域内的颜色则基本保持不变。当使用相对色度法的时候，源色空间的白点被映射或者改变，以匹配于目的色空间的纸白，结果是在原图像中的白点有效地保持了在最后输出时的白点。

绝对色度法是在相对再现结果的基础上，进行白点匹配的逆运算，以将再现结果还原为未做白点匹配的绝对颜色值。色域内颜色的色度要绝对地保持不变，即便是复制色的白点较源白点白，也要产生一定的颜色以准确再现源白点。

（三）色彩管理软件的种类和特点

色彩管理软件根据应用领域的不同可以分为以下三种：一是印前设计软件自带的色彩管理功能，如Photoshop中颜色空间的设置；二是数字打样用色彩管理软件，用于数字打样机校准、线性化并为印刷提供签样，如方正写真、Blackmagic、EFI ColorProof XF、GMG ColorProof、GMG DotProof、StarProof等；三是印刷用色彩管理软件，用于校准设备和屏幕显示器以及制作其ICC特性文件，如爱色丽i1 Match、i1 Profiler、ProfileMaker、海德堡Prinect Color Toolbox等。

（四）数字打样使用的色标类型

数字打样常用的色标有IDE Alliance ISO 12647-7 2009和Ugra/Fogra Media Wedge CMYK V2.0/V3.0测控条。其中，Ugra/Fogra Media Wedge CMYK V2.0测控条有46个色块，Ugra/Fogra Media Wedge CMYK V3.0测控条增加到了72个色块。它有TIFF、PDF、TXT和XML等多种格式，需要根据所使用的色彩管理软件选择合适的测控条文件格式。

（五）色彩管理在印前处理中的应用方法

这里以Photoshop为例进行说明。作为全球最顶尖的图像处理软件，Photoshop 在图像处理方面具有霸主地位。Photoshop中的色彩管理功能是在"编辑/颜色设置"菜单下体现的，"颜色设置"对话框主要由工作空间、色彩管理方案、转换选项以及高级控制四部分构成。

在"工作空间"RGB选项中，有Adobe RGB（1998）、sRGB，AppleRGB、ColorMatchRGB等多种RGB颜色空间，但是一般都选择"Adobe RGB（1998）"，因为Adobe RGB（1998）具有更宽广的色彩范围，能更加真实地还原拍摄对象，记录更多的颜色细节。它已经成为美、日、欧印前默认设置所选择的RGB工作空间。在"工作空间"CMYK选项中，一般根据目标印刷标准来设置CMYK空间参数。此外，还可以自定义CMYK特性文件，选择"自定义CMYK"，在弹出的对话框中可以对油墨选项、分色选项、黑墨限制、总墨量限制、底色增益进行设置。

在色彩管理方案部分，主要有三种对策，分别是：关闭色彩管理、保留嵌入的配置文件、转换为工作中的色彩模式。色彩管理方案作为管理文档内特性文件的依据，它可以处理特性文件的读取、嵌入以及打开文档的特性文件与工作空间的不匹配，同时一个文档到另一个文档时颜色的变动也受到它的影响。为了避免Photoshop影响到图像色彩数据，一般情况下建议将色彩管理方案均默认选择为保留嵌入的配置文件。

转换选项主要由引擎（Engine）和意图（Intent）两部分组成。引擎是指色彩空间之间颜色转换所用的"颜色匹配方法"（CMM）。Adobe Color Engine（ACE）是Adobe公司的色彩管理系统和颜色引擎，推荐大多数用户使用，但其只能在Adobe应用软件内使用。另一个选项是Microsoft ICM是微软公司的色彩管理系统和默认的颜色匹配方法，也可以将其他CMM载入计算机，然后在"颜色设置"对话框内选择。这些CMM通常是专用的，仅供专用用户使用。意图是指定在色域之间颜色转换所用的计算方法，特别是对转换色彩空间时源目标空间落在目标空间之外的颜色部分的处理方式。默认的再现意图将运用于所有的颜色转换中。Photoshop中再现意图共有四种处理方式：可感知、饱和度、相对色度和绝对色度。它们各有各的特点，分别适用于不同类型图像的色彩转换。

Photoshop还能对文档指定特性文件（Assign Profile）和转换到特性文件（Convert to Profile）。这两个命令都在"编辑"菜单下。前者将当前文件的工作空间指定为目标空间，这个时候当前文件的颜色值不发生改变，只是特性文件变化了；后者将当前文件的工作空间转换为目标空间，这个时候当前文件的特性文件发生改变，颜色值也将发生改变。这是二者的不同之处。

除此之外，Photoshop还能模拟屏幕软打样（"视图"菜单下的"校样设置"命令）。

Adobe系列软件中的色彩管理设置基本上都是一样的，而且可以相互调用，可以统一设置。

（六）同色异谱现象

同色异谱现象简单说就是颜色相同，而光谱组成不同。一种颜色的再现与观察颜色的光源特性有一定的关系，某两种物质在一种光源下呈现相同的颜色，但在另一种光源下，却呈现不同的颜色，这种现象就叫同色异谱现象。如在彩电的复显中就是用三基色来混合出自然界中绝大多数颜色的。

二、颜色调整操作

（一）对数字打样样张颜色进行调整

（1）输出数字打样样张。

（2）用测量仪器对数字打样样张上的测控条进行检测，根据测量结果判断数字打样样张的颜色是否符合ISO–12647–7国际标准。测量值与标准值之间的色差 $\Delta E \leqslant 5$ NBS，色相误差 $\Delta H \leqslant 2.5$NBS。

（3）如果测量值和标准值之间的色差超过标准范围，则说明样张不合格，需要重新校准数字打样机，再次输出数字打样样张。

（4）再次用测量仪器检测样张，直到样张合格为止。

（二）使用色彩管理软件制作色彩特性文件

（1）设备校准　设备校准是将设备，如显示器、打印机、扫描仪等调整到定义的标准状态，以确保达到或精确到生产厂商的规范，使其在稳定的状态下工作。对输入设备、显示设备、输出设备进行校准是保证色彩信息传递过程中的稳定性、可靠性和可持续性的一个重要步骤。

（2）设备特征化（制作色彩特性文件）　设备特征化，是指在对设备进行校准的前提下，通过各种软硬件工具测量色彩数据并生成设备的色彩特性文件。彩色桌面系统中，每一种输入设备或输出设备都具有其独特的颜色特性，对设备进行特性化，正是为了能够实现准确的颜色空间转换和匹配。对于输入输出设备和显示器，利用一个已知的标准色度值表(如IT8标准色标)，结合色彩管理软件和颜色测量工具，对照该表的色度值和对输入输出设备测量所得到的色度值，就可以制作出该设备的色彩特性文件。

（三）注意事项

（1）设备校准包括对设备进行线性化操作，在EFI ColorProof XF、GMG ColorProof、Heidelberg Color Proof Pro等软件中都可以进行线性化操作。

（2）在不同的电脑机平台上，色彩特性文件存储的位置不同。在PC电脑的Windows操作系统下，特性文件存储位置为：C:\Windows\System32\Spool\Drivers\Color；而在苹果电脑Macintosh操作系统下，色彩特性文件存储位置为：Mac:\Library（资源库）\Colorsync\Profiles。

第二节　数字流程实施制作

学习
目标

1. 能根据不同的印品选择适用的加网方式。
2. 能设置多模块的负载平衡。
3. 能根据印后加工的要求制作各种拼版的模板。
4. 能安装和调试数字工作流程软件。
5. 能设置特殊印刷效果的分色片制作参数。

一、相关知识

1. 多种加网的印刷适用性

加网方式主要有以下三种：调幅加网、调频加网和混合加网。

调幅加网技术即AM（AmplitudeModulatedScreening）技术，是最典型、最常用的加网技术，在本质上与照相网屏加网原理相同。它以网格中心元素为基础，相邻两网点的中心距离不变，网点的排列遵循一定的规律，用网点面积的大小反映图像阶调变化。调幅网点可用4个参数来表征，即网点大小（面积百分比）、网点形状、加网角度、加网线数。调幅加网技术比较成熟，特别是在中间色调位置上表现完美，对设备环境、印刷条件要求不高，广泛应用于印前处理中。然而，调幅加网技术仍存在一些难以避免的缺陷：调幅加网网点间的距离是固定的，在亮调和暗调位置无法表现图像的细微层次，不能用于高保真印刷；四色加网的角度不同，复制颜色时，容易出现龟纹和不可避免的细小玫瑰斑；在像素的灰度值增加的过程中，随着调幅加网网点的面积增大，最终网点之间会互相接触，产生阶调层次跳跃。

调频加网技术即FM（Frequency ModulatedScreening）技术，是按网点密度来表现图像深浅的，呈无规则分布。调频网点的网点大小固定不变，画面上的浓淡层次是用网点的疏密来表现的，浅色调的地方网点稀疏，深色调的地方网点密集度大。与调幅网点相比,调频网点有如下几大优点：

（1）表现层次细腻、逼真。

（2）克服了画面出龟纹现象。

（3）克服了中间调生硬现象。

（4）调频网点与高保真技术结合，能使彩色复制达到逼真效果。对于原稿上的金色、银色、金属电镀色、珠光色等颜色，使用调频网点再现，可以达到惟妙惟肖的效果。

混合型网点(Hybrid Screening) 是综合两种网点优势的一种加网技术。混合加网技术在亮调和暗调利用调频网点，在中间调用调幅网点以实现网点转换处的平滑过渡。目前常见的混合加网技术有网屏公司的视必达（Spekta）、爱克发公司的Sublima晶华网、柯达公司的视方佳（Staccato）、北大方正电子有限公司的点睛网点以及佳盟公司的珊瑚虫网点（Coral）等。

2. 数字工作流程软件的性能和应用

常见的数字化工作流程软件有：海德堡印通（Prinect）、爱克发爱普及（ApogeeX）、柯达印能捷（Prinergy）、方正畅流、EFI OneFlow、富士施乐FreeFlow、富士胶片XMF、网屏汇智（Trueflow）等。这些数字化工作流程虽然不尽相同，但是一般都具备规范化处理与检查、预飞、折手、拼大版、陷印、色彩管理、印刷补偿与反补偿控制、数码打样、RIP处理、CTP/CTF输出控制、CIP4油墨控制等功能，主要应用于印前和印刷领域。

二、操作步骤

1. 根据不同的印品选择适用的加网方式

（1）画册、挂历、书刊、报纸等传统印刷品一般采用调幅加网方式进行印刷。由于调幅加网的网点线数的大小决定了图像的精细程度，所以不同的印品采用不同的加网线数。

10～100线为低品质印刷，远距离观看的海报、招贴等面积比较大的印刷品。

100～133线适合报纸、单色杂志等印刷品。

150线是普通四色印刷一般都采用的印刷精度。

175～200线适用于精美画册、画报、挂历等印刷品，大多数使用铜版纸印刷。

250～300线是最高要求的画册印刷品采用的加网线数，多数使用高级铜版纸和特种纸印刷。

（2）高保真彩色印刷品适合采用调频加网方式进行印刷。使用调频网点可以保证这类印刷品的彩色复制达到惟妙惟肖的逼真效果。

（3）对于画册、挂历、书刊等传统印刷品有更高质量要求的，可以采用混合加网方式进行印刷。这样可以实现用传统的生产工艺实现照片级的印刷品质。

2．设置多模块的负载平衡

多模块的负载平衡，简单地说就是将任务平均分配在两个同时运行的挂网模块上。方正畅流支持负载平衡控制，可以对系统连接的多台输出设备（例如激光打印机、数码打样机、蓝纸打样机、照排机、CTP）进行负载平衡控制，输出效率有效提升。这里以方正畅流数字化工作流程为例说明如何设置多模块的负载平衡。

首先在安装了"PDF挂网"或打样处理器的计算机上，双击以运行位于畅流安装盘"Tools\负载平衡工具\"目录下的"Load BalanceTool.exe"，启动负载平衡工具。此工具设计用于分配PDF挂网和打样处理器的工作负载，以避免过载现象，如图4-3-1所示。

3．对于"PDF挂网"处理器

（1）在畅流服务器上停止"PDF挂网"。

（2）运行负载平衡工具，在挂网类处理器的"处理器ID"处输入"PDF挂网的ID"。

（3）指定适当的负载平衡数值。假设计算机CPU中有足够多的核心，运用此工具，计算机可以同时启动指定数量的PDF挂网进程，而且可以将提交给PDF挂网处理器的多个作业分配给这些同时运行的进程，以提高处理效率。

（4）点击"应用"。

（5）启动"PDF挂网"。

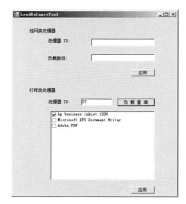

图4-3-1　负载平衡工具

4．对于打样处理器

（1）在畅流服务器上停止"RIP前打样"或"RIP后打样"。

（2）运行此工具，在打样类处理器"处理器ID"处输入打样处理器的ID。

（3）点击"负载查询"，将在下方列出安装在当前计算机上的打样设备。

（4）勾中打样处理器连接的设备以及与该设备型号相同的其他设备（若存在）。畅流随后就可以向这些设备分配提交给打样处理器的多个作业。

（5）点击"应用"。

（6）启动打样处理器。

5．根据印后加工的要求制作各种拼版的模板

（1）根据印后加工要求制定拼版方案。

（2）在拼大版软件中新建拼版模板。

（3）在拼大版软件中按照制定的拼版方案完成拼大版。

（4）保存模板，以备日后使用。

6. 安装和调试数字工作流程软件

（1）启动电脑，插入数字工作流程软件安装光盘。

（2）根据数字工作流程软件安装光盘提示安装服务器端和客户端软件。

（3）对数字工作流程软件的系统环境、用户及密码、权限、网络等进行设置。

（4）安装完成后，严格按照生产流程使用数字化流程软件输出实际印刷品，以调试数字化流程系统中各个软件、各个模块、各个硬件设备是否运行正常。如果任何一个环节有问题，就要查找原因，解决问题，然后继续调试，直到整个数字化流程顺畅无阻；如果一切正常，那么就可以签字验收。

7. 设置特殊印刷效果的分色片制作参数

（1）对于原稿上的金色、银色、金属电镀色、珠光色等颜色，可以使用专色，其他彩色使用CMYK四色印刷。分色制版时，出四张原色印版和一张专色印版。

（2）对于防伪标志，可以使用专色。分色制版时，出一张专色印版，采用防伪专色油墨印刷。

（3）对于烫金、起鼓、局部UV等工艺，对局部使用专色。印前制作时，将局部设置为专色并使用叠印效果。分色制版时，对局部图案单独出一张专色印版。

三、注意事项

（1）拼大版软件种类较多，但是使用步骤基本相同。目前市面上主流的拼版软件有海德堡Prinect Signa Station、柯达Preps、方正文合、崭新印通等，一般都集成在数字化工作流程软件中。

（2）数字工作流程软件的调试工作非常重要，一般调试时间需要2～3天时间。调试时所有环节都要运行一遍，不要有遗漏，以免给日后工作留下隐患或造成不必要的麻烦。

第四章

打样样张、印版质量检验

学习 目标	1. 能检测网点密度、色差值（ΔE）、打样相对反差值（ΔK 值）、网点增大值 和湿压湿的叠印率。 2. 能根据检测的结果与质量缺陷提出纠正措施。 3. 能对印品设计缺陷进行分析并提出解决方案。

一、相关知识

1. 网点增大的原理

网点增大主要是指印版上的网点转印到纸张等承印物上后，网点面积百分比增大的现象，其原因主要分为两个方面：光学网点增大和机械网点增大。前者是指由于油墨的吸光特性和承印物的光散射性而形成的一种视觉现象，看起来好像发生了网点增大。后者是指由于在机械压力作用下液体油墨从墨辊向印版、橡皮布以及纸张转移时，也会发生网点面积变化，从而导致网点增大。

2. 相对反差值（K值）的基本概念和计算方法

相对反差值也称印刷对比度，指的是实地密度值与画面上中间调至暗调之间某一点网点面积的积分密度之差与实地密度的比值，用以确定打样和印刷的给墨量。

相对反差值用 K 来表示：$K = 1 - D_R / D_V$

式中，K 表示相对反差，D_R 表示画面上中间调至暗调之间某一点网点面积的积分密度，通常选75%或80%的网点。D_V 表示印刷品上的实地密度值。K值一般在0～1，K值越大，说明网点密度与实地密度之比越小，印刷反差越大，网点增大越小。反之，K值越小，网点增大越严重，印刷反差也越小。

3. 颜色色差值（ΔE）的相关知识

色差是指用数值的方法表示两种颜色给人色彩感觉上的差别。若两个色样样品都按 L^*、a^*、b^*标定颜色，则两者之间的总色差 ΔE_{ab} 以及各项单项色差可用下列公式计算：

明度差：$\Delta L^{*}=L^{*}_{1}-L^{*}_{2}$

色度差：$\Delta a^{*}=a^{*}_{1}-a^{*}_{2}$ $\Delta b^{*}=b^{*}_{1}-b^{*}_{2}$

总色差：$\Delta E^{*}_{ab}=[(\Delta L^{*})^{2}+(\Delta a^{*})^{2}+(b^{*})^{2}]^{1/2}$

色差以绝对值1作为一个单位，称为"NBS色差单位"。一个NBS单位大约相当于视觉色差识别阈值的5倍。国家标准中，规定平版装潢印刷品的同批同色色差为：一般产品$\Delta E^{*}_{ab}\leq 6.00$（$L^{*}>750.00$），精细产品$\Delta E^{*}_{ab}\leq 4.00$（$L^{*}>50.00$），同时还将这一质量标准作为印刷企业晋升的一项条件。

（二）操作步骤

1. 检测网点密度、色差值（ΔE）、打样相对反差值（K值）、网点增大值和湿压湿的叠印率

这里以爱色丽530分光密度仪为例来介绍如何测量相关技术指标值。

（1）测量网点密度　用跳位键↑或↓选择主目录中的"密度"，按进入键←进入密度测量界面。然后放平样品，把仪器的测量孔对准样品，按下机身即可测量出样品色墨的密度值。">"指示该样品色墨的主色调的密度。

（2）测量色差　在颜色测量界面中，把上方的"颜色"切换为"颜色减去标准"模式。进入"标准"，测量并储存标准，仪器共可以存16个标准。然后返回颜色测量界面，测量样品，仪器会自动搜索最接近的标准与之比较，显示出色差值。

（3）测量相对反差值（K值）"主目录>印刷反差"，进入其测量界面，按提示依序测量，仪器会自动计算出印刷反差值。

（4）测量网点增大值　分别测量印版和印刷样品同一网点面积处的网点面积百分比，测量值的差值即为该网点面积的网点增大值。

（5）测量叠印率　"主目录>叠印"，进入其测量界面。然后按照显示屏的提示顺序进行测量，仪器会自动计算这些测量数据从而得出叠印率。

2. 根据检测的结果与质量缺陷提出纠正措施

（1）标准条件下输出印版和打样（印刷）样张。

（2）使用测量仪器准确测量相关颜色技术指标。

（3）对照国际标准，根据测量结果找出质量缺陷。

（4）分析质量缺陷的原因，提出纠正措施并实施纠正措施。

（5）重复以上步骤，直到测量结果符合国际标准。

3. 对印品设计缺陷进行分析并提出解决方案

（1）标准条件下输出印版和打样（印刷）样张。

（2）使用测量仪器准确测量相关颜色技术指标。

（3）对照国际标准，根据测量结果找出印品设计缺陷。

（4）对印品设计缺陷进行分析。

（5）根据分析找到的原因，提出有针对性的解决方案。

（三）注意事项

（1）测量网点密度、色差值（ΔE）、相对反差值（K值）、叠印率等技术参数指标，有多种测量仪器可供选择。除了上面提到的爱色丽530分光密度仪，还可以使用爱色丽eXact分光密度仪等。

（2）在对印品设计缺陷进行分析并提出解决方案的过程中，一定要在整个印刷流程中（包括印前设计环节、制版环节和印刷环节）查找原因，尤其是影响质量缺陷的主要原因。

第二节　检验印版质量

学习目标

1. 能对印版质量进行综合检查、分析，并提出改进建议。
2. 能分析、判断制版质量与印品质量间的关系，并提出改进建议。

（一）相关知识

1．分析和调节印品误差的方法

在标准条件下输出印版和打样（印刷）样张，使用测量仪器准确测量相关颜色技术指标，对照相关国际和国家标准，根据测量结果分析印品产生误差的原因，提出调节方案，实施调节措施。

2．印品质量标准

根据《平版印刷品质量要求及检验方法》国家标准，印品质量标准如下：

（1）阶调要求　精细印刷品实地密度：黄（Y）0.85～1.10，品红（M）1.25～1.50，青（C）1.30～1.55，黑（BK）1.40～1.70；一般印刷品实地密度：黄（Y）0.80～1.05，品红（M）1.15～1.40，青（C）1.25～1.50，黑（BK）1.20～1.50。精细印刷品亮调再现2%～4%网点面积；一般印刷品亮调再现为3%～5%网点面积。

（2）层次要求　亮、中、暗调分明，层次清楚。

（3）套印要求　多色版图像轮廓及位置应准确套合，精细印刷品的套印允许误差≤0.10mm；一般印刷品的套印允许误差≤0.20mm。

（4）网点要求　网点清晰，角度准确，不出重影。精细印刷品50%网点的增大值范围为10%～20%；一般印刷品50%网点的增大值范围为10%～25%。

（5）相应反差值（K值）要求　精细印刷品的K值：黄（Y）0.25～0.35，品红（M）、青（C）、黑（BK）0.35～0.45；一般印刷品的K值：黄（Y）0.20～0.30，品红（M）、青（C）、黑（BK）0.30～0.40。

（6）颜色要求　颜色应符合原稿，真实、自然、协调。颜色符合付印样。同批产品不同印张的实地密度允许误差为：青（C）、品红（M）≤0.15；黑（B）≤0.20；黄（Y）≤0.10。

（7）外观要求　版面干净，无明显的脏迹。印刷接版色调应基本一致，精细产品的尺寸允许误差为<0.5mm，一般产品的尺寸允许误差为<1.0mm。文字完整、清楚、位置准确。

（二）操作步骤

1. 对印版质量进行综合检查、分析，并提出改进建议

（1）对印版质量进行综合检查，检查内容包括外观质量、网点质量、版面内容、拼版方式等所有方面。检查方法采用定性（肉眼观察）和定量（仪器测量）相结合进行检查。

（2）对产生的问题进行深入分析。

（3）在深入分析的基础上提出改进建议。

2. 分析、判断制版质量与印品质量间的关系，并提出改进建议

（1）对印品质量进行综合检查，检查方法采用定性（肉眼观察）和定量（仪器测量）相结合进行检查。

（2）对照相关国际标准和国家标准，对印品质量做出判断。

（3）对印品质量问题进行深入分析，找到导致印品质量问题的制版质量问题因素。

（4）深入分析，仔细查找导致制版质量问题的原因。

（5）根据找到的原因，提出制版环节的改进建议。

（三）注意事项

（1）在评价印品质量时，可以综合参考相关国际标准和国家标准。评价印品质量的国际标准有ISO-12647-2等，国家标准有《平版印刷品质量要求及检验方法》等。

（2）导致印品质量问题的原因很多，在分析、判断制版质量与印品质量间的关系时，一定要找出真正找出导致印品质量问题的制版因素，这样才能准确分析和判断印版质量问题并提出有针对性的改进建议。

第五章

培训指导

第一节　理论培训

学习目标	1. 能编写培训讲义。
	2. 能进行印前处理与制版基础知识讲座。
	3. 能讲述本专业技术理论知识。
	4. 能指导初、中、高级人员进行实际操作。

一、培训讲义的编写要求

培训讲义，是培训讲师对培训文章（课本）的内容所撰写的总体概要含义，即老师为培训而编写的教材。讲义、教材是实现课程目标、实施教学的重要资源，也是学员学习的辅导材料。因此，对讲义的基本要求就是讲义内容的科学性、逻辑性和系统性，学生要能根据讲义的讲解，系统、全面地理解本课程的知识。

（一）明确培训的对象

培训讲义不同于一般教材，有明确的培训对象，具有极强的针对性。因此，编写讲义时要对培训对象进行学情分析。学员的理论基础、技能操作水平、解决问题的具体方法等，都必须具体研究透彻。培训的目的不是将学员的具体工作内容作简单重复，而重要的是要提高学员的基本素质和理论修养，提高学员实际的分析问题和解决问题的能力。他们不仅要学会解决生产中的实际问题，还要学习新技术、新方法和新理论。

（二）确定培训的内容

培训内容是在对学员学情分析的基础上确定的，而培训讲义的内容则是根据培训内容来确定的，这是培训讲义编写的核心。在确定培训讲义的编写内容时一般应考虑以下几个方面的原则：

（1）以岗位规范为准绳，突出针对性、实用性。岗位培训的职业性和定向性，决定了培训讲义的内容指向，岗位规范、岗位标准、工人技术等级标准、职业技能鉴定标准的具体要求和岗位生产工作的实际需要，是确定培训讲义内容深度、广度的准绳和依据。

（2）遵循教学规律，强调科学性。培训讲义应与教学过程有机结合，把启发式教学思想和教学方法融于其中。讲义内容应由浅入深，由易到难，由简到繁，由表及里，由特殊到一般，由基本技能、专业技能到综合技能。在学员已有知识和技能的基础上，提出新问题，分析和解决新问题，循序渐进，使学员易于理解和掌握知识与技能。

（3）讲义内容必须经过认真精选和提炼，把那些符合科学规律，经过实践检验证明，适应生产工作需要，具有典型性和代表性的知识和技能编入其中，使学员能够举一反三、触类旁通。

（4）讲义内容具有先进性和超前性。不仅要包含当前生产工作所需要的知识和技能，还应包含未来所需要的知识和技能。适时增加有关的新技术、新工艺、新材料、新设备、新手段和新方法的内容，反映新生产技术和经营措施、新的经验和发明创造、新的工作进展和取得的成果，帮助学员增强适应能力和竞争能力。

（5）讲义内容科学、正确、准确、清楚。讲义中概念的说明、原理的表述、公式的应用都应力求正确；数据、事例的引用，现象的叙述，生产工作经验的介绍，都应认真选择、核对，有充分可靠的依据；技能、工艺必须标准、正确；示例、案例的编选应正确，并有典型性和示范性；图表正确、清晰；名词、术语、符号、代号、编码等的选用符合国家标准；计量单位采用国家法定单位。

（三）掌握编写的原则

（1）在编写培训讲义时，应注意知识内容的编写。知识是能力训练的基础和支持系统，没有知识就形不成能力，所以理论知识是构成讲义内容极其重要的组成部分。但编写理论知识要坚持"必须"和"够用"的原则。所谓"必须"就是围绕能力训练的需要，必不可少的理论知识，少了就说不清，学不会，没法进行能力训练；所谓"够用"就是以满足需要为原则，不能把关系不大的、甚至可有可无的都加上，淹没了主题。

（2）编写理论知识要注意把新理论、新思想、新知识、新工艺、新技术、新方法、新的研究成果等写进去。使培训讲义具有鲜明的时代气息，增强了实用性。

（3）编写理论知识时，不要忽略对重要的概念和基本原理的叙述，因为这些不仅是学员必须要掌握的知识，也是与能力训练密切相关的。

（四）学会编写的方法

在编写培训讲义时还要学会相应的编写方法，掌握撰写技巧。编写时文字表述要深入浅出、生动活泼、图文并茂、直观性强，融科学性、知识性、趣味性于一体，把抽象的内容化为具体可感的形象，把难懂的科学原理阐述清楚明白。可借助图表和实例来表述单用文字不易说清的原理、概念、技能技巧，用原理图、结构图、示意图、系统图、工艺图、表格、照片及不同的色彩，使培训讲义不仅满足内容编写要求，还具有直观、形象、生动的特点。

二、理论培训的程序和要点

技师一般对初、中、高级工进行印前处理和制作员基础理论知识的培训。对各级人员的理论知识要求一般都是与操作相关的，是进行操作时涉及到的、应该掌握的起码知识。印前处理和制作员理论知识的要求是与各工序的操作相一致的，分为图像、文字输入，图像、文字处理及排版，样张制作，制版，打样样张、印版质量检验五个环节。对不同等级的理论知识要求不同，并且随着等级的增加逐渐提高。各级的要求见表4-5-1。

表4-5-1　印前处理和制作员理论知识要求

工序及工作内容		理论知识		
		初级	中级	高级
一、图像、文字输入	（一）原稿准备	1. 原稿和原始资料的分类 2. 原稿清洁处理的基本要求 3. 连续调、网目调、数字原稿的概念	1. 印刷对原稿的质量要求 2. 原稿缩放倍率的计算方法	1. 印刷复制对图像分辨率、图像质量的基本要求 2. 原始图像数据格式（RAW）的优点
	（二）图像扫描/数字拍摄	1. 扫描设备的基本工作原理与操作方法 2. 扫描分辨率及扫描模式的意义 3. 扫描软件的使用方法 4. 数字照相机的基本工作原理与操作方式	1. 颜色合成的基本原理 2. 颜色模型、颜色空间知识 3. 扫描设备的结构、工作原理，及与扫描质量的关系 4. 数字照相机的工作原理与使用方法	1. 图像校正处理的方法 2. 扫描仪和数字照相机的性能与技术参数 3. 图像质量审定和定标修正方法
	（三）文字录入	1. 计算机基本使用知识及排版软件的基本操作方法 2. 文字输入的方法 3. 校对符号的识别和使用	1. 校对符号的使用 2. 字体的分类与特征 3. 混排的基本概念	
二、图像、文字处理及排版	（一）图像处理	1. 常用图像文件格式的基本概念 2. 图像传输和存储的作用及要求 3. 图像复制、变换的基本方法 4. 图像分辨率与图像尺寸的关系 5. 选择区域与路径的作用	1. 图像分辨率与图像尺寸的关系、图像插值分辨率的概念 2. 图像层次、颜色、清晰度的概念和处理方法 3. 图像修饰的概念和方法 4. 不同图像文件格式的特点和用途 5. 图像分色的基本概念和基本设置方法	1. 图像融合的概念和方法 2. 色彩特性文件的指定和加载方法 3. 照明和观察条件对图像色彩的影响 4. 色彩识别的相关知识
	（二）图形制作	1. 图形与图像的区别 2. 图形绘制和填充的基本方法	1. 专色、印刷色的基本概念 2. 补漏白、叠印、富黑、铺底的基本原理 3. 路径的绘制、编辑和运算方法	1. 图形变换、混合、组合的方法 2. 图形外观和图像描摹的方法 3. 烫印、模切、UV上光版的制作要求
	（三）图文排版	1. 排版软件的种类、特点和应用 2. 常用书刊开本尺寸和版面规格基本要求	1. 常用出版物的开本尺寸 2. 印刷与装订对版面的要求 3. 版面装饰的基本知识 4. 印前图文处理系统及组成 5. 印刷版面设置的基本要求	1. 版式设计规则 2. 出版物及辅文排版参数对版面效果的影响 3. 数理化公式、特殊字符排版要求 4. 配色基础知识 5. 各种印后加工方式及其特点 6. 常用印刷标记的作用和意义
	（四）标准文件生成		1. 数据备份的重要性和实现方法 2. 页面描述语言的基本概念 3. 色彩管理的基本概念	1. PDF文件的定义及特点 2. ICC色彩管理标准文件的制作过程及作用

续表

工序及工作内容		理论知识		
		初级	中级	高级
三、样张制作	（一）数字打样准备/数字流程制作	1. 数字打样机工作原理 2. 打印喷嘴清洁方法 3. 打样机墨水更换方法 4. 打印介质安装方法	1. 数字打样的作用 2. 打样操作流程和工艺规范 3. 打样机日常维护保养的方法	1. 数字流程中的预检、补漏白、拼版、色彩管理模块的参数功能 2. 印刷补偿曲线或反补偿曲线的原理和方法 3. 创建、备份工作流程作业文件与传票的方法
	（二）数字打样	1. 数字打样设备的使用方法 2. 数字打样软件的设置方法 3. 数字打样机的故障排除方法	1. 数字打样软件的功能 2. 专色版文件的处理方法 3. 色彩管理软件的作用和功能 4. RIP 的工作原理 5. 印刷专色的基础知识	1. 各种数字打样软件的功能和特点 2. 打样机各功能参数的作用 3. 软件参数的备份与恢复的方法
四、制版（选择一个工作内容进行考核）	平版制版员 （一）胶片、印版输出准备工作	1. 激光照排机、CTP 的工作原理 2. 输出分辨率的设置 3. 加网的作用 4. 自动显影机的工作原理 5. 胶片感光及显影的基本原理 6. 色版鉴别方法及维护知识 7. 显影设备的保养知识	1. 生产作业的环境要求 2. 线性化的作用 3. 制版设备参数对输出质量的影响	1. 加网参数对印品质量的影响 2. 印刷补偿曲线和反补偿曲线基本知识
	（二）胶片、印版输出	1. 胶片、印版的感光及显影、定影原理 2. 加网线数、加网角度、网点类型的设置方法 3. 印版烤版和上胶的方法	1. 输出中的常见错误 2. 页面描述文件格式的特点 3. 网点形状、加网线数、加网角度的知识 4. CTP 作业标准化、规范化的知识 5. CTP 的工作原理 6. 网点特性对印刷复制的影响	
	（三）数字流程制作		1. 后端字体种类及其特点 2. PDF 数字化流程的基本概念与功能 3. 拼版的基本概念与方法	
	柔性版制版员 （一）整理发排文件			1. 彩色原稿的复制原理 2. 文件输出的方法及加网的知识 3. 分色文件的拼排和预检方法
	（二）版材及设备运行准备	1. 版材的种类、性能 2. 裁切工具的种类和用途 3. 制版设备的类型和使用方法	1. 版材弯曲变形的基本原理 2. 柔性版印刷机的种类 3. 版材表面硬度的选择原则 4. 版材的结构和特性 5. 各类承印物、油墨的特性 6. 曝光机 UV-A 管的作用和性能 7. 抽气薄膜的种类和使用方法 8. 冲洗液的温度、烘干温度对印版质量的影响 9. 洗版机毛刷的硬度和粗细对印版质量的影响 10. 制版设备的结构、作用和调节方法 11. 制版设备的常规检查方法 12. 制版设备的常见故障和排除方法	1. 硬度计、测厚仪的使用方法 2. 版材的质量标准 3. 印版厚度及表面硬度对印刷质量的影响 4. 数字雕刻机故障及排除方法 5. 制版设备常用液压、气动、保险、自动控制的结构和工作原理 6. 制版设备定期保养方法
	（三）数字雕刻			1. 数字雕刻参数对印版质量影响 2. 数字雕刻机的使用及维护方法

续表

工序及工作内容		理论知识		
		初级	中级	高级
四、制版（选择一个工作内容进行考核）	柔性版制版员	（四）曝光、冲洗及烘干 1. 冲洗液的配置方法 2. 印版和贴版的方法 3. 版材烘干温度和时间的调节方法	1. 预曝光时间与印版浮雕深浅的关系 2. 主曝光时间对网点覆盖率的影响 3. 后曝光时间对印版表面硬度的影响 4. 毛刷与印版的间距对印版质量的影响 5. 冲洗液的浓度、容量、冲洗时间与印版质量的关系	1. 分层、分级曝光的基本原理和方法 2. 精细彩色版的制版原理和制作要求 3. 冲洗液组成的基本原理及各种溶剂的特性、作用 4. 冲洗过程中产生故障的原因及排除方法 5. 烘干过程中的故障及排除方法 6. 印版恢复期与印刷质量的关系 7. 版材烘干温度、时间与印版质量的关系
		（五）去黏处理 1. 去黏处理的方法和要求 2. 去黏机的使用方法	1. 去黏时间与印版硬度关系 2. 去黏机 UV-C 管的作用和性能 3. 化学去黏处理的原理和方法	
	凹版制版员	（一）电子雕刻准备 1. 电子雕刻机、激光雕刻机的种类及工作原理、操作规程 2. 滚筒表面质量要求 3. 安装滚筒的操作步骤及注意事项 4. 清洁滚筒表面的注意事项 5. 雕刻刀的驱动原理 6. 试雕的作用	1. 雕刻拼版软件知识 2. 电子雕刻、激光雕刻工艺规范 3. 电子雕刻、激光雕刻系统的组成及种类 4. 雕刻刀的驱动原理 5. 试雕的作用 6. CY/T 9 电子雕刻凹版技术要求及检验方法	1. 雕刻拼版软件知识 2. 加网参数对凹版印刷品的影响
		（二）实施电子雕刻 1. 雕刻网形、网穴、网线、网角的知识 2. 网点测试仪的结构及工作原理		1. 电子雕刻工艺和质量要求 2. 网点测试仪的结构及工作原理
		（三）激光雕刻滚筒涂胶 1. 涂胶机的结构及工作原理 2. 涂胶机安全操作规程	1. 调配激光涂胶的注意事项 2. 调配预腐蚀液及腐蚀液的注意事项 3. 腐蚀机的工作参数对制版质量的影响 4. 凹版制版设备保养知识	1. 涂胶层的质量要求 2. 影响涂胶层的质量因素 3. 涂胶机、腐蚀机的结构
		（四）激光雕刻		1. 激光雕刻工艺规范 2. 不同网形对凹版印刷品的影响
		（五）激光雕刻滚筒腐蚀 1. 腐蚀机的结构及工作原理 2. 预腐蚀与腐蚀的区别 3. 预腐蚀机、腐蚀机的操作规程 4. 清洗腐蚀滚筒的注意事项		1. 腐蚀液和预腐蚀液的化学成分及反应原理 2. 腐蚀的质量要求 3. 波美度对腐蚀效果的影响 4. 波美度值的控制标准和测试步骤
	网版制版员	（一）制作底片 1. 阴图、阳图、网目调的概念 2. 常用的出片方法和要求		
		（二）绷网 1. 常用丝网的种类 2. 常用网框的处理方法 3. 常用的绷网方法 4. 常用粘网胶的种类 5. 张力的概念及作用	1. 丝网的性能参数 2. 网框的种类及特性 3. 气动绷网机的结构和原理 4. 绷网张力的调节方法	1. 加网线数、加网角度、网点形状与丝网目数的关系 2. 绷网机性能对网版质量的影响 3. 绷网角度的选择依据 4. 绷网局部张力不匀的原因

续表

工序及工作内容		理论知识		
		初级	中级	高级
四、制版（选择一个工作内容进行考核）	网版制版员	（三）网版处理	1. 网版清洗、脱脂和烘干的方法 2. 脱膜剂的使用方法 3. 丝网和网框的剥离方法	1. 网版表面粗化处理的方法 2. 感光胶涂布工艺 3. 感光胶膜厚度与刮涂速度、压力、角度和次数的关系 4. 感光胶膜厚度一致性和可重复性的意义 5. 自动涂布机的工作原理 6. 晒版机的光源及特点 7. 晒版的定位方法 8. 晒版机曝光时间与光源的关系	
		（四）感光胶调配与涂布	1. 感光胶的分类 2. 双组分重氮感光胶调配方法 3. 感光胶保存条件及方法 4. 刮胶斗的结构和使用方法 5. 常用的干燥方法		1. 自动涂胶机的结构与使用方法 2. 直接法、间接法、直／间制版法的特点和区别 3. 贴间接感光膜片的方法 4. 感光胶的微弱热固效应的原理
		（五）晒版	1. 晒版机等相关设备的基本结构和操作方法 2. 胶片和膜版在晒版机上的定位方法		1. 胶片和膜版的角度与产生龟纹的关系 2. 光源的光谱、光强度和照度的概念 3. 抽气装置的类型、结构及工作原理 4. 曝光时间与胶片密度的关系 5. 间接法和直／间法印版的特点
		（六）冲洗、显影、干燥和修版	1. 模板冲洗显影的原理 2. 修版、封网使用的材料和方法	1. 冲洗显影的影响因素 2. 坚膜处理的作用和方法 3. 网目调印版缺陷及修复方法	
五、打样样张、印版质量检验		（一）检验打样样张质量	1. 选择承印物的基本方法 2. 打样样张质量要求及检测标准	1. 测控条的作用 2. 数字打样的质量控制方法	1. 打样印刷质量检测与控制方法 2. 测控条的功能及检测方法 3. 色度仪、分光光度仪、分光密度仪等测量仪器的使用方法
		（二）检验印版质量	1. 印版划伤、折痕、脏痕等缺陷的类型 2. 印版质量要求及检测标准	1. 印刷和印后加工对印版的质量要求 2. 显影对印版质量的影响 3. 测量仪器的测量原理及使用方法	1. 各类测控条的特性 2. 网点增大的原理及增大值的计算方法 3. 制版过程中避免网点增大的方法

三、检测仪器、设备的应用方法

1. 美国爱色丽X-Rite印版检测仪（图4-5-1）

美国爱色丽X-Rite印版检测仪系列能快速而精确地进行印版质量检测。

通过内置的高精度摄像机，iC Plate Ⅱ能分析印版的网点百分比、网线数、网点形状、加网角度等，并显示在液晶屏上。操作时，只需按一下测量头，就可以开始测量，并且测量的结果可以立即在iC Plate Ⅱ液晶显示屏上看到，通过iC Plate Ⅱ甚至能将网点放

图4-5-1　X-Rite印版检测仪

大，检查其形状，从而看到印版是否有擦痕。由于iC Plate Ⅱ使用了低功耗的液晶屏，操作人员可以测量30,000次以上而不必更换电池。

图4-5-2　TECHKON印版测量仪

2. 德国TECHKON印版测量仪（图4-5-2）

德国TECHKON SpectroPlate印版测量仪是一个多功能的印版测量仪。

测量时，样本使用均匀的光谱带宽光源照明，微细图像的获取是靠精密光学透镜系统和具有高动态范围的高分辨率彩色矩阵传感器（CMOS）进行的。精细的彩色图像处理靠的是强大的图形信号处理器和先进的成像算法。正确加工印版的所有相关的质量参数都显示在液晶显示器上。

四、撰写培训进度计划表

（一）培训进度计划表过程

（1）学习国家职业标准《印前处理和制作员》，了解初、中、高级印前处理和制作员的理论要求。

（2）调查摸底培训对象的情况，如学习基础、技能等级、工作经历、培训要求等，以便能有针对性的培训。根据培训对象的基本情况确定培训内容，制订一个培训周期内的培训进度计划。参考培训进度计划如表4-5-2所示。

（3）根据教学大纲的要求进行备课，编写教案，制订教学的具体安排。教案参考模板如表4-5-3所示。

（4）进行教学。在教学中可设计教具、PPT、实验等来辅助教学，通过案例分析或其他先进的教学方法把实际问题为学员讲清楚、讲明白，易于接受。

（5）对本次培训进行总结，找出不足，加以改进。

表4-5-2　学员培训进度计划

学员单位：		技能等级：		培训讲师：	培训时间：
周期	月日	学时	授课内容	场地要求	备注
第一周期	3月1日	2	原稿清洁处理的基本要求	工作台、清洁工具等	
	3月2日	2	连续调、网目调、数字原稿的概念	一体化教室	
	3月3日	4	扫描设备的基本工作原理与操作	原稿、扫描仪、计算机等	撰写学习总结
	……				

表4-5-3　培训教案

培训工序	原稿准备	审批意见：		
学员单位	……			
培训讲师	……	（签名）年月 日		
培训内容	原稿和原始资料的分类		培训日期	3月1日

续表

培训目标	学员能对用户提供的原稿进行核对、分类和清洁		
培训方法	示范操作、案例分析	课时参考	课时
课前准备	1. 不同类别的原稿、工作台、清洁工具等；2. ……		
重点难点			
培训反思	1. ……		
备注			

培训内容、方法和过程	
教学设计说明： …… 【组织教学】 1. …… 【内容讲解】 1. …… 【示范操作】 【学员练习】 【培训讲评】 【场地整理】	教学场所： （分钟） （分钟） （分钟） （分钟）

注：培训讲义可附页。

（二）注意事项

（1）编写讲义的人员一要对所讲授的内容非常熟悉，有深刻的理解，懂得从一定的高度来编写，二要对实际操作非常熟悉，对各种设备非常了解，能够应用自如。

（2）遇到有操作的培训安排，教师在培训之前务必准备好各种操作所需的设备、仪器、工具、耗材等。

（3）理论培训要与实际操作相联系，通过理论学习让学员理解为什么要这样操作，这样操作的道理是什么，这样学员才容易理解理论的内容，容易接受。因此在进行理论讲解时，应该尽量多找出一些案例来加以说明，以便加深学员的理解。

第二节　指导操作

学习目标

1. 能指导高级技能人员对高难度印品进行打样操作。
2. 能指导高级技能人员使用仪器和设备检测样品质量。

一、指导操作的步骤和要点

操作培训在技术培训中是最重要的环节。各级人员的实际操作内容是根据工序来编排的。制版的工序分为图像、文字输入，图像、文字处理与排版，样张制作，制版，样张、印版质量检测五个环节，每个环节还会分为几个不同的项目。各工序对不同等级的要求难度不同，随着等级的增加逐渐提高。各级的要求见表5-5-4。

在培训过程中，指导教师要根据本培训教材中规定的各项操作要求进行培训项目的制定，准备培训中实际操作的设备和材料，做好操作的演示和指导。不仅要给学员示范规范的操作动作，还要结合各步的操作，说明要注意的问题。

表4-5-4　印前处理和制作员实际操作要求

工序及工作内容		技能要求		
		初级	中级	高级
一、图像、文字输入	（一）原稿准备	1. 能对用户提供的原稿进行核对、分类和清洁 2. 能识别连续调、网目调和数字原稿	1. 能判断原稿的质量 2. 能计算原稿的缩放倍率	1. 能判定原稿复制的适用性 2. 能对图像数据进行格式转换
	（二）图像扫描/数字拍摄	1. 能使用扫描设备及软件获取原稿的数字图像 2. 能使用数字照相机获取数字图像 3. 能清洁扫描设备和数字照相机	1. 能设定扫描设备的扫描参数 2. 能设定数字照相机参数并拍摄 3. 能按照复制要求和印刷条件进行图像分色设置 4. 能识别网点百分比，误差在10%内的误差	1. 能对不同类别原稿进行定标并获取数字图像 2. 能对分色图像的质量进行检查和调节 3. 能识别和处理扫描设备的报警信息 4. 能导入/保存扫描（拍摄）参数数据 5. 能设置多任务扫描
	（三）文字录入	1. 能按工艺单要求完成录入操作 2. 能在30min内录入2000个汉字，错字率低于3‰ 3. 能对接收的文字稿件进行校对，错误率低于1‰	1. 能录入特殊（生僻）文字和特殊符号 2. 能进行汉字和一种外文或少数民族文字的混合录入 3. 能识别字体的种类	
二、图像、文字处理及排版	（一）图像处理	1. 能选择图像格式并存储图像文件 2. 能将图像文件传输到处理设备 3. 能使用图像处理软件对图像进行变换、剪裁、修饰处理 4. 能使用图像处理软件改变图像尺寸及分辨率 5. 能创建选择区域和路径提取图像	1. 能对图像的层次进行调整 2. 能对图像颜色校正、清晰度调整 3. 能进行图像修饰 4. 能选用色彩特性文件进行分色 5. 能使用图像处理软件进行分色	1. 能进行图层的融合和特效处理 2. 能配置和指定色彩特性文件 3. 能检查显示器的色彩还原准确性 4. 能检测工作环境的光源显色指数情况 5. 能识别网点百分比，误差在8%以内的误差
	（二）图形制作	1. 能使用图形软件绘制图形 2. 能对图形用颜色和图案进行填充	1. 能对图形元素实施路径运算 2. 能对图形进行渐变填充、实时上色和描边 3. 能设置各种专色	1. 能对图形进行特殊效果处理 2. 能对图形进行外观设置和图像描摹 3. 能用图形软件绘制模切版 4. 能用图形软件制作各种专色印版
	（三）图文排版	1. 能输出分层文件 2. 能使用排版软件进行书刊排版 3. 能进行文字属性设置	1. 能对版面元素进行检查 2. 能检查链接文件 3. 能进行主页设置，添加、删除、移动页面等操作	1. 能用进行补字和拼注音排版 2. 能设置漏白、叠印、富黑和铺底的参数 3. 能对数理化公式、特殊字符进行编排

续表

工序及工作内容		技能要求		
		初级	中级	高级
二、图像、文字处理及排版	（三）图文排版	4. 能对数字文件进行格式转换	4. 能制作表格 5. 能进行图文混排	4. 能处理中文竖排中的排版问题 5. 能设计各种装饰艺术版面 6. 能设置图像、图形对象与文字的跟随关系 7. 能根据工艺要求拼版 8. 能设置套准标记、检测线
	（四）标准文件生成		1. 能发排拼页与拆页文件 2. 能输出页面描述语言文件 3. 能设置渐变级数	1. 能输出便携式文档格式 (PDF)文件 2. 能设置颜色转换的 ICC 色彩管理标准文件
三、样张制作	（一）数字打样准备 / 数字流程制作	1. 能清洗打印喷嘴 2. 能更换打样机墨水 3. 能安装打印介质	1. 能按要求选择和准备油墨、承印物等 2. 能对打样机进行日常维护 3. 能根据需要选择打样软件的参数和色彩特性文件	1. 能设置流程中的预检、陷印、拼版、色彩管理模块的参数 2. 能选择印刷补偿曲线或反补偿曲线 3. 能备份流程作业文件 4. 能创建工作流程作业与传票 5. 能在流程中设置字库与补字库参数
	（二）数字打样	1. 能设置纸张页面尺寸与横、纵方向 2. 能设置发排字体 3. 能设置缩放比例 4. 能设置出血、裁切线等标记 5. 能识别与处理打样机的缺纸、卡纸、缺墨等故障	1. 能在栅格图像处理器 (RIP)处理前进行数字打样 2. 能在栅格图像处理器 (RIP)处理后进行数字打样 3. 能进行专色版文件的打样 4. 能打印校样线，来判断版面出血设置的正确性 5. 能按照标准参数调整打样机	1. 能安装、设置及使用数字打样软件 2. 能设置打样机的功能参数 3. 能进行软件参数的备份与恢复
四、制版（选择一个工作内容进行考核）	平版	（一）胶片、印版输出准备工作	1. 能在激光照排机及直接制版机上装、卸胶片、印版 2. 能设置定胶片、印版尺寸 3. 能启动机器并操作控制面板 4. 能操作显影机进行显像处理 5. 能对显影机维护、保养	1. 能选择输出线性化曲线 2. 能判断显影条件并设置显影参数 3. 能保养显影机等制版设备	1. 能设置胶片输出参数 2. 能设置激光照排机的曝光值，显影机的显影、定影参数 3. 能针对不同类型的印品，设置相应的加网参数
		（二）胶片、印版输出	1. 能按工艺单设定输出参数 2. 能对栅格图像处理器 (RIP) 处理后的数字文件进行检查 3. 能对印版进行烤版与上胶	1. 能预览并检查是否有文字乱码和缺图 2. 能用预置的预检参数进行文件预检，并能识别异常信息 3. 能选择和检测网点形状、加网线数和角度 4. 能用检测仪器检测显影液的酸碱度（pH）、温度和电导率 5. 能用预置的模板拼版	1. 能设置印版输出参数 2. 能设置 CTP 的曝光值，显影机的显影、定影参数 3. 能排除直接制版设备、显影设备的故障
		（三）数字流程制作		1. 能用预置的预检参数进行便携式文档格式 (PDF) 预检，并生成规范化文件 2. 能完成 PDF 文件的颜色转换、图像链接、字体嵌入及文档加密 3. 能使用工作流程软件拼版 4. 能在数字流程中，对 RIP 处理前、后打样的不同网点形状、加网线数和角度进行设置	

173

续表

工序及 工作内容			技能要求		
			初级	中级	高级
四、制版（选择一个工作内容进行考核）	柔性版	（一）整理发排文件			1. 能输出雕刻文件 2. 能检查雕刻文件的网点线数、角度、形状和尺寸 3. 能在数字雕刻机上进行页面拼版并测控安全距离
		（二）版材及设备运行准备	1. 能根据生产通知单领取版材 2. 能根据要求裁切版材 3. 能检查曝光机 UV-A 管的完好度 4. 能检查和清洁抽气薄膜 5. 能通过压力表检查真空度 6. 能对制版设备进行预热	1. 能检查胶片的缩变量 2. 能根据印刷品类型确定版材的型号、厚度 3. 能根据分色片的图像、文字选择版材的表面硬度 4. 能根据承印物、油墨选择版材 5. 能确定曝光机 UV-A 管、抽气薄膜的更换时间 6. 能调整冲洗机、烘干机的加热温度 7. 能确定冲洗机毛刷的更换时间 8. 能对制版设备进行常规检查和调节 9. 能排除制版设备的常见故障	1. 能通过硬度计、测厚仪测定版材的表面硬度和平整度 2. 能根据印刷机类型确定印版的厚度 3. 能根据印刷质量检查印版的表面硬度 4. 能排除印前制作设备的故障 5. 能完成印前制作设备的定期维护保养
		（三）数字雕刻			1. 能测量拼版文件的尺寸 2. 能选择激光能量和雕刻速度 3. 能管控上版，雕刻，卸版的流程（覆膜操作）
		（四）曝光、冲洗及烘干	1. 能根据要求和液槽容量配制冲洗液 2. 能冲洗印版 3. 能确定版材的烘干温度和时间	1. 能调节预曝光、主曝光、后曝光时间 2. 能根据版材厚度调节毛刷与版材的间距 3. 能调节冲洗液的浓度、容量及冲洗时间	1. 能根据分色版图文的特性调节分层、分级曝光的时间 2. 能制作 68 线 /cm 及以上的精细彩色版 3. 能调节冲洗液的配方 4. 能排除冲洗过程中的故障 5. 能排除烘干过程中出现的故障 6. 能根据版材性能确定印版的恢复期
		（五）去粘处理	1. 能确定印版的去粘时间 2. 能检查去粘机 UV-C 管的完好度	1. 能根据去粘机 UV-C 管功率调节去黏时间 2. 能使用化学方法进行去黏处理	
	凹版	（一）电子雕刻准备	1. 能在电子雕刻机上装、卸滚筒 2. 能按照工艺要求清除版面的油污、灰尘、氧化物，并检查滚筒表面是否有质量缺陷 3. 能对滚筒进行试雕	1. 能使用电雕机的拼版软件拼版 2. 能检查滚筒表面是否有质量缺陷 3. 能对滚筒进行试雕和补雕 4. 能根据要求换针雕刻 5. 能通过 RIP 对雕刻文件进行加网	1. 能设置加网参数 2. 能对雕刻机进行维护保养
		（二）实施电子雕刻	1. 能在电子雕刻机的控制面板上输入参数 2. 能使用雕刻控制软件启、停雕刻机对滚筒进行雕刻 3. 能使用网点测试仪测量网点参数		1. 能设置电子雕刻机的工作参数 2. 能使用网点测试仪测量网点参数
		（三）激光雕刻滚筒涂胶	1. 能清除版面的油污，灰尘、氧化物 2. 能用辅助工具在涂胶机上装、卸滚筒 3. 能操作涂胶机对滚筒进行涂胶	1. 能调配激光涂胶液 2. 能调配预腐蚀液及腐蚀液 3. 能设置雕刻参数 4. 能发现雕刻后滚筒表面的异常 5. 能设置腐蚀机的工作参数并进行腐蚀操作 6. 能对凹版制版设备进行维护保养	1. 能设置涂胶机的工作参数 2. 能对涂胶机、腐蚀机进行维护保养

续表

工序及 工作内容		技能要求		
		初级	中级	高级
四、制版（选择一个工作内容进行考核）	凹版	（四）激光雕刻			1. 能设置激光雕刻机的工作参数 2. 能选用激光网点形状
		（五）激光雕刻滚筒腐蚀	1. 能用辅助工具在腐蚀机上装、卸滚筒 2. 能操作腐蚀机对滚筒进行预腐蚀和腐蚀 3. 能清洗腐蚀后版面的残留物		1. 能检测腐蚀液的波美度 2. 能目测检查腐蚀后的版面质量
	网版	（一）制作底片	1. 能识别阴图、阳图及网目调胶片 2. 能按设计要求输出胶片		
		（二）绷网	1. 能按要求准备网框和丝网 2. 能用打磨法处理网框表面 3. 能进行手工绷网和使用器械进行绷网 4. 能涂刷粘胶进行绷网 5. 能测定绷网张力	1. 能选择单色网目调印刷用的丝网和网框 2. 能检查网框变形 3. 能调试气动绷网机 4. 能调节绷网张力	1. 能根据网目调制版的加网线数、加网角度和网点形状选择多色网目调印刷用丝网和网框 2. 能检验绷网机的性能 3. 能确定绷网角度 4. 能排除局部张力不匀等故障
		（三）网版处理	1. 能进行网版表面清洁、脱脂和烘干处理 2. 能对网版进行脱膜处理，进行再次使用 3. 能处理、回收旧网版		
		（四）感光胶调配与涂布	1. 能识别各种类型的感光胶 2. 能调配双组分重氮感光胶 3. 能保存感光胶 4. 能手工刮涂感光胶 5. 能烘干感光胶膜		1. 能检查自动涂胶机的工作状态 2. 能选择间接法、直／间法制版用的感光膜片 3. 能在网版上贴实间接感光膜片 4. 能控制烘版的温度和时间
		（五）晒版	1. 能对晒版机等相关设备进行日常维护 2. 能进行胶片和膜版的定位 3. 能使用晒版机进行膜版曝光	1. 能网版表面进行粗化处理 2. 能设置感光胶刮涂速度、压力和角度 3. 能根据印刷要求确定感光胶刮涂速度、压力和角度 4. 能操作自动涂胶机 5. 能晒制单色网目调印版 6. 能进行多色线条版的定位 7. 能根据光源设置曝光时间	1. 能调节网目调各色版的胶片与膜版的角度 2. 能排除制版设备的机械故障和气路故障 3. 能鉴定胶片质量是否符合晒版要求 4. 能根据胶片确定曝光时间 5. 能用间接法和直／间法制作印版
		（六）冲洗、显影、干燥和修版	1. 能对线条、文字网版进行显影 2. 能用封网胶涂封图文区域以外的通孔区域 3. 能修复印版的污点、砂眼和划痕等缺陷	1. 能冲洗网目调印版 2. 能对印版进行坚膜处理 3. 能修复网目调印版的缺陷	
五、打样样张、印版质量检验		（一）检验打样样张质量	1. 能检验打样样张的尺寸与内容 2. 能目测各种样张的白线、蹭墨、重影等缺陷	1. 能加载测控条和打样信息 2. 能通过加载的测控条检测打样质量	1. 能使用测量仪器测量样张的各项技术参数 2. 能使用测控条检验样张的质量 3. 能提出并实施打样机的周、月保养计划
		（二）检验印版质量	1. 能目测印版的划伤、折痕、脏痕等缺陷 2. 能对照签样检查版面尺寸，有无丢字、乱码、缺图和变形等问题	1. 能用测量仪器测量印版的网点及角度 2. 能检测加网文字、线条的清晰度和完整度	1. 能借助测量仪器和测控条，检查网点形状完整性和网点增大值，并提出制版工艺的改进建议 2. 能对印版质量进行综合检查，对产生的问题提出解决方案

二、制版所用检测仪器的名称及适用范围

制版所用检测仪器种类较多，以下就应用广泛的几种仪器进行说明。

（一）美国爱色丽X-Rite印版检测仪（如图4-5-3所示）

美国爱色丽X-Rite印版检测仪系列能快速而精确地进行印版质量检测。iC Plate II系列产品组合有四种："iC Plate II X"、"iC Plate II X+PQS"、"iC Plate II XT"、"iC Plate II XT+PQS"（注：PQS为可选配高端品控软件）。

iC Plate II X为印版测试系统的基本款仪器，它可以测量网点百分比、通过测量做可视分析，适用于印版网点及调幅网点的样品测量。

iC Plate II XT是目前为止功能最多、适用范围最广的印版测量仪，从CTP版材到传统印版都可以，通过其环形照明和三种不

图4-5-3　FAG柔性版检测仪

同的灯泡，既能测量阴图版和阳图版，也能测调频或调幅网点。它可以再现网点直径、网线数、网角、印版特性、样本数据、视觉密度,并可利用软件将此信息传入电脑。

PQS高端品控软件配合iC Plate II使用，软件为爱色丽图版控制设备量身设计，可存储、显示并存档个别测量数据图版特性曲线测量数据，为操作员提供一个可保存的可视网点参考，在需要时予以参考。测量值及图版图像均存储于数据库中。

（二）德国TECHKON印版测量仪（如图4-5-4所示）

德国TECHKON SpectroPlate印版测量仪是一个多功能的印刷测量仪，它可快速、准确的测量所有常用的胶印印版，可通过反射和透射方式测量菲林。具有以下特点：

（1）小巧便于携带，可独立使用，拥有高分辨率和高对比度的LCD液晶显示屏。

（2）操作简单，设计坚固、结实，可以在任意的工业环境下使用。

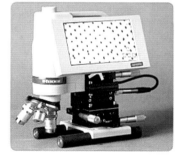

图4-5-4　凹印版辊网点检测仪

德国TECHKON SpectroPlate产品型号有：SpectroPlate Start入门版，SpectroPlate Expert专业版，SpectroPlate All-vision全功能版三种可供选择。其中，SpectroPlate Start入门版应用最广泛。可以测量网点面积百分比（%）、网角（°）、加网线数（l/cm和lpi）。SpectroPlate Expert专业版除了Start的功能外，增加以下功能：网点转移曲线、网点扩大转移曲线、几何分析、100组数据的存储。SpectroPlate All-vision全功能版除了Expert的功能，增加以下功能：测量免处理、低对比度印版。

入门版可以通过购买授权升级为专业版，但全功能版需要硬件扩展才可以。三种版本都可以连接电脑，通过附带的SpectroConnect软件。

（三）瑞士FAG柔性版检测仪（图4-5-3）

VIP FLEX 335系瑞士FAG推出的第五代柔性版检测仪。它具有以下功能：①测量所有类型透明柔性版；②可支持测量调幅和调频网点；③除了柔性版，也能测量纸张、菲林以及胶印铝版上的网点；④可以测量柔性版质量分析所需要的所有参数：网点面积、网点尺寸、网线数、网线角度、网点边缘情况以及进行视觉评价；⑤千分尺功能使得在图像中进行测量成为可能，例如：对条形码进行分析。

Flex 335检测系统包括：①VIP FLEX测量仪器（桌面型透明柔性版检测仪）；②柔性版质量控制软件PQS（数据库软件，保证控制柔版质量）；③VIP FLEX Target校正片（用于检测校准仪器精度）。

Flex 335检测系统的优点在于：①自动存储测量的数据和图像在数据库里，可以归档并检索所有的测量结果；②数据库包括工单、客户、标准值和测量值，以分类和整理数据。这有助于快速轻易检索测量数据；③所有相关数据，例如版类型、网线、制版设备、化学药品数据等，都可以存储在数据库里，以便日后检索；④支持所有类型的控制，因为可以定制带公差参数的标准曲线；⑤可以输出测量的数据和图像，以作进一步分析；⑥可以按多重布局方式打印测量的数据和图像，以便存档。

（四）凹印版辊网点检测仪（图4-5-4）

凹印版辊网点检测仪整合数码成像、显微镜光学结构以及微观测量技术等功能于一体的便携智能检测仪，主要应用于凹印雕刻版辊、陶瓷及金属网纹辊、柔印版、丝网版等图形版辊的质量控制。可以实现对化学蚀刻、机械雕刻、激光雕刻等方式加工的图形的网点、图案及线条进行长宽、面积测量等信息进行检测分析处理。仪器具有直观明了的测量操作界面。通过触摸屏和遥控器方式进行操作，可以直接测量图案的长宽及深度三维数据。内置SD卡存储器，可将测试结果及图像拍摄保存，提供进一步的分析及存档使用。XYZ方向移动支架可以方便地移动显微镜头到达不同的检查区域，而不用重新调整仪器基座。

该设备具有以下特点：①凹印网点的分析；②一体化设计、无须接外设电脑及电源即可工作；③拍摄存储置内置存储器中,方便数据的整理分析；④4X\10X\20X物镜可以任意切换，满足不同网线版需求；⑤内置可蓄电电池，设备体积小巧,方便携带及客户现场使用；⑥全屏触摸遥控操作，多种显示模式，方便不同版辊观测；⑦内置多种测量工具，直线、角度、面积、平行线测量；⑧产品质量标准：符合中科院计量所计量用具标准。

三、影响印刷质量的因素

影响印刷质量的因素很多，如印刷工艺、印刷材料、印刷设备、印刷操作人员等。下面从印前、印刷、印后三个方面进行简要分析。

（一）印前工艺

印前质量的评价领域主要与所依据的标准有关，包含原稿从设计到最后输出的胶片以及所使用的印版。这个评价不是单独针对某一个步骤进行，由于输出一定要适合并且考虑到印刷工艺的特性。尽管印刷质量控制领域是属于技术工艺范畴，不可避免地在某种程度上受主观因素的影响。

印刷企业的印前工序一般分为录入、扫描、创意设计、组版、校对、拼版、打样、晒版、CTP制版等多道工序，其中的耗材包括：电脑复印纸、打印纸及相配的墨粉、墨水等材料，打样用材，各类版材及其显影液、定影液等。

（二）印刷工艺

印刷生产质量主要评价油墨从印版转移到承印物上的能力，是否能够稳定，没有印刷故障，符合技术要求。这个范畴受主观评价因素影响较少，并且大多数方面都是可控的并且有可测的参数。如果这些方面的任意一个没有达到要求，都会影响到最终印刷品的质量。

具体来讲，印刷品质量受到承印物、油墨、印刷机和工艺过程中的阶调传递特性的影响。主要影响因素包括承印物、实地油墨颜色、二次色（叠印）、阶调传递（网点增大）、灰平衡等。尽管这些属性单独列出，但它们并不是完全独立的，而是相互影响的。

（三）印后工艺

印刷企业重视印刷产品印前、印中加工的质量管理，缺乏对印后的重视，这似乎是行业内的通病。然而，影响产品质量的很多因素往往却在于印后加工。国内印刷界对印前和印中都有一整套成熟的生产和工艺管理制度与标准，业内对印前与印中有精深、细致的研究并具备各个不同层次的专业技术人才和管理人才。而印后加工无论从理论研究上还是生产工艺管理上都较为欠缺，更缺乏一批中高级的专业技术人才。

印刷产品按其用途可分为广告类产品、包装类产品及书刊类产品三个大类。广告类产品的印后加工最为简单，主要是折叠及裁切；包装类产品次之，一般主要为各种包装箱、包装盒与包装袋等的金箔烫印、覆塑料薄膜、凹凸压痕、模切成形及糊合成品；书刊类产品的印后加工最为复杂，对整个产品加工的质量影响也最大。

四、印刷机的构成及工作原理

印刷机是指用于生产印刷品的机器、设备的总称。

（一）印刷机的结构组成

（1）按机器本身性能来分，有原动部分、传动部分、工作部分。原动部分是提供印刷机运转所需的功率和运动的动力来源；传动部分是将电动机输出的功率及转动传递到印刷机工作部分的中间装置；工作部分是直接完成印刷工艺动作的部分，分为主要工作部分和辅助工作部分。

（2）按印刷工艺流程分，有单张纸印刷机、卷筒纸印刷机。

单张纸印刷机主要组成结构有：输纸装置、定位与递纸装置、输墨装置（润湿装置）、印刷装置、收纸装置（可包括上光与干燥、模切与压痕）等。

卷筒纸印刷机主要组成结构有：供纸装置、输墨装置（润湿装置）、印刷装置、收纸装置（可包括折页与复卷、上光与干燥、模切与压痕）等。

（二）印刷机的分类及工作原理

印刷机的种类繁多，其中最主要的有以下两种：

（1）按印版种类分，有凸版印刷机、平版印刷机、凹版印刷机、孔版印刷机。

凸版印刷机所用印版的图文部分高于空白部分。印刷过程中，先由着墨辊把油墨涂布于印版的图文部分，然后通过压力作用，使印版图文部分直接与承印物接触，图文部分的油墨便转印到承印物表面。

平版印刷机是一种将印版上的图文先印在中间载体（橡皮布滚筒）上，再转印到承印物上的间接印刷方式的印刷机。它的印版图文部分与空白部分几乎处于同一平面，利用油、水不相溶的自然规律，通过对版材的技术处理，使图文部分亲油疏水，空白部分亲水疏油。印刷过程中先用水辊润湿版面，再由墨辊对图文部分上墨。

凹版印刷机所用印版的图文部分低于空白部分。印刷过程中，首先使整个印版着墨，然后用刮墨刀将版面（空白部分）的油墨刮除，只留图文部分的油墨。印版版面直接与承印物接触，通过压力作用，使图文的油墨转印到承印物的表面。

孔版印刷机所用印版的图文由大小不同或大小相同但数量不等的孔洞或网眼组成。印刷时，在压力的作用下，油墨透过孔洞或网眼印到承印物的表面。

（2）按印刷装置类型分，有平压平型印刷机、圆压平型印刷机、圆压圆型印刷机。

平压平型印刷机是指压印机构和装版机构均呈平面形的印刷机。印刷时，整个压印机构与印版全面接触，因此这类印刷机压印时间长，总的工作压力大，印刷幅面小，印刷速度慢，印刷质量差。

圆压平型印刷机是指压印机构呈圆筒形、装版机构呈平面形的印刷机。印刷时，压印滚筒咬牙咬住纸张并带其旋转，与固定在做往复运动版台上的印版接触，是线接触，循环完成印刷，每当版台往复运动一次，完成一个工作循环，印刷一张产品。

圆压圆型印刷机是指压印机构和装版机构均呈圆筒形的印刷机。印刷时，压印机构与装版机构是线接触，印刷压力较小，运转平稳，速度快，印刷质量好。

五、数码打样操作

（一）完成一个RIP后数码样张打印。

（1）打开打印机电源，安装数码打样纸。

（2）启动数字化工作流程，登录客户端，并进入作业。

（3）检查并设置打印参数，设置打印目标曲线，重新保存数码打样参数模板。

（4）将需打印的文件导入数字化流程作业中进行处理。

（5）选中处理好的文件，将其拖至打印模板上将文件打印。

（6）检查打印结果并跟实际印刷样比对。

（二）在Photoshop中进行屏幕软打样。

（1）打开Photoshop预览输出文件时，先完成两次颜色的转换：从图像的色彩空间转换到要预览的输出设备的色彩空间；从设备的色彩空间转换到显示器的色彩空间。

（2）在Photoshop "View（视图）" 下拉菜单中选择 "Proof Setup（打样设置）" 的选项，再从它的下级菜单中选择 "Custom（定制）" 命令，之后会弹出一个 "Proof Setup（打样设置）" 对话框，如图4-5-5所示。

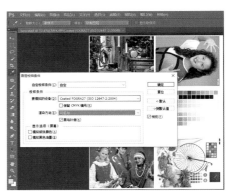

图4-5-5　软打样

（3）在 "要模拟的设备" 下拉菜单里选择所用输出设备的特性文件，如图4-5-6所示。

（4）在 "渲染方法" 下拉菜单里选择 "绝对比色" 匹配方式，同时勾选 "模拟纸白" 选项（注意：此时已自动选择 "模拟油墨黑" 选项），如图4-5-7所示。

（5）此时，在Photoshop中会显示设备输出文件所定义的实际动态范围，实现精确的软打样，如图4-5-8所示。

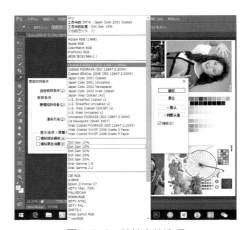

图4-5-6　特性文件选项

（三）注意事项

（1）在实际操作之前，一定要向学员讲清操作的要领、正确和规范的动作，尤其要说明可能发生的问题和危险，避免造成人员的伤害和设备的损失。

（2）理想的屏幕软打样效果的实现，要以高品质的显示器为基础，以色彩管理技术为关键，以精密的测量仪器和软件为保障。

图4-5-7　自定校样选项

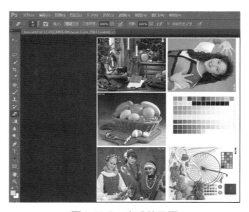

图4-5-8　完成效果图

第六章

管理

第一节　质量管理

学习目标	1. 能进行印品的等级评定。
	2. 能应用质量管理体系知识实现操作过程中的质量统计、分析与控制。

一、打样质量管理

随着打样新工艺的发展，传统打样慢慢地退出了历史舞台。数字打样相对于传统打样而言，由于它的工艺步骤减少了很多，所以，影响质量的可变因素也少得多，数字打样的质量主要取决于三方面的因素，一是打样系统的稳定性能，二是打样耗材印刷适性，三是打样过程中对图像再现性的控制能力。

从本质上说，为确保数字打样质量，须控制好以下几个关键点：

（1）做好打印机的基础线性化。

（2）做好印刷机的特性文件。

（3）做好打印机纸张的特性文件。

（4）正确匹配打印机和印刷机的特性文件。要保证打样质量，在管理上就必须做好规范化、标准化操作。

（一）打样操作步骤

（1）采集最佳传统打样样张的数据，制作该样张的特性文件，并将其作为数字打样样张的色彩目标。

（2）数字打样系统的基本线性化校正，打印样张，制作数字打样样张的特性文件。

（3）结合两个特性文件色彩管理软件将建立数字打样匹配传统打样的参数。

（4）用数码打印机进行打样，获得与印刷样张一致的数码样张。

（二）对数字打样的定期检测

数字打样系统通过计算机来控制，运行过程相对稳定，调节好之后，打印的每张样张都是相同的，彼此之间的一致性很好，色差很小，这是传统打样无法比拟的。可是也正因为它的系统是电子化的，随时会出现无法估计的问题，比如供墨线路坏了、墨头的喷头故障、墨头老化、墨盒里的墨量不足等，所以对数字打样系统的定期检测是很有必要的。一般公司会每天对数字打样系统做检测，保证其打印质量。

（三）数字样张的检查

检查内容包括：

（1）打印纸有无蹭脏，是否干净，平整。

（2）样张上的文字、图片是否清楚、干净。

（3）文字有无跑位、乱码现象，图片是否正确再现。

（4）如有专色检查，专色是否准确再现，如专色留白，检查位置大小是否正确。

（四）数字打样系统的定期维护规范（表4-6-1）

表4-6-1　数字打样系统定期维护内容

周期	维护内容
随时	检查数字打样机周围的温湿度，标准温湿度以达到最佳样张为准
随时	检查数字打样机的工作状况，保持数字打样机周围的卫生
每天	检查加湿器，确保水量充足，清洗数字打样机的胶辊，清洁数字打样机周围卫生
每两周	清洗加湿器，数字打样机周围大扫除

二、印刷的相关质量管理标准

（1）质量是指一组固有特性满足要求的程度。质量管理是在质量方面指挥和控制组织的协调活动，包括确立质量方针、质量策划、质量控制、质量保证、质量目标达到的有效性与效率。印刷产品质量是印刷品外观特征的综合表现。颜色图像产品包括图像的阶调值、层次、颜色、外观特征，文图地位，规格无误等；文字产品质量包括文字正确性，墨色均匀一致、密度足够、牢固，便于阅读，管理就是为实现质量要求而努力做的工作。

（2）质量管理方式发生重大变化。随着设备的更新与换代，材料的换代与创新，工艺技术的进步与发展，质量管理从完成后的质量检查阶段，到统计质量管理，到全员的、全过程的、全方位的全面质量管理，在全面质量管理的基础上建立质量管理体系。几个阶段的管理是继承发展的，不管采用哪种方式或兼用，都必须控制好、管理好，确保不符合规格的产品不流向社会。

（3）推荐ISO9000：2000族标准。该族标准是国际标准化委员会，组织几十个国家众多质量专家，多次修改定下来的，是先进的、经济的、有效的、可行的，具有法规性和管理模式的双重作用。

① 坚持八项质量管理原则。"以客户为关注焦点，领导作用，全员参与，过程方法，管理的系统方法，持续改进，基于事实的决策方法，供需互利的关系"八条原则体现了以人为本、关注各方、重视方法、永不满足的指导思想。

② 按十二项质量管理体系的基础要求（理论基础、产品要求、管理方法、过程方法、质量方针与目标、领导作用、文件、评价、持续改进、统计技术的作用、与其他管理体系的关注点、与组织优秀模式间的关系）建立质量管理体系。提倡前管理或预防管理、过程管理、系统管理的方法。结合企业实际编写质量手册、实为全系统全方位的岗位责任制；制定相关的程序文件，实为做事的步骤与方法；编写可行的作业指导书与记录表格。这样实施前有明确目标，实施过程中有明确要求、操作时有明确的根据，完成后有准确的记录。可以弥补管理知识上的不足，认识上的偏差，指挥上的盲目，克服操作者目的不明、操作上的随意性。

③ 统一对术语的认识。术语源于概念，是概念更高层次的概括，术语定义须明确，内涵的解释应是唯一性的。印刷技术术语(GB 9851)包括基本术语、印前术语、凸版印刷术语、平版印刷术语、凹版印刷术语、孔版印刷术语、印后加工术语等，相关人员应学懂术语而且对术语内涵的理解应一致，如果相关人员对相关的术语理解不一致，在实施过程中既做不好，也管理不好。

④ 各环节应有明确的质量要求，有产品质量标准或要求。产品质量要从源头抓起，每个环节必须达到各自的要求，原则上，上环节的问题不能流向下环节，一环扣一环，并处理好上、下接口，环环都保证，最后的产品质量才有保证。

⑤ 现代企业的生产与质量管理是相辅相成的，内容是相互包容的。质量管理是生产管理的一部分，生产管理好了，质量管理就有了基础与保证。因此生产管理的相关知识都适用质量管理。

⑥ ISO9000族标准是总结多种质量管理经验而提出的，为现代印刷企业提供了良好的管理模式，应该学习并采纳：用ISO9000族标准的要求，坚持八项质量原则，认真学习十二项理论基础，学懂相应的质量管理术语，并贯彻到实际工作当中；用ISO9001标准要求，结合企业实际，建立质量管理体系；用ISO9004标准要求，持续改进与提高产品质量。

（4）印刷品的评价往往以人们目测评价为准，但各单位又有其具体的评价方法和数据标准。我国印刷行业的质量标准主要由中华人民共和国新闻出版总署印刷行业标准化委员会制定，由国家标准化委员会批准并发布。标准化工作并不意味着要求所生产的产品一模一样，只要保证每次生产出来的产品质量在允许的误差范围之内即可。因此，在具体生产时必须先清楚实际参考值和误差范围，而实际参考值的获取要使用测量和检测仪器经过多次的测量和检测得到。

对于印刷品质量的评估而言，现有国家行业标准CY/T2—1999《印刷品质量评价和分等导则》、CY/T5—1999《平版印刷品质量要求及检验方法》、CY/T6—1991《凹版印刷品质量要求及检验方法》和国家标准GB/T 7705—2008《平版装潢印刷品》、GB/T 7706—2008《凸版装潢印刷品》、GB/T 7707—2008《凹版装潢印刷品》、GB/T 33259—2016《数字印刷质量要求及检验方法》作为评判印刷品质量优劣的参考依据。

三、生产管理基本知识

生产管理是企业最根本的管理，它涉及顾主的要求与市场的需求，涉及企业管理体系与组织结构，是直接创造价值与提高产品质量的管理。中、小型企业可将设备、材料、工艺、质量、环境、安全等内容包容在一起管理，大型企业可根据需要分项进行管理。

（一）设备管理的相关内容

设备属于硬件，是生产加工的基础，其性能、能力配制、保养维修、完好状态，直接影响着生产的成败，代表着企业的综合能力，是企业竞争的条件与手段，是企业发展的保证。

（1）设备选型既要考虑其先进性、科学性，又要考虑其经济性、适用性、配套性、安全性，要学懂弄清使用说明书和要求，按操作规程实施。新进设备技师最好参加安装调试，明确设备功能和维护内容，以便使用。

（2）重视设备的配套：如生产能力的配套，功能的配套，各相关设备规格的配套，与辅助设备的配套，与所用材料的配套，与加工任务的匹配，与生产环境的符合，以便连续均衡生产，稳控产品质量，保证制作周期，提高生产效率。

（3）加强设备的保养与维修：对晒版设备的易损部件要定期检查更换，要定期测定光源的照度、光衰、照度的均匀性、稳定性等；提出设备小修计划和要求，最好参与维修，保持设备性能的良好。

（4）提高设备的完好率：设备完好度是设备管理水平的标志。设备功能、精度要达到设计要求，动力传动与润滑系统自如，控制系统灵敏，不漏油、不漏水、不漏溶液、更不能漏电，装置齐全、安全可靠、正常运转，保证顺利生产。

（5）提高设备利用率是企业管理的根本，是管理水平的综合反映，技师参与技术管理主要是为提高设备的利用率、达到提高效益和产品质量的目的。

（6）做好设备维护档案与记录工作。

（二）材料管理的相关内容

企业的生存与发展，一方面要提高设备利用率；另一方面就是通过严格的管理降低材料的成本与消耗。材料的性能与供应既影响着产品质量，又影响着产品成本，有直接影响也有间接影响。因此材料管理必须重视。

（1）了解材料的市场信息，掌握相关材料的使用性能，货比三家，知晓性能价格比。在保证质量、保证供应、满足使用的前提下，降低成本、减少库存、杜绝积压。对采购的材料应同时索取材料的质量标准或使用说明书，并学习弄通。

（2）提高认识，加强保管。例如各类版材的保管与使用都有严格的条件。如适合的温度、湿度、暗光保存、感光材料使用前应从库房领出到工作间备用。保管过程中预防变性、变质与降低使用性能。

（3）材料使用过程中，应按物流运转要求，实行定额领取、定量使用，严格工艺规范、严格溶液配制、严格按规程操作。对新购进的材料（换了批号或型号的材料）和新型材料、应对其主要性能进行测试，如感光度、分辨率等；对常规使用的显影液，用相应的显影测控条定期对显影液性能与浓度、温度与时间、给液与补充方式进行测试，发现问题及时调整或更换。

（4）从材料购入、保存、使用到产品交出都应符合物流程序，所有环节都应有记录，物、账、卡相符，以便分析，为降耗提供决策依据。

（三）工艺管理的相关内容

工艺管理涉及的内容很宽，如果工艺管理科学合理，将会提高综合效率。

（1）工艺管理纵向上涉及生产的全过程，横向上与设备、材料、质量、环境、标准有密切关系，属于综合管理。要根据顾主对产品的要求、不同原稿的特性、设备的综合能力、原材料性能与供应状况、技术能力，确定工艺加工的内容和要求，要结合企业实际，在保证质量的前提下，内容可运作。

（2）工艺管理的相关内容必须按工艺设计的要求进行。确定产品生产路线与方法，确定使用设备与主要材料，拟定生产组织形式，定出实施进度与各环节的加工时限，规定质量控制手段与检验方法，用工艺管理把各项内容有机地结合起来，实现总体要求。

（3）工艺管理是统一认识、规范实施的重要途径，是现代企业多项（设备、材料、质量、标准、安全、环境等）管理的结合点，是硬件与软件功能的统一点，是落实岗位责任制与分工协作的联结点，是实现责权相符、运作一致、指挥畅通、减少环节或变量、实现工作高效化的切入点，是实施计算机管理的基础，是实施标准化、规范化、数据化运作的前提，并为信息化管理创造了条件。这与管理者参加操作，技师参加管理有异曲同工的作用。

（4）工艺管理的内容应符合相关法规要求（"三废"排放、安全生产等），要与企业的生产规模、产品结构、所用设备、材料性能、人员能力等相适应，与工艺设计的内容相符，与标准化、规范化、数据化的运作相符，内容应简单、明确，不能有漏项，在保证质量的前提下，工艺路线越短、越简化越好，目的是能提高效率、降低消耗、监控质量、保证周期。

（5）印前处理和制作包括图像、文字输入，图像、文字处理及排版，样张制作，制版，打样样张、印版质量检验五个环节。管理方式有两种，一种是将管理内容编成程序，通过计算机实施；一种是用"生产通知单"或"作业指导书"实施，作业指导书是操作指令，必须看懂后执行。由于企业的生产结构不同，作业指导书可能是全部的，也可能是分段的，分段实施要处理好上、下接口问题。

（四）实施制度化与标准化管理

相关的规章制度与标准是相关人员按一定的程序共同遵守的依据。在系统内各个方面与过程都应制定相关的规章、标准或要求，内容要切实可行，执行人要学懂，而且要求相关人员对其内容理解要一致，以规章制度、标准为依据运作，克服管理者的盲目性、操作者的随意性。

（1）标准与标准化管理既是管理手段，又是管理目标。标准分为国际标准（ISO）——由国际标准化组织通过的标准；国家标准（GB）——由国家标准化主管机构批准、发布，在全国范围内统一实施的标准；出版印刷行业标准（CY）——由新闻出版总署批准，上级备案、发布的标准。企业标准——由企（事）业或其上级批准发布的标准。从标准内容分有管理标准、产品标准、方法标准、技术标准、术语标准、服务标准等。

（2）标准是对重复性事物和概念所做的统一规定。它以科学技术和实践经验的综合成果为基础，经有关方面协商一致，经主管机构批准，以特定的形式发布。它作为共同遵守的准则和依据，具有科学性、全面性、指导性、可操作性，并有权威性、法规性。强制性标准必须执行，按国家严禁无标准不能生产的要求，推荐性标准也要严格执行。

（3）标准化的含义：标准化是一门科学，又是一项管理技术，是对实际的或潜在的问题制定共同和重复性使用规则的活动。既是人类实践活动的产物，又是规范人类实践活动的有效工具。通过制定、实施标准，达到统一，以获得最佳的秩序和效益。印刷的标准化是规范印刷操作和要求的工具、手段：一是实现图文的再现性，把顾客的要求无误一致地再现出来；二是重复性，按顾主的要求重复一致地印制出来，标准化的核心是执行标准、严格操作、重复生产，产品质量达到一致。

（4）标准与标准化工作是企业生存与发展的基础，是规范市场与企业经营生产的依据，是企业产品结构调整与产品创新的条件，是国际交流与经济交往的通用语言，是参加WTO、参与国际合作，消除国际贸易中的关税与技术壁垒，迎接全球化挑战不可或缺的手段。因此要认清形势，提高认识，加强学习，锐意改革，大胆实践，实施好标准与标准化工作。

（5）标准与标准化工作的指导思想：要"适应市场、服务企业、加强管理、国际接轨"；要建立科学高效、统一管理、分工协作的管理体制；要制定"结构合理、层次分明、重点突出的标准体系"；要"面向市场、反映快速的运作机制，企业为主、广泛参与的开放式工作模式"。企业要明确任务、讲究方法，规范工艺、严格操作，培训队伍、落实责任，健全规章、加强管理，结合实际、稳步实施，持之以恒、取得效果。

（6）国际、国家与行业标准都是合格性的标准，是起码的要求，因此鼓励企业制定某些或全部指标和要求高于上述标准的企业标准，以求提高企业的竞争力，占领更大市场。

（五）实施现场管理

现场管理以现场为切入点，属于综合管理，应配套进行。整治现场环境，重点治理脏、乱、差、险；规范劳动组织，各岗位上的所有人要严肃而有序地工作；优化工艺路线，科学策划工艺，在保证质量的前提下，工艺越简化越好；健全规章制度，所有工作运作都要有章可循；促进班组建设，提高劳动者素质；体现综合优势，调动各方积极因素形成合力；确保安全生产，是各项管理的基础与保证。通过优化的现场管理达到以下要求：环境整洁、纪律严明、物流有序、设备完好、信息准确、生产均衡、队伍优化，实现提高生产效率、降低综合成本、稳定产品质量、确保印制周期、满足顾主要求。

（六）安全管理的相关内容

安全既是企业管理的出发点，又是落脚点。

（1）提高对安全管理的认识。安全工作关系到国家和人民生命财产安全，关系到社会稳定和经济的健康发展；要提高全民的素质，提高全社会和全民族的安全意识、安全知识、安全技能、安全行为与安全道德，为安全生产创造良好环境与氛围。

（2）必须实施"安全第一，预防为主，综合治理"的方针。"做到思想认识上警钟长鸣，制度保证上严密有效，技术支撑上坚强有力，监督检查上严格细致，事故处理上严肃认真"。事先对所有人进行安全教育，实施事前与过程管理，建立安全管理体系，执行相关法规，完善安全管理制度，落实安全岗位责任，加强安全综合治理，确保经营生产安全。

（3）明确安全管理的任务。以人为本，所有部门、环节、过程都不能出人身事故，预防事故，杜绝伤亡事故，确保人身安全；执行相关法规，严格按要求运作，不违法，更不能犯法，依法管理；加强设备管理，制定符合实际、能确保安全生产的操作规程与要求，预防设备事故的发生；配备符合安全生产的厂房和环境，及时或定期检查水、电、气等；高度重视消防安全，预防火灾发生；加强综合治理，凡涉及安全的人和事，都要有预案，加强管理和治理，定期或不定期检查，发现问题及时整改。

（4）建立健全安全管理机构。实施"企业负责，行业管理，国家监察，群众监督"的安全管理体制。体制明确了企业法人对安全管理的责任。因此企业要建立以法人为代表的安全管理委员会或领导小组，形成指挥畅通、行动统一的纵到底（从法人到职工），横到边（所有部门）。全方位（相关部门与环节），全时空（所有时间内）的安全管理体系。大企业要有专人管理，中小企业可设专人兼职，层层、线线都必须有人管，落实责任，分工协作，实现安全第一、预防为主、综合治理，确保企业安全，技师应该参加安全管理、掌握安全知识和要求。

（5）严格执行法规，完善安全管理制度。安全是现代企业管理重要组成部分，是安全生产统一认识与行动的准则。安全法规与企业的安全制度都是强制性的，必须认真学习、严格执行，要结合企业实际建立以安全生产责任制为核心的、能够预防与控制安全生产的各项规章制度。

（6）强化安全生产管理。安全管理有独立的管理系统，其内容又渗透到相关系统。与生产管理相配合，按谁管生产必须管安全的原则，实施安全与生产五同步：同计划、同布置、同检查、同总结、同评比。法人或委托生产管理者全权管安全工作，落实岗位责任制；与现场管理相融合，整治现场环境，提倡综合管理；与环境管理相融合，提高安全环保意识，实现安全清洁生产，防止职业病发生；实施人、物、环境、安全、法规的配套管理，不漏项，不留死角，全时空管理，确保安全生产。

四、安全技术操作规程

安全操作规程是指操作人员操作机器设备和调整仪器仪表时必须遵守的规章和程序。一般包括：操作步骤和程序，安全技术知识和注意事项，正确使用个人安全防护用品，生产设备和安全设施的维修保养，预防事故的紧急措施，安全检查的制度和要求等。如表4-6-2所示为电气设备一般安全技术操作规程。

针对印前处理和制作过程中的具体工作实际，各企业单位也可制定相应岗位的安全操作规程。如表4-6-3的晒版工安全操作规程。

表4-6-2　电气设备一般安全技术操作规程

电气设备安全技术操作规程
（1）电气设备必须有专职电工进行检修或专职电工的指导下进行工作，但修理前必须切断电源，禁止修理带电的电气设备。
（2）电源电压必须与电气设备额定电压相同。供电变压器的容量必须满足该机械设备的要求，并应按规定配备电动机的起动装置。所用保险丝必须符合规定，严禁用铜丝代替。
（3）电动机驱动的机械设备，在运行中移动时，应由穿戴绝缘手套和绝缘鞋的人员挪移电缆，并防止电缆擦损，如无专人负责电缆时应由操作人员负责照顾，以免损坏而导致触电事故。
（4）电气装置如遇跳闸时，应查明原因，排除故障后再合闸，不得强行合闸。
（5）启动后，应检视各电气仪表，并待电流表指示针稳定和正常后，才允许正式工作。
（6）定期检查电气设备的绝缘电阻是否符合规定，不应低于每伏1000Ω（如对地220V绝缘电阻应不小于0.22MΩ），如发现有断路等问题，应及时排除。
（7）如遇漏电失火时，应先切断电源，用四氯化碳和干粉灭火器进行扑灭，禁止用水及其他液体灭火器泼浇。
（8）如遇人身触电时，应立即切断电源，然后用人工呼吸法，作紧急救治，但在未切断电源之前，禁止与触电者接触，以免再次发生触电。
（9）所有电气设备应接地良好，不得借用避雷器地线作接地线。电气部分不应有漏电现象。
（10）电气设备的所有连接桩头应紧固，并须作经常检查，如发现松动，须先切断电源，再行处理。
（11）各种机械的电气设备，必须装有接地和接零的保护装置，接地电阻不得大于10Ω，但在一个供电系统上，不得同时接地又接零。
（12）各种机械设备的电闸箱内，必须保持清洁干燥，不准存放任何东西，并应配备有安全锁，未经本机操作人员和有关人员的允许，其他人员不准随意开箱合线路总闸或分段线路闸，以防造成事故。
（13）用水清洗电动施工机械时，不得将水冲到电气设备上去，以免导线和电气设备受潮，发生事故。
（14）电气设备应存放在干燥处，在施工现场上，各种电器设备应有妥善的防雨、防潮设施。
（15）工作中如遇停电，应立即将电源开关拉开，并挂上禁止合闸的警示牌。
（16）如需修理和保养机械时不仅要切断电源、拔下保险丝，还应在电闸箱上加锁，同时挂上"机车修理，禁止合闸"的警示牌，如需合闸时，必须与检修人员联系妥当后，再行合闸，以确保生产安全。
（17）负荷开关与隔离开关必须按顺序操作，即送电时先上隔离开关，再上负荷开关，断电时先断负荷开关，再断隔离开关。
（18）工作完毕后，应及时切断电源，并锁闸箱门。

表4-6-3　晒版工安全操作规程

晒版工安全操作规程
（1）上岗前换工作服，工作服保持干净、整洁；打扫室内环境卫生，做到整洁干净、无灰尘、地面无油垢、杂物，墙壁空间不乱钉乱挂。各工具台、看样台、容器具、储备箱摆放整齐。
（2）擦拭晒版机做到无灰尘、脏点，检验晒版机抽气，光源等是否正常。
（3）配制显影药。起动显影机，正确调节显影温度。
（4）开烤版机加温，正确调节温控。
（5）接生产作业凭单后，仔细阅读生产作业凭单内容，如有疑问及时向车间主管提出。
（6）根据生产作业凭单接收样张、软片版，并按质量要求检查软片版质量和标识，分类保存。不合格软片版退回资料室，并办理交接手续，填写交接记录。
（7）领取PS版，按质量要求检查PS版的外观、标识等，不合格的退回财供科，合格的按规定分别存放，做好标识。

续表

晒版工安全操作规程
（8）晒版时先取出印版打孔，不需打孔的量好咬口及中线，做好标记。需连晒的印版先晒规矩，然后逐个遮挡曝光，一晒印版直接对好规矩进行曝光。根据软片版和光源条件，测定曝光量，一般曝光时间控制在 3 ~ 6min。
（9）显影时根据显影测试结果定显影时间，显影应尽量显均匀，保证印版质量。
（10）印版冲洗后需做后处理，后处理包括冲洗、描脏、擦保护胶，需烤版的进行烤版处理。烤版处理需在烤版前先擦保护液，然后放入烤版箱。烤版温度控制在 250℃ ±10℃，烤完后待版自然冷却后用显影液处理一下，再用 5% 磷酸液冲洗，最后擦胶保护。
（11）印版的保存：印版干燥后按印版质量要求检查印版质量，发现问题重新晒版，合格品做好标识，避光保存在印版架上，软片版按要求放入固定的抽屉里。
（12）晒版后要做好记录，标明谁晒的什么产品，晒的张数、质量情况、技术参数、保证不同批次的产品的一致性，由组长与下工序领版人员进行交接，办理交接手续，如需补版，由下工序领班或领机填写补版条方可重新晒版。用完的软片版要整理好，做好标识交资料室保存，并办理交接手续。
（13）软片版无丢字、坏字、缺笔断划、倒图倒字、歪斜等。图片网点光洁，图像完整符合样张要求，修拼的部分符合晒版要求；图文密度符合晒版要求。
（14）所有规矩线、角线、折标、十字线、色标等齐全正确；版心、天头、地脚、订口、裁口等符合工艺要求；软片版无划伤、脏点等质量问题。
（15）各种软片版要有标识，标识必须注明产品名称、版次、颜色、规格尺寸等内容。
（16）PS 版外观无硬伤、划伤、马蹄印等。感光层涂布均匀、无脏点、无露光现象。包装完整无坏损。
（17）晒版后空白部分沙目均匀，含水量好。规格尺寸符合要求。

五、质量统计、分析与控制方法

统计质量控制简称SQC，是在质量控制图的基础上，运用数理统计的方法使质量控制数量化和科学化，有效预防和控制工序质量。它的主要目标是保证所有工序生产出的产品质量特征值尽可能长地等于或接近期望值，提高生产过程的工序能力，因此通常也称为统计过程控制（SPC），它的主要特点就是充分体现了现代控制理论的过程预防原则。

印刷质量问题关系到印刷企业的形象和生命，全面加强印刷企业质量管理，对促进企业经济效益，维护企业的职工利益，具有十分重要的现实意义。印刷品质量是指印刷品各种外观特性的综合效果。从复制技术的角度出发，印刷质量都应以"对原稿的忠实再现"为标准，不论是在传统印刷流程还是在数字化流程，对印刷品都要实现忠实于原稿的复制。印刷品质量控制要素有四个：颜色、层次、清晰度、一致性。

（1）颜色　颜色是产品质量的基础，直接决定了产品质量的优劣。色彩控制或管理始终是印刷专业人员研究与分析的关键环节。

（2）层次　即阶调，指图像可辨认的颜色浓淡梯级的变化。它是实现颜色准确复制的基础。

（3）清晰度　指的是图像细节的清晰程度，包括三个方面，图像细微层次的清晰程度，图像轮廓边缘的清晰程度以及图像细节的清晰程度。

（4）一致性　即均匀性，它包括两方面的内容。一方面指同一批次的印刷品不同部位即不同墨区的墨量的一致程度，一般用印刷品纵向和横向实地密度的一致程度来衡量，它反映了同一时间印刷出来的印刷品不同部位的稳定性。另一方面指的是不同批次的印刷品在同一个部位的密度的一致程度，它反映了印刷机的稳定性。

对于印刷品，只要控制好这四个方面，即印刷品的颜色、层次、清晰度、一致性都能控制得很好，就能得到高质量的印刷品。因此，要切实提高印刷企业产品质量水平，适应市场竞争，很重要的一点就是认真把好质量源头控制关，消除各种质量隐患，对印前技术、质量进行认真的控制。

印前质量控制要素主要包括：扫描设定、屏幕设定、灰平衡设定、黑版/UCR设定、加网设定、软片/印版线性化、晒版设定、阶调传递设定、打样设定等。

六、产品工艺设计操作

（1）根据客户要求进行产品工艺设计。

（2）提出工艺过程的相关质量要求与标准。

（3）操作或指导操作人员按各工艺过程的技术参数和质量标准进行生产。

（4）注意事项

① 产品质量是现代企业管理的重点，是企业的生命，是社会竞争力的焦点，关系到企业的生存与发展，是企业管理永恒的主题。企业的所有人员都应重视。

② 生产管理是综合性的，通过管理提高设备利用率、提高劳动生产率，进而提高生产效益；降低管理费用、降低物资消耗、进而降低生产成本；稳定与提高产品质量、符合环境保护要求，确保安全生产、不发生职业病，进而使企业可持续发展。

③ 安全生产，人人有责。

第二节　生产管理

学习 目标	1. 能针对打样中可能出现的问题提出相应的预案。 2. 能依据 ISO-9001 标准制订打样工序的质量管理方案。 3. 能进行生产计划、调度、设备安全及人员的管理。 4. 能制订部门的环保作业措施。

一、相关环境保护标准和质量标准

（一）环境保护标准

环境保护标准是指以保护环境为目的制定的标准。环境标准按标准性质划分为强制性标准和推荐性环境保护标准。环境保护标准包括：

（1）环境质量标准　环境质量标准是指为保护人体健康和生存环境，维护生态平衡和自然资源的合理利用，对环境中污染物和有害因素的允许含量所做的限制性规定。如水质量标准、大气质量标准、土壤质量标准、生物质量标准，以及噪声、辐射、振动、放射性物质等的质量标准。

（2）污染物排放标准　污染物排放标准是为了实现环境标准的要求，对污染源排入环境的污染物质或各种有害因素所做的限制性规定。污染物排放标准可分为大气污染物排放标准、水污染物排放标准、固体废弃物等污染控制标准。

（3）环境监测方法标准　环境监测方法标准是为了监测环境质量和污染物排放，规范采样、分析测试、数据处理等技术，所制定的试验方法标准。

（4）国家环境标准样品标准　国家环境标准样品标准是为了保证环境监测数据的准确、可靠，对用于量值传递或质量控制的材料、实物样品，所制定的标准样品。

（5）环境基础标准　环境基础标准是为了对环境保护工作中，需要统一的技术术语、符号、代号（代码）、图形、指南、导则及信息编码等所制定的标准。

为贯彻《中华人民共和国环境保护法》，保护环境，促进技术进步，我国环境保护部批准了《环境标志产品技术要求 印刷 第一部分：平版印刷》（HJ2503–2011）、《环境标志产品技术要求 印刷 第二部分：商业票据印刷》（HJ2530–2012）、《环境标志产品技术要求 印刷 第三部分：凹版印刷》（HJ2539–2014）为国家环境保护标准。

（二）环境质量标准

环境质量标准是指在一定时间和空间范围内,对环境中有害物质或因素的容许浓度所做的规定。它是国家环境政策目标的具体体现，是制定污染物排放标准的依据。同时是为了保障人体健康、维护生态环境、保证资源充分利用，并考虑技术、经济条件，而对环境中有害物质和因素做出的限制性规定。环境质量标准包括国家环境质量标准和地方环境质量标准。环境质量标准按环境要素分类，包括：

（1）水质量标准　对水中污染物或其他物质的最大容许浓度所做的规定。水质量标准按水体类型分为地面水质量标准、海水质量标准和地下水质量标准等;按水资源的用途分为生活饮用水水质标准、渔业用水水质标准、农业用水水质标准、娱乐用水水质标准和各种工业用水水质标准等。

（2）大气质量标准　对大气中污染物或其他物质的最大容许浓度所做的规定。我国1982年4月颁发的《大气环境质量标准》按标准的适用范围分为三级：一级标准适用于国家规定的自然保护区、风景游览区、名胜古迹和疗养地等；二级标准适用于城市规划中确定的居民区、商业交通居民混合区、文化区、名胜古迹和广大农村等；三级标准适用于大气污染程度比较重的城镇和工业区以及城市交通枢纽、干线等。《大气环境质量标准》列有总悬浮微粒、飘尘、二氧化硫、氮氧化物、一氧化碳和光化学氧化剂等项目。每一项目按照不同取值时间(日平均和任何一次)和三级标准的不同要求，分别规定了不同的浓度限量。

（3）土壤质量标准　对污染物在土壤中的最大容许含量所做的规定。土壤中污染物主要通过水、食用植物、动物进入人体。因此,土壤质量标准中所列的主要是在土壤中不易降解和危害较大的污染物。

（4）生物质量标准　对污染物在生物体内的最高容许含量所做的规定。污染物可通过大气、水、土壤、食物链或直接接触而进入生物体，危害人群健康和生态系统。我国颁布的食品卫生标准对汞、砷、铅等有毒物质和一些农药等在几十种农产品中的最高容许含量做出了规定。

除上述四类环境质量标准外，还有噪声、辐射、振动、放射性物质和一些建筑材料、构筑物等方面的质量标准。中国已经颁布了《环境空气质量标准》（GB 3095–1996）、《地表水环境质量标准》（GB 3838–2002)、《地下水质量标准》（GB/T 14848–93)和《声环境质量标准》（GB 3096–2008)。

二、保护生态环境作业的措施

净化人类环境，保护好大自然，提高人们生存质量是基本国策，也是人类长期而艰巨的任务。

（1）学习相关法规、提高认识　我国十分重视环境保护的立法、执法工作，先后颁布了《环境保护法》《大气污染防治法》《水污染防治法》《固体废物污染防治法》《环境噪声防治法》《环境保护标准管理办法》等法规。保护、改造、美化环境，促进人类健康和经济发展是永恒的任务。每一位印刷从业人员要认真学习并贯彻到工作中去。环境是生产力也是资本，环境好坏既影响着国民经济持续发展、生产成本和质量，又影响着人类生活和子孙后代的身心健康。因此必须提高对环境保护的认识，树立强烈的环境保护意识，杜绝只污染不治理，预防先污染后治理的行为。要增强责任感，认真贯彻预防为主、防治结合的原则，有足够的资金投入，培训人才，实行环境不达标否决权制度。

（2）推荐采用ISO14000环境管理体系管理　该体系以全新的概念为环境管理提供了一种崭新的管理模式，核心是预防为主、全过程自主管理，这与我国承诺遵守法规、以预防为主的原则完全吻合。目的是防止污染，节约能源，改善环境，结合实际提出管理要求，从头到尾要预防，防治结合，强化在生产前和过程中控制污染，实施清洁生产。建立全方位、整体性与符合性环境管理体系，编写文件，查找原因，追究责任，持续改进，推动企监环境管理的现代化。

（3）印刷企业基础建设符合环保要求　新建或改造老厂房时，必须贯彻《建设项目环境保护管理条例》，环境保护要与主体工程同设计、同施工、同验收后使用；在选用设备、材料、工艺技术时，不应产生废气、废液、粉尘、放射性物质，噪声不能超标，不能产生有害物质，如果条件有限制，必须采取相应措施治理；在技术改造时要选用先进无污染的技术；厂房应符合环境要求，周围环境应绿化，尽可能减少裸露土地，要经需对污染源进行检查、建立档案，没超标的要预防，超标的要治理，培训环保队伍，强化自主管理。例如：生产厂房的温湿度应符合生产要求，能防灰尘、风沙、噪声达标，环境呈中性白色，应采用行业标准CY/T3《色评价照明和观察条件》的光源评价颜色。

（4）实施绿色印刷　为推动我国生态文明、环境友好型社会建设，促进印刷行业可持续发展，根据《中华人民共和国环境保护法》和《印刷业管理条例》的有关规定，新闻出版总署和环境保护部决定共同开展实施绿色印刷工作。绿色印刷是指采用环保材料和工艺，印刷过程中产生污染少、节约资源和能源，印刷品废弃后易于回收再利用再循环、可自然降解、对生态环境影响小的印刷方式。绿色印刷要求与环境协调，包括环保印刷材料的使用、清洁的印刷生产过程、印刷品对用户的安全性，以及印刷品的回收处理及可循环利用。即印刷品从原材料选择、生产、使用、回收等整个生命周期均应符合环保要求。

（5）大力推进VOCs污染防治 自2013年9月国务院发布《大气污染防治行动计划》，明确提出对包括印刷包装行业在内的几大行业实施挥发性有机物（VOCs）综合治理以来，VOCs排放控制就成为各地大气污染防治的重点工作之一。特别是一些重点区域和省市，如北京、上海、广东等，相继出台重点行业VOCs治理实施方案。2015年8月发布的新《大气污染防治法》首次将VOCs纳入防治范围，为VOCs综合治理提供了法律依据。2015年10月1日起正式施行《挥发性有机物排污收费试点办法》。包装印刷业作为试点行业之一，要求相关包装印刷企业按照办法规定进行VOCs排污费的征收、使用和管理。

（6）加大执法监督力度 国家对企业要求的所有环境保护指标都是强制性的，实行一票否决权制度。

各从业人员应积极学习环保部印发的《国家环境保护标准"十三五"发展规划》。各单位应开展多种形式的宣传教育活动，普及绿色印刷知识，增强全行业从业人员的绿色印刷意识。

第三节 工艺控制

学习目标
1. 能制订、优化制版的工艺流程。
2. 能制订特殊工艺方案。
3. 能根据各工序生产情况制订生产计划。
4. 能分析产生质量问题的原因。

一、印刷工艺特点

印刷是使用印版或其他方式将原稿上的图文信息转移到承印物上的工艺技术。印刷方式众多，以下对常规印刷的工艺特点进行简要介绍。

（一）平版印刷

平版印刷是使用PS版、平凹版、多层金属版、蛋白版、石版等印版，其图文部分和空白部分几乎在一个平面上，利用油、水不相溶的原理进行印刷的方式。印刷时首先用水辊对印版涂布水，水则在印版空白部分形成一层水膜，而在图文部分则几乎没有水膜。然后用墨辊向印版涂布油墨，这时有水膜的空白部分不黏附油墨，而没有水膜的图文部分能吸附油墨。当印版与橡皮滚筒的橡皮接触挤压时，就把印版图文部分的油墨转移到橡皮布上，再由橡皮滚筒将橡皮布上的油墨转移到承印物上，完成一个印刷周期。

目前所说的平版印刷大多指间接印刷的胶印。印版上的图文先转移到橡皮滚筒的橡皮布上，再转移到压印滚筒的纸张上，由于经过了一个橡皮滚筒，所以平版印刷也称为胶印。用放大镜观察平版印刷品，会发现图文的边缘较中心部分的墨色略显浅淡，笔道不够整齐。其原因是印版的图文部分和空白部分几乎没有高低差别，印刷过程中，水对图文边缘的油墨略有浸润。平版印刷产品墨层较薄，但由于墨层最薄往往使颜色密度不足，要靠四色叠加并追加专色来满足色彩鲜艳夺目的需求。胶印套准精度高，制版费用低廉，所印产品层次丰满、阶调丰富、色彩柔和，印刷品质量高。平版印刷机机械设备结构复杂，不但有很长的墨路，而且还有水的参与，调节复杂频繁，对印刷操作者要求较高。平版印刷的印刷品很多是半成品，可与印后加工相配合形成联机作业，提高生产效率。

（二）凸版印刷

凸版印刷是一种最古老的印刷方法。凸版印刷是使用铅合金的活字版、铅版、铜锌版、感光树脂版、橡皮凸版、柔性版等印版的印刷方式。由于印版上的图文部分凸起，空白部分凹下，形成较大的高低差，印刷时凸起的图文部分与滚涂的墨辊接触接受油墨，而凹下的空白部分不与墨辊接触，采用直接印刷，当凸印印版与承印物受压接触时，凸起的部分将油墨转移到承印物上，形成与凸版印版上相反的图文。凸版印刷的图文部分受压较重，油墨被压挤到边缘，用放大镜观察时，图文边缘有下凹的痕迹，墨色比中心部位浓重，用手抚摸印刷品的背面有轻微凸起的感觉。

随着科学技术的不断发展，硬质的凸版印刷基本被淘汰，只有软质凸版。随着柔性版印刷的不断完善和发展，其发展趋势非常良好。柔印以四色及专色叠套进行多色印刷，所印产品墨色浓烈，实地厚实饱满，中间调丰富，阶调较短，套准精度居下游，以透明阳片（最好是磨砂片）做原版，制版费用相对较高。但由于印压小，墨层适中(15～20tjm)，耐印力高，适于印刷色调中性、偏暗淡的食品、茶饮、啤酒、乳品、医药的折叠包装纸盒和纸箱。

柔性版印刷兼有凸印、胶印和凹印三者之特性。从印版结构来说，它图文部分凸起，高于空白部分，具有凸印的特征；从其印刷适性来说，它是柔性的橡胶面和印刷纸张接触，具有胶印特性；从其输墨机构来说，它的结构简单，而与凹印相似，具有凹印的特性。除此之外，柔性版印刷还具有：

（1）优良的印刷质量。

（2）适应广泛的承印材料。

（3）耗能低、生产周期短、生产效率高。

（4）操作方便维修容易。

（5）噪声小、无污染。

（6）柔性版柔软可弯曲，富有弹性。

（7）制版周期短，制版设备简单，制版费用低。

（8）机器设备结构简单，造价低，设备投资少。

（9）应用范围广泛，可用于包装装潢产品的印刷。

（三）凹版印刷

凹版印刷是使用手工或机械雕刻凹版、照相凹版、电子雕刻凹版等印版的印刷方式，直接印刷。由于凹版印刷表现图像层次的方法有别于其他印刷方式，既有网点大小的变化，又有墨层厚薄的变化。因此，凹版印刷品的图像质量很好，这是人们公认的。凹印以四色及专色叠套的多色印刷使印品艳丽夺目，色彩浓烈，套印精度居中，以不透明聚酯感光阴图作原版（电雕或激光制版），制版费用相对较高。但由于墨层厚，使颜色密度充足，再辅以专色，被广泛用于大中批量的高档烟酒及食品精细包装所用的折叠纸盒印刷。目前，对于印刷品数量上百万印张的，凹版印刷仍是首选的印刷方法。凹版印刷的主要产品有有价证券、钞票、精美画册、烟盒、纸制品、塑料制品、包装装潢材料等。这些产品墨色浓重，阶调、颜色再现性好。

（四）孔版印刷

孔版印刷是印版的图文部分可透过油墨漏印至承印物的印刷方法。众多的孔版印刷方法中，丝网印刷发展最快，应用最多。以下介绍丝网印刷的特点。

丝网印刷的承印物既可以是平面的也可以是曲面的；既可以是表面光滑的也可以是粗糙的；既可以表面是刚体的也可以是弹性体的，甚至可以在易碎的玻璃器皿上印刷。因此，丝网印刷被称为"装潢印刷大王"。目前丝网印刷在电子行业、陶瓷贴花行业、纺织印染行业有广泛的应用。近年来，在包装装潢、广告招贴等行业也大量采用丝网印刷。丝网印刷主要特点有：

（1）版面柔性印刷压力小。

（2）不受承印物大小和形状的限制。

（3）墨层最厚，遮盖力强。

（4）适用各种类型的油墨。

（5）印刷方式灵活多样。

丝网印刷的承印物范围非常广泛，有人这样讲：除了流动水和空气不能印刷外，其他各种材料都可以印刷，如纸张、塑料、纺织品、金属、皮革、玻璃、陶瓷等。应用领域更是囊括了广告业、包装业（含商标）、印染业、制衣业、电子产品业、证券业等，甚至在美术、建筑、光盘、防伪印刷等领域都可见到它的身影。

二、国内外最新制版工艺和技术

（一）计算机直接成像制版技术

计算机直接成像制版技术通过数字化的图文信息采用计算机直接制版，改变了传统照排制版方式，免除了胶片使用。计算机直接成像制版技术分为：一次性成像印版和可重复擦写印版两种技术。

一次性成像印版技术是指将数字化的图文信息直接在印版表面成像，印版不能够重复使用。印版表面的成像物质一旦经过成像处理，不能恢复。当印刷内容改变时，必须重新成像制版。

在机直接成像数字印刷与传统印刷非常相似，在印刷机上采用数字成像方式直接制成印版，其后的印刷过程是传统印刷过程。

可重复擦写印版成像技术是采用计算机直接制版，印刷完成后，印版表面的图文可以被擦除，而还原印版成像前的性质，因而可以重新用来制版。该技术可应用在出版物等领域。

可重复擦写印版技术的基础是可转换聚合物，材料的表面特性可从一种状态转化成另一种状态。印版成像时，其表面基础的亲水斥油的特性能够通过物理化学变化转换成亲油斥水的特性，并在整个印刷的过程中保持其性能不变。印刷结束后，印版上的图像可通过物理化学作用使表面特性恢复到原始状态，并可以反复使用。印版的这种可重复使用性和使用寿命取决于材料的性质、内部的物理化学变化以及成像方式。目前常用的可重复擦写印版技术有以下几种：

（1）基于热传递的柔性版直接成像制版。

（2）基于烧蚀法凹印滚筒直接成像制版。

（3）基于喷墨的直接成像制版。

（4）基于磁技术与调色剂的直接成像制版。

（5）基于光电效应的直接成像制版。

（二）采用留版机回用印版

留版是指印版在印刷后，经过相关处理再利用。采用留版机，将使用过的印版清洗干净，然后涂上保护胶膜并储存，留待有需要时可再用。

回用印版应不能影响印刷质量和方便为前提，减少资源消耗。

第五篇

印前处理

（高级技师）

第一章

图像、文字输入

第一节　图像获取

学习目标	1. 能生成适应印刷条件的色彩特性文件。
	2. 能对色彩特性文件进行编辑。

一、色彩管理

（一）色彩管理和色彩特性文件的生成和编辑方法

（1）稳定设备的使用条件，并进行设备的校准。

（2）选择符合ICC规范色彩标靶。

（3）让色彩设备再现色彩标靶，并用分光光度计精确度量标靶色彩值。

（4）借助生成ICC配置文件的软件，比较标靶度量与标靶原标准值，计算生成设备的ICC配置文件。

（二）扫描仪、数字照相机色彩管理专用测试卡与处理软件

1. 扫描仪

扫描仪使用最多的标准色标是IT8.7色标。IT8.7色标是由美国国家标准协会于20世纪80年代设计的，IT8.7色标根据材质不同又分出IT8.7/2（反射稿）与IT8.7/1（透射稿）两种，分别用于扫描照片与透明正片（如反转片）时扫描仪校准。

用于扫描仪的校准的色标，如AGFA公司制作的IT8.7扫描标准色标、Kodak公司制作的Q-60色标、Hutch Color公司的HCT色标，是相关生产厂商根据IT8.7标准而自制的。另外一些软件也推出自己的色标，如爱色丽的Monaco软件专用的Monaco IT8.7。

2. 数码相机

色卡是检验相机色彩还原状态的一种特征化工具。最早的色卡是Kodak的Q系列标准色卡和IT8.7/2色卡。爱色丽公司的Color Checker24标准色卡和Color Checker SG色卡被业界公认为数码相机校色的标准。18%的灰卡常用来对数码相机进行白平衡的校正。最常见的是柯达

灰板和爱色丽18%灰度卡。

（1）X-Rite ColorChecker24（标准24色色卡）　Color Checker标准色卡的24个色块中，每一个都代表自然物的真实颜色，如天蓝色、叶绿色，并且每个色块的光线反射和其相应的真实物体一样。在拍照时，Color Checker标准色卡可放置在现场直接使用。

（2）X-Rite Color Checker SG　Color Checker SG色卡有140个参照色，它的颜色色块是以半光泽抛光制作，因而能提供饱和的颜色和更纯正的消色。SG卡继承了Color Checker标准色卡特点，并提供更多的皮肤色调和灰度，色域广泛。它的四角及边缘设置有中性颜色的色块，以帮助确保照明的均匀。

常用于数码相机色彩管理软件是ProfileMaker、MonacoPROFILER、il Match等。

常用于RAW图像格式处理软件中兼容性强的有ACD Systems公司的ACDSee Pro、飞思（Phase One）公司的Capture One、Adobe公司的Adobe Camera Raw。

常用于图像处理的软件有Adobe公司的Photoshop和Lightroom，其中后者常用于图像批量修改和色彩平衡更正，而前者更适于单个图片深入修饰和处理。

二、特性文件生成操作

（一）印刷机特性文件的生成

印刷机的特性文件主要用于数码打样输出、屏幕软打样等情况下作为源特性文件使用。印刷机特性文件生成基本步骤如下：

（1）打开色彩管理软件ProfileMaker5，选择Printer模块来制作打印机的ICC文件，如图5-1-1所示。

（2）在Reference Date中选择参考数据，本例中为"ECI2002VCMYK-Sample.txt"在"Measurement Data"下拉菜单中选择"已经测量完"，并保存好"ECI2002VCMYK-Sample.txt"的文件，然后在界面右侧设置相关参数。

Profile Size（特性文件大小）可选"Default"或"Large"，选"Large"产生的ICC文件体积会比较大，但相对准确性高一些。

Perceptual Rendering Intent（中性灰处理方式）可选"Paper-colored Gray"或"Neutral Gray"，对于制作印刷机的特性文件，推荐选择"Paper-colored Gray（相对于纸张的灰色）"。

Gamut Mapping（色域映射）是为可感知的转换意图专门准备的控制选项，可感知的转换意图为保持图像内颜色之间的色阶关系而整体压缩。此界面有三个选项："Colorful"是尽量保持颜色关系的色彩关系；"Chroma Plus"是保持颜色的明度关系；"Classic"是保持明度关系的同时加上白点不转换。根据实际情况进行选择。

Separation（分色）：点击按钮进入分色面板，如图5-1-2所示。分色部分的主要参数有三个："分色方式"、"黑版产生"、"总墨量"。分色选项要根据印刷方式、设备状况、复制对象的特点的不同情况进行相应选择。

（3）设置完成后点击"OK"回到主界面进行光源色温的设置，通常选择D50光源。

（4）全部设置完成后点击"Start"生成ICC文件，并将文件保存，至此，基于印刷机的ICC Profile生成。

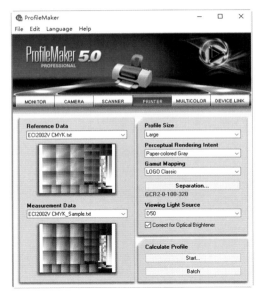
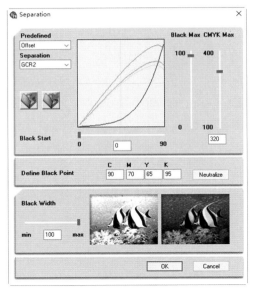

图5-1-1　ProfileMaker Printer模块界面　　　　　　　图5-1-2　分色界面

（二）注意事项

（1）总墨量要根据印刷方式纸张的不同来选择。对于胶印，铜版纸印刷总油墨量一般控制在280%～350%之间，胶版纸一般控制在290%～340%之间。

（2）GCR（灰成分替代）的使用多少，要根据印刷方式、印刷纸张、图片效果综合考虑。胶印选择GCR时，如印刷较细腻的人物肖像时要选择较小的GCR（1或2），即少用K去替代CMY；如印刷的是国画等以黑白为主的图像就要多用K少用CMY，以避免大量灰色偏色的现象。

第二节　图像扫描

学习
目标

1. 能根据不同印品结构，选择底色去除、非彩色结构工艺分色，并评价其优劣。
2. 能校准显示器，生成显示器特性文件。
3. 能识别网点百分比，误差在3%以内。

一、非彩色结构

（一）底色去除工艺

1. 底色去除工艺（UCR）

底色去除工艺，简称UCR（Under color removal）工艺，是指青（C）、品红（M）和黄（Y）三色油墨叠印后的灰色成份，在暗调部位作适量去除，而用黑墨代替的一种工艺。一般底色去除量为20%～40%。

底色去除的作用原理是从青、品、黄三种彩色油墨中去除构成中性灰的彩色油墨而代之以黑墨，对同一颜色的复制可达到相同的视觉效，如图5-1-3所示。

从色彩学观点分析，黄、品、青三原色印刷完全可以得到与彩色摄影相媲

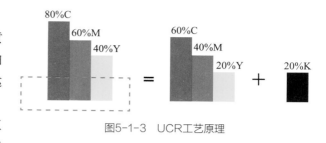

图5-1-3 UCR工艺原理

美的各种彩色图像，但是黄、品、青三原色印刷中，油墨颜色的波动性很大，而且暗调部分的密度不够高，因此在暗部要增加黑墨并提高图像的暗调层次。但在工艺实践中，在暗调部分油墨覆盖率如果太高（最高可达400%），就不利于油墨的叠印与干燥，因而需要采用"UCR工艺"。

2．UCR工艺的特征

（1）在UCR工艺中，彩色是主色，黑色是一种辅助色。黑版的作用主要是增大图像反差，加强图像中整体轮廓的视觉效果，从黑版上只能看出图像基本轮廓。因此，UCR工艺中的黑版又称轮廓黑版。

（2）UCR工艺中黑版的作用范围小。只有在图像较暗复色部位的灰色才被黑色替换掉。黑版的作用范围较小，去除作用显著的区域位于原稿中接近中性灰的部位，但饱和色和纯色区域的底色去除很小，甚至没有。这样原稿画面中明亮和鲜艳色调得到了保证，避免因增加黑版而导致发暗和发脏和现象。

（3）UCR工艺中，图像较暗区域的色彩主要是由三原色辅以黑色构成的，因此UCR工艺复制的图像，其暗调具有丰富的层次变化。

3．UCR工艺的优点

采用UCR工艺，有利于降低成本，提高印刷适性及印刷质量，主要体现在：

（1）UCR工艺可以减少总体的油墨量，缩短油墨干燥时间，从工艺上解决了高速印刷过程中油墨的干燥问题。

（2）使灰色再现容易平衡和稳定。虽然Y、M、C三原色叠印也能再现灰色，但较难实现，也不稳定。采用UCR工艺后，以黑代彩，容易获得稳定的灰平衡。

（3）采用UCR工艺可以补偿暗调部位的偏色现象。如三原色叠印时偏红，在采用UCR工艺时，可适当增加品红版的去除量，有利于暗部的色彩调整。

（4）降低油墨成本。采用价格较低的黑墨代替Y、M、C叠印后的灰成分，从而节省了价格较高的彩墨，降低了油墨的成本。

（二）非彩色结构工艺（GCR）

1．非彩色结构工艺原理

非彩色结构工艺，简称GCR（Gray Component Replacement）工艺，也叫灰成分替代工艺或全阶调底色去除工艺，是指把印刷品从亮调到暗调的复色区域的灰成分全部去掉，由黑色油墨替代的一种工艺。

所谓非彩色结构工艺，其作用的原理就是在印刷图像中所有的非彩色成分，即由Y、M、C叠印而成的灰色成分，都是由黑色油墨印刷而成，如图5-1-4所示。

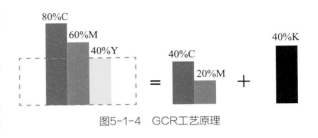

图5-1-4　GCR工艺原理

在CMY颜色中，往往是两种颜色起主导的作用，决定了色调的性质，而第三种色被称为灰色成分，它仅起到增加黑色的作用。例如，红色主要是由品色和黄色组成的，如果添加一定量的青色，红色将会变暗，青色太多时，红色就脏了。在此，红色是主色，青色是灰色成分。当然，灰色成分也指在一个颜色中的大致等量的CMY三色组合，这三种颜色组成中性灰。使用黑色，可以安全地替换掉某个颜色中的非彩色或灰色成分。进行GCR分色，即用适当的黑色替换掉多余的颜色（中性灰成分）。这种方法可以有效降低油墨总量，并有利于减少色偏。

2．GCR工艺的特点

（1）黑版地位由传统四色工艺、UCR工艺中的辅助版上升为主版。

（2）黑版为长调黑版，替代的范围是全阶调的，范围为0～100%。UCR工艺主要作用于图像暗调复色区域，而GCR工艺则是从暗调到亮调大范围地进行图像中性灰成分的替换，以黑墨代替三原色彩墨，有利于达到印刷灰平衡，能保证灰色调的再现和稳定。

（3）减少四色叠加油墨的总量，油墨最大覆盖面积大大降低，墨层干燥速度迅速，有利于多色高速印刷。在GCR工艺中可将油墨的最大覆盖面积控制在270%左右，在不影响复制质量的同时，用墨尤其是彩墨量大大减少，油墨成本大大降低。

（4）采用GCR工艺使印刷图像上的任何部位，最多仅有两个原色与黑墨并存。因此必然存在一些不足之处，比如，由于GCR对灰成分部分取代的量比较大，在图像的灰色区域，总网点覆盖率降低，容易造成印刷样张上油墨色彩暗淡、光泽度不高；亮调部分的透明感有所下降，略显灰暗；暗调区域颜色的饱和度及细节有所降低。这时就必须增加图像暗调处的CMY彩色量，提高图像密度，从而克服GCR工艺所带来的缺陷。这种通过加入CMY墨量来使非彩色成分密度增加的工艺方法，称为"底色增益"，简称UCA工艺。

（三）GCR与UCR的比较

图像的分色类型有UCR和GCR两种。不同的印刷图像要选择合适的分色类型，首先要了解图像分色类型的区别所在，即GCR工艺与UCR工艺的不同点：

（1）彩墨去除的方式不同　UCR工艺是针对图像暗调部分的彩色（底色）用黑墨来代替，而GCR工艺则不仅用黑墨取代底色，且对任何复合颜色的整个彩色区域都有代替。

（2）彩墨去除范围不同　UCR工艺去除复制技术用黑墨代替彩墨局限于暗调的中性灰区域，作用范围比较小。而GCR复制方法则将对彩色油墨的替代扩展到整个含有灰色部分的彩色区域，其作用范围大。

（3）彩色油墨的去除量不同　UCR用黑墨代替彩墨的量一般在20%～40%，而GCR的黑色油墨可以在0～100%的范围内变动。

（4）黑版作用不同　UCR工艺中的黑版主要用于加强图像的密度反差、稳定中间调至暗调颜色，而GCR工艺中的黑版不仅要承担画面阶调的再现，也参与复合颜色的彩色再现，即黑墨还具有组色的作用。

二、输出设备校正的工作流程

（一）显示器的校正，生成ICC配置文件

（1）专业校准显示器一般是借助于硬件设备传感器，色度计或光谱光度计，配合相关的色彩管理软件进行校准，生成显示器的ICC配置文件。也可以使用校准软件配合主观评测实现对显示器的亮度、对比度、Gamma值、色彩平衡等显示器参数的调整，这种方法操作方便。但由于主观影响因素较大，校正效果很难达到统一标准。适用于对色彩控制要求不高的低端用户。

（2）为页面图像文件指定、嵌入或假定ICC配置文件

① 指定ICC配置文件。在Photoshop中，执行"编辑/指定配置文件"命令可以为图像指定ICC配置文件。如图5-1-5所示，通过给图像指定一个ICC配置文件的方法，实际上是在给图像的RGB或CMYK颜色值定义确切的含义，描述它是从哪里来的。

② 嵌入ICC配置文件。在对图像处理过程中，一旦为图像指定了ICC配置文件，当这幅图像在保存时，勾选"ICC配置文件"，则被指定的ICC配置文件就会被嵌入到图像文件中。如图5-1-6所示，图像文件嵌入ICC配置文件，就会将ICC配置文件的内容写入到页面图像文件。在图像处理工艺流程中嵌入ICC配置文件是保持图像颜色稳定传递的最保险的方法，这样做的目的是要让图像文件在应用软件和计算机之间传递时，不会失去文件中RGB或CMYK数值的原有含义。为图像指定或嵌入ICC配置文件的操作，并不会改变图像文件中的RGB或CMYK数值的大小，它只是描绘了获取图像的原设备对图像色彩的感觉。正因为此操作改变了数值的含义，所以图像的显示外观会发生变化。

③ 假定ICC配置文件。当图像文件没有指定或嵌入ICC配置文件时，具有色彩管理功能的应用程序在处理这种未标记的图像时，会使用一个默认的设备ICC配置文件将图像的数据

图5-1-5　为图像指定ICC配置文件

图5-1-6　图像保存时嵌入ICC配置文件

转换成颜色。假定的ICC配置文件不会与图像一起存储，每次打开时图像的颜色会随着不同的默认ICC配置文件而变化。假定给图像文件的ICC配置文件就是指Photoshop的工作空间。

（3）利用ICC配置文件进行图像文件的不同颜色空间的颜色转换

转换就是把图像的颜色从一个ICC配置文件色彩空间转换到另一个ICC配置文件色空间，它改变的是RGB或CMYK的数值，而在转换的前后图像的色彩外貌感觉保持基本一致。使色彩数据在从一个设备向另一个设备流动时得到可控制的转换是色彩管理的精髓。

在Photoshop等色彩处理软件中可以进行图像文件的不同色彩空间的转换，从而实现印前工作的屏幕打样、数码打样等，并在印刷流程中实现"所见即所得"。在Photoshop中执行"编辑/转换为配置文件"命令，可以将图像文件的色彩，从源设备ICC配置文件色彩空间，转换到选定的目标设备ICC配置文件色彩空间，并根据目标ICC配置文件色彩空间产生正确的颜色。如图5-1-7所示。

图5-1-7 转换配置文件

（4）屏幕软打样 利用"客观硬件传感器校准"方法，统一校正印前制作者使用的显示器和客户看样者的显示器，使显示特性一致。显示器校准后将结果存成一个ICC配置文件，并用于显示器的显示控制。

校准印刷过程使用的输入和输出设备，并建立输入和输出设备的ICC配置文件，存储以备调用。

利用Photoshop、InDesign等图像处理软件，将工作文件通过"转换配置文件"的方式，生成一个虚拟色彩打样文件，并以新的文件名保存文件。

使用Photoshop进行当地屏幕软打样，或借助第三方虚拟打样软件和网络，实现不受地域限制的网络在线打样。

（二）数字打印机的校正

数码打样系统打印机采用的打印技术主要有彩色喷墨打印、彩色激光打印及热转印/热升华打印三类。数码打样系统中的打印机，不管打印设备档次如何以及采取何种色彩管理的方式，其终极目的是一致的：通过复杂的彩色管理过程，使输出的打样样张能模拟再现相应的印刷品样张效果，包括纸张、油墨和印刷适性等多方面的匹配和相似。

打印机有RGB和CMYK两种。所有非PS打印机（也称RGB打印机），都是RGB输出设备，此类设备实际上不提供任何校准功能。CMYK打印机（也称PS打印机）由PostScript RIP驱动，接收CMYK信号或数据，可以通过专业软件对这里设备的色域、线性化和灰平衡进行调整。

彩色打印机在校准时要使打印机在三个方面达到稳定。

（1）色域最大化　打印机应能复制足够深的黑，理想的白和最大实地密度。

（2）线性化　线性化后，不仅可以更好地控制打印机的行为，还可以节省墨水。

（3）灰平衡　通过灰梯尺来调整和控制灰平衡。

下面以喷墨打印机为例来介绍打印机校准过程。

1. 打印设备校准

第一次使用打印机、更换打印机头时、每次打开打印机时、手动启动校准过程时，打印机会自动校准打印头；当打印的文字或图像有错位时需要进行打印头校准。

当打印机通过RIP数码打样软件（如：Bestcolor、BlackMagic、Star Proof）控制打印标准色标文件时，应使用软件先对打印机进行线性化校正，再打印CMYK标准色标文件，再制作打印机的ICC配置文件。打印机的基础线性化就是通过RIP软件和打印机之间连接与控制，打印一些单独的线性化色标，通过仪器测量输入软件，软件计算控制打印机的总体出墨量和各个单独颜色的出墨量，来计算并保持灰平衡。打印机的基础线性化是衡量打印机色彩还原能力的重要指标。

2. 特性化打印设备

选择打印机色靶文件，在Photoshop中打开选定的标准色靶文件时，不对它进行色彩管理，打印时，要关闭打印机驱动的色彩管理功能，使色靶文件在打印过程中，真正体现打印机的色彩再现特征。打印完的喷墨打印样张通常需要至少30min的干燥时间来达到颜色的稳定。

在分光光度计与色彩管理软件联机的情况下，利用分光光度计测量色靶文件样张上各色块的色值，由色彩管理软件生成色靶文件样张的色值文件。存储后，色彩管理软件将新生成的色靶文件与软件中的标准色靶文件的参考文件进行比较、计算，最终产生打印机ICC配置文件。打印机ICC配置文件必须存放在计算机特定的文件夹下，才能被色彩管理系统识别和使用。

3. 数码打样

数码打样色彩管理软件很多，这些软件都有自己的一个核心技术，都有自己一套操作方式，但其目的都是一样的，就是建立从原稿显示、数码打样到印刷品的颜色对应关系。

三、灰平衡的概念

在四色印刷中，所有色彩都是由特定比例的C、M、Y、K油墨混合产生的。原色油墨的比例不同，得到的色彩就不同。因此，构成特定色彩的原色比例应当处于正确的平衡状态。也就是说黄、品红、青三色的平衡适当时，才能达到彩色平衡，才可以做到正确的色彩再现，所以说实现灰平衡是彩色平衡的前提。

为了使三原色油墨叠合后呈现准确的不同明度的中性灰，必须要根据油墨的特性，改变三原色油墨的网点面积比，实现真正的灰平衡。

（一）灰平衡

灰平衡是指黄、品红和青三个色版按不同网点面积率比例在印刷品上生成中性灰。

中性灰平衡是指能够产生灰色的颜色组合。在RGB加色颜色空间中，等量的R、G、B三种颜色相加可产生中性灰，而在CMYK减色空间的印刷领域，由于实际使用的油墨在色相、饱和度和明度方面还存在着油墨制造上难以克服的缺陷，使得等量的三原色油墨叠合不能获得中性灰，而是一种红棕色，不是真正的灰色。印刷领域的灰平衡是指在一定的印刷、打样条件下，将青、品红、黄三色油墨按一定比例叠印，得到视觉上中性灰的颜色，这样就称为实现了灰平衡。

灰平衡是用以判断印刷色彩是否平衡或色偏的方法，是色彩复制还原中色彩控制的关键。影响彩色印刷偏色的原因有很多，如原稿偏色、制作过程偏色、分色偏色、纸张油墨偏色等。人眼对灰色特别敏锐，中性灰产生偏色时，人眼会很容易辨别出来。

灰平衡是各工序控制质量的依据，它贯穿在印刷复制的全过程之中。观察与测量C、M、Y形成的灰色区域既可以在印前作为判断图像中黄、品、青三色版间的网点覆盖率是否恰当的重要依据，也可以在印刷中保证图像色彩的稳定，判断图像是否出现了偏差。如果在印刷中黄、品、青油墨比例失去平衡，就会在图像的中性灰区域表现出来。在印刷控制条中都包含灰平衡区域，它是评价印刷色彩的重要组成部分。

灰平衡的作用是通过对画面灰色部分的控制，来间接控制整个画面上的所有色调。它是衡量分色制版和颜色套印是否正确的一种尺度，是复制全过程中各个工序进行数据化、规范化生产共同遵守和实施的原则。

（二）生成显示器特性文件操作

用Eye-one Profiler软件配合Eye-one Pro校准显示器，生成显示器特性文件。

1. 准备工作

（1）安装Eye-one Profiler软件，将Eye-one Pro连接到计算机的USB接口上，如图5-1-8所示。

（2）将当前显示器"色彩管理"设置为无配置文件。

2. 运行Eye-one Profiler软件

选择"高级"工作模式，然后点击屏幕左上角的"显示器色彩管理"，如图5-1-9所示。

3. 显示设置

（1）白点设置　国际使用标准是5000K，我国规定印刷标准使用光源是6500K。色温的

图5-1-8　Eye-one Pro

图5-1-9　显示器色彩管理

选择，要根据实际看稿光源来决定。印刷和摄影推荐5000K或6500K，网页推荐6500K。

（2）亮度设置　CRT显示器建议选择100cd/m²，LCD显示器建议选择120cd/m²，对于亮度达不到80cd/m²的旧显示器，不可以在校色工作中使用，因此没有必要进行校准和特征化显示器。

（3）伽玛设置　对于Windows系统，标准伽玛值为2.2；对于Mac系统，标准伽玛值为1.8，如图5-1-10所示。

4．勾选"测量和调整闪光"、"环境光源智能控制"，点击下一步

5．色块集设置

色块集尺寸有"小""中""大"可供选择，根据实际情况选择色块集尺寸，如图5-1-11所示。

6．校准

点击屏幕上的"校准"按钮，软件将自动进行校准。仪器的校准非常重要，它相当于测量高度时基点的选择，基点不准确，测量的精度就无从谈起。校准成功后，屏幕会出现"设备准备就绪"的显示，点击"开始测量"按钮，准备进行测量，如图5-1-12所示。

7．安装Eye-one Pro到屏幕

将Eye-one Pro放置在屏幕上，其测光区周围布满了小小的吸盘，可以吸附在屏幕表面，放置时一定要吸牢，避免外界光线射入感光区。对于不太容易吸牢的液晶显示器，可以利用Eye-one连线上的配重块，将它吊在屏幕表面。

8．对比度、亮度调整

点击下一步箭头，进入对比度和亮度调整。软件将自动进行调整，直至调整完成，如

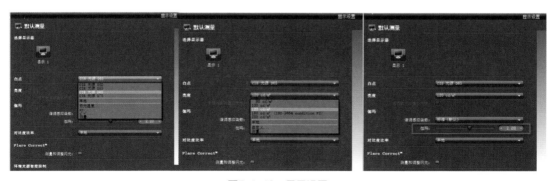

图5-1-10　显示设置

图5-1-11　色块集设置

图5-1-12　校准

图5-1-13　调整设置

图5-1-13所示。此过程大约需要几分钟时间。

9．生成ICC配置文件

（1）为新配置文件命名。

（2）点击"创建并保存配置文件"，完成效果如图5-1-14所示。保存ICC profile文件，并且设置成显示器默认profile文件。

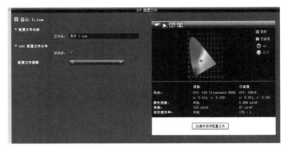

图5-1-14　完成配置

（三）注意事项

1．Photoshop中转换配置文件时的注意事项

（1）"转换为配置文件"对话框中要注意勾选"使用黑点补偿"，保证图像在不同色彩空间中转换时，原图像黑场在转换后仍然是最黑的，而且保留原始图像中全部暗调区的层次。若不勾选，图像暗调细节层次将可能丢失。

（2）注意勾选"使用仿色"，Photoshop会混合目标色彩空间中的颜色，以模拟源色空间中有而目标空间中没有的颜色，有助于减少图像的块状或带状外观，产生顺滑的颜色转换。

（3）注意选择合适的"再现意图"选项，色彩管理系统中的所有色空间转换都是通过"可感知的"、"饱和度""相对色度""绝对色度"这四种方式完成的。具体选择使用时要根据源ICC配置文件与目标配置文件的特点，以及图像在转换过程中发生的变化，选择最适合图像的转换方式。

2．打印机校准注意事项

（1）打印机环境　最好是恒温、恒湿，要避免高温及阳光直射，注意作好防尘，在使用过程中要定期进行自检。

（2）打印头的校准与清洗　一段时间未使用打印机时，则在开启电源时，打印机本身会执行清洗喷嘴的协作。为了避免喷嘴阻塞的风险，应该养成好习惯，即使不使用打印机也要至少两周启动一次机器。

（3）校准的时效性　打印机校准是有一定的有效期的。

（4）纸张与墨水选择　纸张与墨水直接影响打印机的色彩还原，纸张与墨水的选择要保持稳定。打印设备最好使用原装墨水。

第二章

图像、文字处理及排版

学习目标	1. 能利用组版软件制订并实施统一编排方案。
	2. 能制作各种印品的样式模板。
	3. 能设计包装的立体盒型及模板。

一、美学基础理论知识

美学，是德国哲学家鲍姆加通在1750年首次提出来的。美学是研究人与世界审美关系的一门学科，即美学研究的对象是审美活动，审美活动是人的一种以意象世界为对象的人生体验活动，是人类的一种精神文化活动。美学属哲学二级学科，要学好美学需要扎实的哲学功底与艺术涵养。它既是一门思辨的学科，又是一门感性的学科。美学与文艺学、心理学、语言学、人类学、神话学等有着紧密联系。

（一）美学定义

美是什么？这也并非是一个简单的问题，通过它可以辐射世界的本源性问题的讨论。从古到今，从西方到东方，对"美"的解释是复杂的。如古希腊的柏拉图说：美是理念；中世纪的圣奥古斯丁说：美是上帝无尚的荣耀与光辉；俄国的车尔尼雪夫斯基说：美是生活；中国古代的道家认为：天地有大美而不言；而"美学原理"则告诉我们美在审美关系当中才能存在，它既离不开审美主体，又依赖于审美客体。美是精神领域抽象物的再现，美感的世界纯粹是意象世界。

美学的范围与宇宙同在，与人类同在，美学原理不但涉及美学作为一种学术按自身的逻辑关联的内容，还要涉及教育体系的学科分类对美学的具体呈现的制约，最需要明白的问题如下：

（1）审美现象学　当人面对美，做审美欣赏时，具体情况是怎样的，审美是怎样开始的，怎样进行的，最后的结果是怎样的。

（2）审美类型学　美分为几个大的基本类与型，如美、悲、喜等大类，类下有小型，如美之下有优、壮美、典雅，这些类型各自的特点是怎样的。

（3）审美文化学　不同的文化具有不同的审美观念和表现形式，进一步理解为什么会有这样的观念和形式。

（4）形式美法则　超越文化和时空的美的基本法则，如形、色、对称、均衡等。

（5）美的起源　从人类文化学来看，美是怎样产生的，人是怎样认识到美的。

（6）美学的学科历史　美学是怎样产生和发展的，其规律是什么。

在这六大问题中，最重要的是审美现象学、审美类型学、审美文化学、形式美法则，作为教育体系中的美学原理，知道了这四大方面，就基本上把握住了美学。

（二）美学的历史阶段

世界美学发展可以大致分为四大阶段：第一阶段是从4万年前仪式和艺术出现到公元前4000年埃及文明和苏美尔文明之前出现的原始时代，这一时期人类关于美的观念在原始艺术中体现出来。第二阶段是从埃及和苏美尔文明始的五大文明（埃及、两河、印度河、中国夏商周、美洲奥尔梅克文明）到公元前700年轴心时代之前的神庙文化时期，这一时期人类关于美的观念用一种国家型的宗教艺术来表现。第三阶段是从2000年前的轴心时代到17世纪现代性开始的时期，这时各大文化，包括希腊、希伯来、波斯在内的地中海、中国、印度，以及后来的伊斯兰文化、东正教文化等，实现了哲学突破，用一种理性的思想来看待人和世界，开始了用理论形式来讲述美学，其中，西方文化从柏拉图追求美的本质始，建立了一种谈论美的学科形式。而中国和印度，用的一种与西方文化不同的方式来谈论审美现象。第四阶段是从现代性以来至今的400多年历史，这时，一方面西方文化的美学以自身的逻辑不断地演化，另一方面，非西方文化在西方这一世界主流文化的影响下，学习西方，按照西方的学科方式建立起了自己的美学，构成了西方美学与非西方美学之间的互动。从学科的角度看美学的演进，重要的是第三、四两个阶段，这两个阶段构成了世界美学的历史大线和整体风貌。

中国美学研究上是"美学是伴随世界史的全球化进程和中国文化的现代化进程而产生和发展的"，中国美学研究有一个引进、传播、发展及创新的过程。

1．美学在中国的引进

清末民初，以王国维先生为代表的留学知识分子，将西方美学的思想方法、学科体系引入中国。以王国维先生修订的教学大纲将《美学》列入教学计划，标志着美学在中国的确立。后以朱光潜先生为代表的一批美学家，进一步将西方美学理论介绍到中国。特别是，从德国留学归来的蔡元培先生，提出了"以美育代宗教"的主张，使美学在中国得到了广泛的重视。

2．美学在中国的传播

中国美学研究在形成最初的原理著作时，基本上是移植西方的美学原理著作，从1917年到1930年，中国共出版了标准的美学原理著作6部（萧公弼的《美学概论》、吕澄的《美学概论》、吕澄的《美学浅说》、陈望道编著的《美学概论》、范寿康的《美学概论》、徐庆誉的《美德哲学》），另有美育原理著作3种（李石岑的《美育之原理》、蔡元培等的《美育实施的方法》、大玄、余尚同的《教育之美学的基础》）。

3．美学在中国的发展

20世纪五六十年代，中国学界展开了一次关于美的本质的学术大讨论。该讨论得出了四种观点：

（1）客观派　美是客观的，以蔡仪为代表。

（2）主观派　美是主观的，以高尔泰和吕萤为代表。

（3）主客观统一派　美是主观与客观的统一，以朱光潜为代表。

（4）社会派　美是客观性与社会性的统一，以李泽厚为代表。

这四种观点互相争论的继续促进了各派体系化的完成，以李泽厚为代表的实践美学成了中国美学的主流。

4．美学在中国的创新

21世纪初年，美学在中国进入了本土化的创新时期，有三个突出亮点：

（1）曾繁仁生态美学流派的创立　生态美学是中西交流对话的产物，把一种新型的美感注入人们的心灵中去，让人对人生的态度和对自然的态度发生一个根本性的转变。

（2）张法美学原理理论的创立　张法《美学导论》，在十多年里连出三版，致力于美学原理理论的创新。

（3）陈昌茂旅游美领域的新发现　陈昌茂先生在长期的旅游研究、旅游教学和旅游工作实践中，提出并论证了"旅游美"的范畴，从而从学理上继艺术美、自然美、技术美之后开创了一个新的美学领域，该体系开创了中国旅游美学研究的新范式。

（三）研究对象

第一种意见提出：美学的研究对象就是美本身。在持这种意见的人看来，美学要讨论的问题不是具体的美的事物，而是所有美的事物所共同具有的那个美本身，那个使一切美的事物之所以美的根本原因。

第二种意见提出：美学的研究对象是艺术，美学就是艺术的哲学。这个观点在西方美学史上得到了相当一批美学家的认同。

第三种意见提出：美学的研究对象是审美经验和审美心理。这种意见是随着19世纪心理学的兴起，主张用心理学的观点和方法来解释和研究一切审美现象，把审美心理和审美经验置于美学研究的中心。

二、数据资源管理和再利用

（一）数据资源管理

数据资源管理（data resource management）是应用数据库管理、数据仓库等信息系统技术和其他数据管理工具，完成组织数据资源管理任务，满足企业信息需求的管理活动。数据资源管理采用的方式有：

（1）文件方式　以文件系统为单位对信息资源进行组织和检索，这种方式当信息结构较为复杂时，文件系统难以实现有效的控制和管理，只能作为网络信息资源的补充方式。

（2）主题树方式　信息资源按照某种事先确定的体系结构，分门别类地加以组织，用户通过浏览方式逐层进行选择，层层遍历，直至找到所需的信息资源（如搜索引擎的分类目录检索方式）。

（3）数据库方式　信息资源按照固定的格式存储，用户通过关键词及其组配查询，就可以查找所需信息线索。

（4）超媒体方式　指超链接和多媒体技术相结合以组织利用网上信息资源的方式。一般来说，网络信息资源的最佳组织方式是数据库方式和超媒体方式相结合，这也是网络信息资源组织方式的发展趋势。

（二）数据资源的再利用

（1）数据的资源化　丰富的数据信息资源，它们的科学有效应用能够切实带来巨大的经济产值，产生更多经济收益。数据资源的有效应用离不开先进的数据技术和信息化思维，网络技术人员应当将传统信息资源开发管理方法与大数据技术有机地结合起来，通过将不同数据集进行重组和整合，发挥就数据集所不具有的新功能，从而创造出更多的价值。

（2）科技的交叉融合　大数据资源的发展不仅能够将网络计算中心、移动网络技术和物联网、云计算等新型尖端网络技术充分地融合成一体，同时还能够促进多学科的交叉融合，充分发挥出交叉学科和边缘学科在新时代的新功能与效用。大数据资源的长足进步与发展既要求工程技术人员要立足于信息科学，通过对大数据资源中的信息获取、储存、处理等各方面的具体技术进行创新发展，也要将大数据资源与管理手段结合起来，从经营管理的角度研究分析现代化企业在生产经营管理活动中大数据资源的参与度及其可能带来的影响。

（3）以人为本的大数据资源发展趋势　科学技术的使用主体归根结底是人，虽然在大数据资源网络信息环境下，信息数据的及时流通与整合能够满足人类生产生活的所有信息需求，能够为人的科学决策提供有效指导，但大数据技术终究无法代替人脑，这就要求大数据技术在发展过程中要坚持以人为本的基本原则，重视人的地位，将人的生产活动与网络大数据虚拟关系结合起来，在密切人与人之间的交流的同时，充分发挥每一个独立个体的个性和特长。

（4）印前处理和制作员在当前网络信息化的大数据时代，在大量的数据信息中，不仅要通过正确的分析和利用这些巨量数据而方便自己的工作，而且要注意可用资源的收藏、整理、再利用，更好地提高自己的业务水平。

三、合版印刷的概念

合版印刷又叫拼版印刷，就是将不同客户相同纸张、相同克重、相同色数、相同印量的印件组合成一个大版，充分利用胶印机有效印刷面积，形成批量和规模印刷的优势，共同分摊印刷成本，达到节约制版及印刷费用的目的。合版印刷主要适用于印刷要求不高的固定规格尺寸的印刷活件，如：名片印刷、DM单印刷、海报印刷、不干胶印刷、贺卡印刷、画册印刷等。

（1）合版印刷的起源　合版印刷起源于台湾，是一种结合网络和印刷的服务模式，将许多不同客户小印量的印件组合成一个大版，不但分摊了制版的费用，又能满足商业印刷的质量，在台湾这种服务模式已经成为短版印刷的经典。

合版印刷促进了印刷工业与信息网络化融合，报价单一透明，印刷快捷高效。一般合版印刷企业采用全自动工艺流程，任何标准文件上传至合版印刷系统后，自动被移入生产流程中，依照客户的需求，直接转成PDF的格式进入自动拼版的工序，和其他的印件拼成一大版，直接输出CTP版后即可上机印刷。

（2）合版印刷的优势　由于合版印刷采用网络传版，集中印制，分摊费用的方式，因而印刷费用大大降低。合版印刷的优点是单价低，少量可制作，可满足一般的品牌传播商业印刷质量和印量需求。在数字化网络时代，对于短、平、快的印刷业务，合版印刷尤其能看出其优势。

（3）合版印刷的缺点　合版印刷的主要缺点是色差与裁切不准问题，所以尽量建立统一的色彩管理流程。由于需要合版，有时候需要凑够活件数量才能上机印刷，合版印刷的另一个缺点就是交货速度较慢。

四、拼版操作

（一）宣传三折页样式模板的操作

制作一个宣传三折页，用包心折页方式；成品折好尺寸是95mm×210mm，展开尺寸是285mm×210mm，结构如图5-2-1所示。

（1）资料处理

①用Photoshop进行图像处理，注意颜色、层次、清晰度的调整。

②用Illustrator或InDesign进行图形处理，注意陷印、叠印。

③用拼音或五笔打字法进行文字处理，输入非电子文本的手写类文字。

（2）版式设计

根据客户的要求结合自己的理念，先设计好版式，具体每个折页小面上要出现的内容与

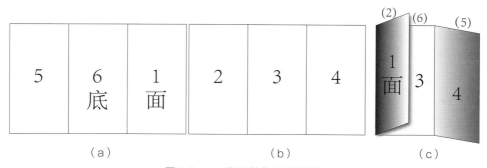

图5-2-1　三折页结构展开示意图
（a）三折页之外折页　（b）三折页之内折页　（c）三折页印刷成品示意图

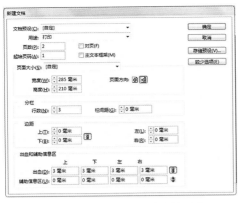

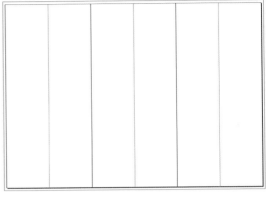

图5-2-2　InDesign新建文档设置　　　　图5-2-3　InDesign主页参考线设置

样式，以及自己想要做的、达到的效果，还要考虑到整体内容的一致性与协调性。

（3）制作排版　用InDesign软件，采用如图5-2-2所示的设置新建文档，并在主页上画好参考线，如图5-2-3所示，存储文档。按（2）的版式设计，将（1）的图像、图形、文字置入新建文档中，严格按照标准的印刷要求制作排版。

（4）制作排版完成后，存储InDesign软件本身的格式.Indd作为源格式用于备份修改，面另存.pdf格式用于后期输出，完成。

（二）设计小药盒包装的操作

制作一个小药盒包装，用自插底扣盖的形式；成品尺寸是200mm×100mm×100mm，粘舌15mm，插舌与插底均为20mm，展开尺寸是285mm×210mm，结构如图5-2-4所示。

（1）根据图5-2-4中"标准CAD图"所标注的尺寸，用AutoCAD软件画出所给包装盒形的准确展开线形图。

（2）用Illustrator软件按1∶1比例、原大小打开（1）所画CAD图形，文件模式转为CMYK，将页面尺寸设置为615mm×290mm；把所有线型放置于一新建图层上，并设置成专

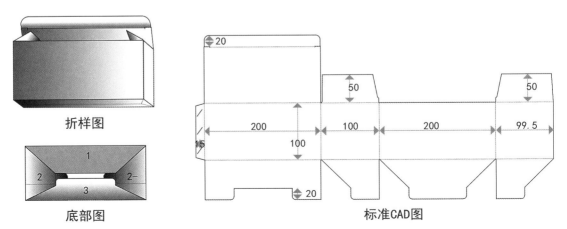

折样图

底部图

标准CAD图

图5-2-4　小药盒包装的立体展示图和平面展开图

色与叠印。

（3）资料处理

① 用Photoshop进行图像处理，注意颜色、层次、清晰度的调整。

② 用Illustrator进行图形处理，注意陷印、叠印。

③ 用拼音或五笔打字法进行文字处理，输入非电子文本的手写类文字。

（4）版式设计 根据客户的要求结合自己的理念，设计好包装每个面上要出现的内容与样式，以及自己想要做的、达到的效果，还要考虑到立体包装的一致性与协调性。

（5）制作排版 用Illustrator软件，按（4）的版式设计，将（3）的图像、图形、文字置入，严格按照印刷要求的标准制作排版。

（6）制作排版完成后，存储Illustrator软件本身的格式.Illustrator作为源格式用于备份修改，另存.pdf格式用于后期输出，完成。

（三）注意事项

1．各种印品的样式模板应用要点

（1）模板体现的是结构形式的标准化。报纸、书刊杂志、地图、海报、DM单、信封、信笺、档案袋、商标、标签、名片、请柬、钞票、贺卡、台历、挂历、画册、各种证卡、包装盒、礼盒等各种印品的样式各异，各有各的模式要求，这就要求我们在做各自的模板时，要严格按照其要求制作。

（2）在样式模板调用时要仔细审查后，再置入新的内容进行制作，防止思维定式形成的错误出现。

2．包装类产品的设计应用要点

包装类产品形设计制作，一般按照确定盒形与尺寸→盒形的准确平面展开图→AutoCAD软件画展开线形图→Adobe Illustrator排版制作内容这样的操作步骤进行。从操作步骤中可以看出，在包装类产品的设计制作中，对盒形结构的掌握是很重要的。操作者不但要知道立体包装盒的成型样式，还要会用CAD软件准确地画出平面展开图。

第二节 标准文件生成

学习目标
1．能解决排版与输出不匹配的问题。
2．能通过排版软件进行色彩管理。

一、排版与输出不匹配的产生原因

排版与输出不匹配的产生原因，最主要是两个方面：设计制作方面与输出方面。

1. 设计制作方面

（1）尺寸不匹配　可能只做好了成品，出血没设置好，检查成品线是否切到文字或图像等内容。如做封面，书脊位是否考虑？包装类产品的尺寸检查尤其重要，因为包装类产品形状是不规则的，不像报纸、书刊尺寸一样方方正正，在联版过程中尺寸检查更要仔细。

（2）文字不匹配　是否安装齐全了常用字体（如汉仪、方正等），是否使用少见字体？中文字边缘有重影，是否使用了字体加粗命令？文字出来四个色版全有，是否用了四色黑？屏幕上是很齐的文字输出后变得不齐了，检查文章段头段尾是否有空格？输出的文字串位或缺失，是否将文字转成了曲线（Outline）方式？

（3）图片不匹配　图片缺失是否链接正常？图片出来发虚分辨率是否在300dpi以上或者用了JPEG格式存储？图片只在黑色版上有是否用了RGB模式？输出烂图、过慢、解释器无法解释等问题是否有多余的通道未删除？图片出现图层移位或掉图现象是否图片未合层、带图层置入？

（4）颜色不匹配　只在黑版上有图，或在四个色版上有等值灰度图，检查是否有RGB模式的物件（包括填充、轮廓、图片以及文字）？设置的专色出来成了四色或者设置的四色出来成了单色？

（5）叠印不匹配　黑色字版与有些专色版的底色不能挖空结果却挖空了，检查叠印设置是否正确。对于其他颜色需要叠印在软件中都需要自己设定。尤其要注意的是设定黑版叠印后要检查灰色的地方不可叠印。

（6）网线不匹配　检查是否错用EPS带网格式，在把图存为EPS格式时，不要选择带加网信息，同时还要注意其他选项，当然有时为实现特殊效果也可采用EPS带网功能。

2. 输出方面

（1）输出环境　电源、温度、湿度是否在规定的范围内。

（2）线性特征　线性数据、特征文件是否准确调用，是否要重新校正。

（3）耗材一致　油墨、墨水、纸张等耗材，这批次的是否和上次使用的一致。

（4）输出模板　输出参数模版设置是否正确。

二、排版软件色彩管理的方法

各种设备所能够表现的色彩范围不同，在某种设备上可以表现的颜色在其他设备上却表达不出来，例如显示器上可以显示某种色彩，而打印机却不能够打印它，造成在显示器上看到的色彩经过打印输出后变化了。为了解决这种问题，色彩管理系统应运而生，它通过设备的色域描述文件约束设备的真正色域范围。如果不同设备使用同样的色域管理文件，保证它们在共同的色域空间上操作，从而解决色彩一致性的问题。为了减小屏幕颜色与印刷颜色之间的差异，InDesign为用户提供了一套精密的色彩管理系统（Color Management System，简称CMS）。该CMS主要目标是实现不同输出设备间的色彩匹配，包括彩色打印机、数字打样机、数字印刷机、常规印刷机等，也就是常说的"所见即所得"。CMS一般具有两方面的功能：一是指定特征文件，二是保持颜色一致性。所谓指定特征文件是指：为每一个RGB或

CMYK数值指定一个特定的颜色含义。大多数具有色彩管理功能的软件都可为图像或其他色彩对象指定一个特征文件，给RGB或CMYK颜色值定义确切的含义，描述它是从哪里来的。所谓保持颜色一致性是指：改变RGB或CMYK的数值，使图像颜色从一个颜色空间转换到另一个颜色空间，仍然保持颜色感觉一致。

下面以排版软件InDesign为例，对色彩管理系统进行概述，并介绍InDesign色彩管理功能及其设置方法，探讨利用InDesign进行印前设计的颜色设置、指定配置文件和转换配置文件的方法。

1. 颜色设置

InDesign的颜色管理支持RGB、CMYK和Lab模式文件，但不支持灰度颜色模式文件。InDesign的颜色管理工作都集中在"颜色设置"对话框，下面分别简述各选项的功能。

（1）"载入"选项 InDesign可以置入预定义的颜色管理设置文件，也可以置入如Photoshop、Illustrator等应用软件定义的后缀名为.csf的配置文件。单击"载入"选项，打开"载入颜色设置"对话框，定位并选中所需的颜色配置文件，单击"打开"按钮，即可将颜色配置文件置入。

（2）"设置"选项 在"设置"下拉列表中，列出了InDesign提供的所有预定义颜色管理设置文件，可根据实际需要选用，使它为出版工作流程生成一致的颜色。如果需要指定设备配置中的各个选项，则选择"自定"进行自定义设置。如需要使用欧洲、北美、日本通用出版条件下输出出版物的颜色管理设置文件，选择"其他"即可。

（3）"工作空间"选项 "工作空间"是一种用于定义和编辑Adobe应用程序中的颜色的中间色彩空间。每个颜色模型都有一个与其关联的工作空间配置文件。工作空间配置文件的作用是作为使用相关颜色模型新建文档的源配置文件。InDesign附带了一套标准的颜色配置文件，可根据实际需要选用。如果勾选"高级模式"复选框，则在RGB和CMYK下拉列表中分别列出全部的空间配置文件。

（4）"颜色管理方案"选项 "色彩管理方案"确定在打开文档或导入图像时应用程序如何处理颜色数据。无论是通过打开文件，还是将图像导入当前文档，RGB、CMYK指定在将颜色引入当前工作空间时要遵守的方案。当然，可以为RGB和CMYK图像选择不同的方案，同时还可以指定希望警告信息何时出现。而对于新建的文档，一般使用与其颜色模式相关的工作空间来创建和编辑其颜色。

"保留嵌入的配置文件"是指在打开文件时，总是保留嵌入的颜色配置文件。对于大多数工作流程一般使用该选项，因为它提供一致的色彩管理。如果希望保留CMYK颜色值，请选择"保留颜色值（忽略链接配置文件）"，这是例外情况。

"转换到工作空间"是指在打开文件和导入图像时，将颜色转换到当前工作空间配置文件。如果想让所有的颜色都使用单个配置文件（即当前工作空间配置文件），请选择该选项。

"保留颜色值（忽略链接配置文件）"是指在打开文件和导入图像时保留颜色值。如果想使用安全CMYK工作流程，则选择该选项。该选项在InDesign中只对CMYK可用，对RGB不起作用。

"关"是指在打开文件和导入图像时忽略嵌入的颜色配置文件，同时不把工作空间配置文件指定给新的文档。如果不想使用任何由原始文档创建者提供的颜色元数据，则选择该选项。

2. 指定配置文件

InDesign可以直接指定RGB和CMYK配置文件。RGB配置文件和CMYK配置文件均有"放弃""指定当前工作空间""指定配置文件"三个选项。"纯色方法""默认图像方法""混合后方法"下拉列表框均默认为"使用颜色设置方法"。此外，还有"可感知""饱和度""相对比色""绝对比色"选项可选。可根据指定配置文件的需要选用。

3. 转换为配置文件

InDesign可为"目标空间"指定RGB和CMYK配置文件，在下拉列表框中根据实际需要选用即可。"转换选项"是控制在文档从一个色彩空间移动到另一个色彩空间时，应用程序如何处理文档中颜色的选项，一般使用默认即可满足所有的转换需求。"引擎"用于指定将一个色彩空间的色域映射到另一个色彩空间的色域的色彩管理模块。"方法"指定用于色彩空间之间转换的渲染方法。需要注意的是，渲染方法之间的差别只有当打印文档或转换到不同的色彩空间时才表现出来。"使用黑场补偿"，可将源空间的整个动态范围映射到目标空间的整个动态范围，确保图像中的阴影详细信息通过模拟输出设备的完整动态范围得以保留。用于印刷的出版物，多数情况下时使用黑场补偿，因此应勾选此项。

4. 进行色彩管理和设置

利用InDesign制作的出版物，大多数是为了打印或者印刷。如果屏幕颜色与印刷颜色不匹配，将导致显示器中的画面与打印画面颜色不一致，达不到出版物的预期效果。因此，在设计、排版到印刷的整个过程中，利用InDesign进行正确的色彩管理和设置，从而保证出版物颜色准确一致。

三、排版软件 InDesign 色彩管理的设置操作

以排版软件InDesign为例，介绍其色彩管理功能及其设置方法。

1. 颜色设置

（1）"载入" 单击"载入"选项，打开"载入颜色设置"对话框，定位并选中所需的颜色配置文件，单击"打开"按钮，即可将颜色配置文件置入。

（2）"设置" 在"设置"下拉列表中，从InDesign提供的所有预定义颜色管理设置文件中根据实际需要选用。如果需要指定设备配置中的各个选项，则选择"自定"进行自定义设置。如需要使用欧洲、北美、日本通用出版条件下输出出版物的颜色管理设置文件，选择"其他"即可。

（3）"工作空间" InDesign"工作空间"附带了一套标准的颜色配置文件，可根据实际需要选用。如果勾选"高级模式"复选框，则在RGB和CMYK下拉列表中分别列出全部的空间配置文件。

（4）"颜色管理方案" 对于新建的文档，一般使用与其颜色模式相关的工作空间来创建和编辑其颜色，"保留嵌入的配置文件"。如果希望保留 CMYK 颜色值，请选择"保留颜色值（忽略链接配置文件）"，这是例外情况。

如果想让所有的颜色都使用单个配置文件（即当前工作空间配置文件），请选择"转换到工作空间"。

2. 指定配置文件

RGB配置文件和CMYK配置文件均有"放弃"、"指定当前工作空间"、"指定配置文件"三个选项。"纯色方法"、"默认图像方法"、"混合后方法"下拉列表框均默认为"使用颜色设置方法"。此外，还有"可感知"、"饱和度"、"相对比色"、"绝对比色"选项可选。可根据指定配置文件的需要选用。

3. 转换为配置文件

InDesign可为"目标空间"指定RGB和CMYK配置文件，在下拉列表框中根据实际需要选用即可。

四、注意事项

排版软件进行色彩管理的应用要点如下：

（1）在工作过程使用多平台的开放系统、使用不同厂商的设备等不确定因素，或者出版物中的彩色图形反复印刷、不同的出版商印刷等情况，需要进行色彩管理。而在实际工作中，并非所有的文档都必须使用色彩管理，应根据实际情况来确定。

（2）从图像录入、处理、排版到最终输出变为印刷品的印刷流程中，完整的色彩管理存在着多次空间转换，源设备和目标设备ICC配置文件是指发生颜色转换时起作用的那两个临时ICC配置文件，不要与输入和输出设备ICC配置文件相混淆。而且在转换的过程中，要选择最适合图像的转换方式，而不要使用一种转换方式应对所有的色彩空间转换。

第三章

样张制作

第一节 数字打样实施

学习目标
1. 能制定印刷机的测试样张的数据标准。
2. 能使用色彩管理软件编辑色彩特性文件。
3. 能进行专色打样的色彩管理。

（一）国际印刷技术标准和相关的国家和行业标准

印刷技术标准分为三个层次：国际标准、国家标准和行业标准。

国际印刷技术标准是由ISO/TCl30制定的，它是国际标准化组织ISO下设的第130号技术委员会——印刷技术委员会，主要负责印刷技术领域的国际标准化工作，包括从原稿到制成品的过程中有关印刷和图文技术方面的术语、测试方法和各种规范的标准化活动，其中特别包括以下几个方面：排版、复制、印刷过程、印后加工、所用耗材的适性。

国家印刷技术标准和行业印刷技术标准是由全国印刷标准化技术委员会（SAC/TC170）制定的，它是在新闻出版总署、国家标准化管理委员会领导下从事全国性印刷技术标准化工作的机构。SAC/TC170是我国印刷界唯一与国际标准化组织印刷技术委员会（ISO/TC130）有接口的印刷标准化机构，是ISO/TC130 "P"（积极）成员，拥有国际印刷技术标准的提出、起草、审查和表决权。

1．国际标准

常见的国际标准有：

（1）ISO 12647-2：2004 Offset Printing胶印过程控制。

（2）ISO 12647-7：2007 Digital Proofing数字打样。

2．国家标准

常见的国家标准有：

（1）GB/T 17934.1-1999《网目调分色片、样张和印刷成品的加工过程控制第一部分：参数与测试方法》。

（2）GB/T 17934.2-1999《网目调分色片、样张和印刷成品的加工过程控制第二部分：胶印》

（3）GB/T 17934.3-2003《网目调分色片、样张和印刷成品的加工过程控制第三部分：新闻纸冷固型油墨胶印》。

3.　行业标准

常见的行业标准有：

（1）CY／T1—1999　《书刊印刷产品分类》。

（2）CY／T2—1999　《印刷产品质量评价和分等导则》。

（3）CY／T3—1999　《色评价照明和观察条件》。

（4）CY／T5—1999　《平版印刷品质量要求及检验方法》。

（5）CY／T27—1999　《装订质量要求及检验方法——精装》。

（6）CY／T28—1999　《装订质量要求及检验方法——平装》。

（7）CY／T29—1999　《装订质量要求及检验方法——骑马订装》。

（二）色彩管理原理和控制方法

色彩管理是指为了满足色彩复制忠实于原稿的要求，通过一定的技术手段使得所有设备都能获得与原稿一致或相近的颜色效果。

色彩管理的控制方法就是著名的"3C"过程，即设备校准、设备特征化及转换色彩空间。设备校准是将各种输入输出设备按照生产厂家的要求调整到标准状态，以使其有一个稳定的工作状态。设备特征化是在对设备进行校准之后，通过色彩管理软件和色彩测量工具对设备的色彩数据进行测量并生成记录设备色域特征的色彩特性文件（ICC Profile）。转换色彩空间是指不同设备色彩空间之间的转换。色彩管理系统利用与设备无关的颜色空间（CIE Lab）作为设备相关颜色空间（CMYK、RGB等）之间转换的桥梁和中介，实现从印前到印刷整个过程颜色输出的一致性。

（三）远程打样的工作原理

远程打样是基于纸张在不同的两个地域同时再现和印刷品一致的色彩和内容的打样，它是建立在网络技术和色彩管理技术基础上的数字打样技术，实现了跨时间和空间的数字打样生产形式，是印刷生产向信息化、数字化、网络化迈进的重要步骤，其实质是通过特殊数据的传输做到同时在两个不同的地域完成数字打样并再现同一印刷品的颜色和内容。

远程打样的工作原理是利用色彩管理软件让一台数字打样机去模拟另一台数字打样机的色彩特性，调用同一印刷机色彩特性文件，从而获得异地数字打样内容和色彩的一致性和印刷追样样张。

（四）制定印刷机的测试样张的数据标准操作

1.　制定印刷机的测试样张的数据标准

（1）制定色差标准　精细产品 $\Delta E^* \leqslant 3.00$（$L \leqslant 50.00$），一般产品 $\Delta E^* \leqslant 5.00$（$L^* \leqslant 50.00$）。

（2）制定阶调标准　精细印刷品实地密度：黄（Y）0.85～1.10，品红（M）1.25～1.50，青（C）1.30～1.55，黑（BK）1.40～1.70；一般印刷品实地密度：黄（Y）0.80～1.05，品红

（M）1.15～1.40，青（C）1.25～1.50，黑（BK）1.20～1.50。精细印刷品亮调再现2%～4%网点面积；一般印刷品亮调再现为3%～5%网点面积。

（3）制定网点标准　精细印刷品50%网点的增大值范围为10%～20%；一般印刷品50%网点的增大值范围为10%～25%。

（4）制定相应反差值（K值）标准　精细印刷品的K值：黄（Y）0.25～0.35，品红（M）、青（C）、黑（BK）0.35～0.45；一般印刷品的K值：黄（Y）0.20～0.30，品红（M）、青（C）、黑（BK）0.30～0.40。

（5）制定油墨叠印率标准　叠印率控制在70%～90%，叠印率数值越高，叠印效果越好。

（6）制定套印标准　精细印刷品的套印允许误差≤0.10mm；一般印刷品的套印允许误差≤0.20mm。

2．使用色彩管理软件编辑色彩特性文件

（1）在色彩管理软件中打开色彩特性文件。

（2）在色彩管理软件中编辑色彩特性文件。根据需要编辑分色模式、总墨量限定、黑版长度和起始点等参数。

（3）保存编辑后的色彩特性文件。

3．进行专色打样的色彩管理

（1）测量专色色样或PMS专色色卡的Lab色度值。

（2）根据测量得到的专色Lab色度值，结合数字打样机的色域图，判断该专色是否在打样机的色域范围之内。如果其距离色域超过一定的距离则无法精确再现。如果落在打样机色域内部，理论上是都可以再现的；如果落在打样机色域外但距离色域的边缘很近，仍然有可能用数码打样良好再现。这时可以继续进行下列步骤。

（3）新建专色表。通过在数字打样流程软件中建立专色表，以备在作业中使用。

（4）应用专色表，输出专色。在数字打样流程软件中调用新建的专色表，打样输出即可。方正畅流中的专色处理如图5-3-1所示。

图5-3-1　方正畅流中的专色处理

（五）注意事项

（1）印刷机测试样张所使用的色靶有IT8.7/3、IT8.7/4和ECI2002等可供选择。其中，IT8.7/3有928个色块，IT8.7/4有1617个色块，ECI2002有1485个色块。

（2）可以用来编辑色彩特性文件的色彩管理软件常见的有爱色丽的Profile Editor和海德堡的Color Toolbox等。

第二节　数字流程实施制作

（一）数字工作流程系统的组成和功能

数字工作流程系统是在信息化基础上，对印前、印刷、印后等工艺过程中的图文信息和生产控制信息进行集成（整合）控制管理的系统和技术。它是以数字方式集成印前、印刷、印后的各个生产过程，可对企业内所有设备、工序及工艺进行监控，对整个活件从接单到完成加工，甚至包装、运输，直至送至最终用户手中，进行统一的、全程的控制与管理。

数字工作流程系统由硬件（生产设备）和软件（流程软件）两大部分组成。生产设备向集成化、专业化、多元化方向发展，流程软件向开放式、跨平台化、智能化和文件格式标准化方向发展。

数字工作流程系统的功能包括热文件夹、规范化处理器、预飞、折手、拼大版、陷印、色彩管理、印刷补偿与反补偿控制、数码打样、RIP处理、CTP/CTF输出控制、CIP4油墨控制等。

（二）印前处理及制版的数据化、标准化控制知识

印前处理及制版的数据化、标准化控制包括以下几个方面内容：

1. 印前处理的数据化、标准化控制

（1）原稿输入质量控制　　包括原稿分析和扫描仪的校准和使用。

（2）印前图像处理质量控制　　包括图像层次调节、图像颜色校正、图像清晰度强调。

（3）分色参数的设置　　在印前软件中正确设置分色参数。

2. 输出分色片/印版质量的数据化、标准化控制

（1）印前输出文件质量检查。

（2）分色片/印版输出操作质量控制。

对于CTF工艺流程来说，需要对显影质量和晒版质量进行控制，包括显影液温度浓度控制、原版质量检查、版材质量检查、晒版设备工作状态检查、PS版晒版质量控制、PS印版质量检查等。对于CTP工艺流程来说，需要对显影质量和冲版质量进行控制，包括显影液温度浓度控制、线性化和印刷补偿曲线控制、CTP印版质量检查等。

3. 打样质量的数据化、标准化控制

（1）数字打样机校准（线性化）。

（2）数字打样机ICC特性文件制作。

（3）胶印机ICC特性文件制作。

（4）数字打样质量检查。

（三）制作印刷补偿曲线或反补偿曲线的方法

印刷特性曲线是印刷机特性描述文件，同时可以理解为印刷机T网点扩大特性曲线，还可以理解为印刷机自身特性曲线（在使用墨道数据时由印刷机厂商对机器的墨键开闭等特性做描述后生成相应的曲线）。

印刷补偿曲线是为版面网点数据进行补偿的变化曲线。通过对印版网点面积率的测量，分析制版过程中网点补偿（特定条件，一般为印刷企业的印刷流程条件下）对网点转移特性的影响，找出其规律，并以此为依据来指导印刷企业输出符合标准的印版。

一般方法是，首先在CTP数字化流程的RIP软件中制作线性化曲线。做完CTP线性化后，输出一套测试印版。然后在标准条件下上机印刷。使用测量仪器测量印品上相应色块的网点值，记录印品上的网点值。最后在RIP软件中将测量值填到对应网点百分比的文本框中，单击"应用"按钮，即可得到印刷补偿曲线或反补偿曲线。

（四）提出数字流程软件的功能与性能改进方案

1. 提出数字流程软件的功能与性能改进要求

（1）要能够熟练使用和掌握数字流程软件的所有模块。

（2）在熟练使用数字流程软件的基础上，能够分析数字流程软件的优势和缺陷。

（3）及时向软件供应商或开发商反馈数字流程软件的缺陷和不足，争取软件开发商尽快改进和完善数字流程软件的功能。

（4）在数字流程软件开发商还没有解决缺陷之前，为了不影响生产，要能针对数字流程软件的缺陷，及时找出替代解决方案。

2. 生成印刷补偿曲线或反补偿曲线

（1）CTP线性化。

（2）CTP线性化后，输出一套测试印版。

（3）在标准条件下上机印刷。

（4）使用测量仪器测量印品上相应色块的网点值，记录相关数据。

（5）RIP软件中将测量值填到对应网点百分比的文本框中，单击"应用"按钮，即可得到印刷补偿曲线或反补偿曲线，如图5-3-2所示。

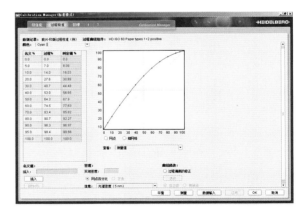

图5-3-2 制作印刷补偿曲线

（五）注意事项

（1）只有在熟练使用数字流程软件的基础上，才能够更好地发现数字流程软件的缺陷和不足。

（2）发现数字流程软件的缺陷和不足后，要及时向软件供应商或开发商反馈相关情况，甚至与其建立合作机制，共同研发，实现共赢。

第四章

打样样张、印版质量检验

第一节　检验样张质量

| 学习目标 | 1. 能使用仪器和软件来审定数字打样的质量。
2. 能利用样张检验并调节印版的印刷补偿曲线。 |

一、CTP 制版质量控制

（一）影响CTP制版质量的因素

1．激光

（1）激光束的直径和光强　激光束的直径和光强决定印版图文的清晰度及分辨率。激光束的直径越小，光束的光强分布越接近矩形（理想分布），图文的清晰度越高。

（2）激光束的输出功率和能量密度　对印版成像而言，单位面积上产生的激光能量越高，曝光速度越快。但是激光功率过高会缩短激光的工作寿命，降低激光束的分布质量，所以功率不宜过高。

（3）扫描精度　扫描精度取决于系统的机械及电子控制部分，各类设备精度不一。

2．版材

（1）版基　由于CTP成像是由激光光源发出的能量聚焦到CTP版材曝光得到的，所以对版材平整度以及表面处理的要求很高。

（2）涂层　CTP版材上的感光乳剂层，必须平滑、均匀，没有缺陷。因为在CTP制版机上生成的网点尺寸非常小，制版过程中微小的灰尘落在版材上都会导致一个人为的影像点，而且不易察觉。

3．显影条件

显影条件包括显影液的化学成分、温度、浓度等。显影条件对于印版上的图文质量至关重要。

（二）CTP制版的质量控制

CTP制版的质量控制包括微观质量控制和宏观质量控制。微观质量是指印版网点的质量，而宏观质量则包括印版的输出稳定性和版面均匀性。此外，在实际生产中还需对其进行线性化以及印刷补偿处理。

1. 微观质量控制

影响网点输出质量的因素包括CTP制版机的曝光参数、显影条件和版材分辨率等。

（1）曝光参数　控制好CTP制版机的曝光参数，使其光学系统和机械系统处于良好的工作状态，是保证CTP成像质量的关键要素之一。对于特定的CTP制版机和版材需要进行一系列感光性能的测试来确定最佳的曝光参数，包括激光焦距测试、变焦测试、激光发光功率测试和滚筒转速测试。

（2）显影条件　除免处理版材外，常见CTP版材经正常曝光后，还需在冲版机里进行正常的显影才能得到印刷用版，因此需对冲版机的显影条件进行测试和监控，如显影液温度、显影液pH值（浓度）、显影时间等因素。如果使用CTP厂家推荐的显影液，可使用厂家的设定值；如果不是厂家推荐的显影液，需要进行版材和显影液的匹配测试。

（3）印版分辨率　印版分辨率是图像细微层次再现能力的标杆。各类CTP版材差别不大，加网线数为200lpi时，可获得2%～98%的网点。有些热敏版材加网线数为250lpi或300lpi时，其网点还原可达1%～99%。若采用一些新的加网技术，加网线数可提高50%甚至更多。

实际生产中应对印版提前进行分辨率测试，以确定再现的最小网点直径。

2. 宏观质量控制

（1）测控元素的使用　印版宏观质量的控制可以借助一些测控条和测试版来进行。

（2）印版输出的稳定性　众所周知，CTP制版比CTF制版的稳定性要高，但并不排除生产中不稳定因素的存在，如显影液的衰变和激光光源老化等因素，都会影响印版输出的稳定性。因此需要定期检查CTP制版设备的工作状况。

检查印版输出稳定性的方法很简单，与实际生产可以同步完成。输出印版时在印版边缘放置网点梯尺，使用印版测量仪器，如X-rite iCPlate测量梯尺网点面积率，比较不同印版的网点值，如果印版网点值变化很小或几乎一致则说明系统稳定性良好，如果发现网点值变化较大，则应检查激光光源和显影液，如有必要需更换光源或显影液。

（3）表面均匀性　CTP印版的表面均匀性受曝光条件和显影条件的影响。CTP印版的表面均匀性可以使用实地条和平网来检测。

3. 印版线性化

实际生产中要求CTP印版能够线性输出，使印版的网点大小接近于电子文件数据，保证网点转移的准确性。但实际上，CTP设备在不做补偿时的输出是非线性的，因此需要确定特定曝光与显影条件下印版的输入数据，使印版输出达到线性输出的条件。

4. 印版的印刷补偿

印刷过程中，不可避免会出现网点增大现象，这会引起图像颜色和阶调的变化，影响印品的质量。因此，为了得到符合复制标准的印刷品，需要在印前对网点做适当的补偿，即对CTP印版做适当的印刷补偿。

二、审定数字打样质量操作

（一）使用仪器和软件审定数字打样质量

（1）使用色彩管理软件（如GMG Proof Control）和测量仪器（如Eye-One）要做好打印机的基础线性化，获得准确的胶印机和数字打样机的ICC特性文件，匹配打印机ICC特性文件和印刷机ICC特性文件。

（2）加载打样测控条，输出数字打样样张。

（3）使用色彩管理软件（如GMG Proof Control）和测量仪器（如Eye-One）逐行测量测控条上的色块。

（4）测量结束后，得到最大色差、平均色差和色相差等衡量打样样张质量的技术参数，对照ISO 12647-7标准，软件将自动生成数字打样质量结果报告。

（二）利用样张检验并调节印版印刷补偿曲线

（1）CTP线性化。

（2）CTP线性化后，输出一套测试印版。

（3）在标准条件下上机印刷。

（4）使用测量仪器测量印品上相应色块的网点值，记录相关数据。

（5）根据ISO 12647-2标准判断样张上的网点扩大值是否在标准范围内。

如果样张上的网点扩大值在标准范围内，则说明样张符合国际标准，那么该印版印刷补偿曲线是正确可行的。如果样张上的网点扩大值超出了标准范围，则说明样张不符合国际标准，那么该印版印刷补偿曲线必须进行调节。

（6）在RIP软件中，将第一步中测量得到的网点值填到测量值一栏的文本框中，软件就会通过计算，自动生成印刷补偿曲线或反补偿曲线。至此，利用样张检验并调节印版印刷补偿曲线操作完成。

（三）注意事项

（1）使用仪器和软件审定数字打样质量的过程中，色彩管理软件的优劣和测量仪器的精密程度是关键，同时操作要规范，要在标准条件下进行。

（2）色彩管理软件很多，各有优劣，要根据自身实际情况合理选择。

第二节　检验印版质量

学习目标

1. 能全面准确地分析印版质量问题产生的原因。
2. 能解决印版质量问题。
3. 能制订减小颜色色差值（ΔE）的解决方案。

（一）制版过程中影响质量的因素及解决方案

制版过程中，输出设备的曝光参数、晒版参数和显影参数都会对制版质量造成影响。需要对曝光过程、晒版过程和显影过程进行规范操作和严格控制。另外，必须要对设备进行线性化操作和印刷补偿曲线控制等。

（二）印版质量标准和检验规则

1. 印版质量标准

（1）印版外观质量方面：要求版面平整，擦胶均匀，版面没有折痕、划伤、脏点和底灰等。

（2）印版版式规格方面：要求版面尺寸正确，咬口尺寸正确，规矩线位置、尺寸准确无误，规矩线完整、细、直、黑，书刊印品有折页标记和帖标等。

（3）印版图文内容方面：要求没有文字错误、缺字漏字、缺笔少划，图文方向正确等。

（4）印版网点质量方面：要求网点饱满、完整、光洁，没有残损，没有毛刺，2%网点出齐，98%网点不糊死等。

2. 检验规则

定性标准和定量标准结合，肉眼观察和测量仪器并用。

（三）分析印版质量问题产生的原因

1. 印前处理引起的印版质量问题原因分析

（1）原稿输入质量　包括原稿分析、扫描仪的校准和使用规范性。

（2）印前图像处理质量　包括图像层次调节、图像颜色校正、图像清晰度强调。

（3）分色参数的设置　在印前软件中设置分色参数时是否正确。

2. 输出分色片/制版过程引起的印版质量问题原因分析

（1）印前输出文件质量。

（2）分色片/印版输出操作质量。

（3）输出设备曝光参数设置。

（4）晒版参数和显影参数设置。

（5）线性化和印刷补偿曲线控制是否准确。

（四）解决印版质量问题

1. 印版外观质量

印版外观质量问题包括：版面不平整，擦胶不均匀，有折痕，有划伤，有脏点，有底灰等等。解决的办法是：擦胶要均匀，在冲版、取版时要轻拿轻放，不要划伤印版，控制好显影浓度、显影温度和显影时间。

2. 印版版式规格质量

印版版式规格质量问题包括：版面尺寸错误，咬口尺寸错误，拼错大版，规矩线位置、尺寸、粗细等错误，规矩线不完整，书刊印品无折页标记和帖标等。解决的办法是：制版前仔细检查文件尺寸和裁切标记的位置、粗细、颜色，检查拼大版是否正确。制版后仔细检查裁切标记是否齐全，咬口尺寸是否正确。

　　3. 印版图文内容质量

　　印版图文内容质量问题包括：文字错误，缺字漏字，缺笔少划，图文方向错误，图片分色错误、细线断线等。解决的办法是：印前制作时文字要转曲，制版前打出小样，仔细检查小样上的图文信息。制版后再次仔细检查印版上的图文内容。

　　4. 印版网点质量

　　印版网点质量问题包括：网点不饱满，不完整，不光洁，有残损，有毛刺，网点扩大严重，2%网点丢失（小黑点消失），98%网点糊死（小白点消失）等。解决的办法是：控制好曝光参数和显影参数（显影浓度、显影温度和显影时间）。

（五）制订减小颜色色差值（ΔE）的解决方案

　　色差是指用数值的方法表示两种颜色给人色彩感觉上的差别。国家标准中，规定彩色装潢印刷品的同批同色色差为：一般产品 $\Delta E_{ab}^{*} \leqslant 5.00$（$L^{*} \leqslant 50.00$），精细产品 $\Delta E_{ab}^{*} \leqslant 3.00$（$L^{*} \leqslant 50.00$）。色差值越小，则印刷品的颜色质量越好。为了减小颜色色差值，可以采用下列解决方案：

　　（1）使用色彩管理软件和测量仪器制作印刷机的ICC特性文件。

　　（2）制作数字打样机的ICC特性文件。对数字打样进行基础线性化操作，制作数字打样机的ICC特性文件，匹配（绑定）数字打样机的ICC特性文件和印刷机的ICC特性文件。

　　（3）对CTP制版进行印刷补偿。在RIP软件中制作线性化曲线和印刷补偿曲线。

　　（4）测量数字样张或印刷样张上的测控条，得到最大色差、平均色差和色相差等技术参数，色彩管理软件会自动生成结果报告。如果样张色差值符合国家规定标准，说明样张合格。如果样张色差值超出国家规定标准，则需要重新循环以上步骤，直至样张色差值达到国家规定的色差标准。

（六）注意事项

　　（1）数字打样色差标准参照ISO 12647-7等国际标准，印刷样张色差参考《平版印刷品质量要求及检验方法》等相关国家标准。

　　（2）要制作高质量数字打样机、印刷机ICC特性文件，必须要有专业的色彩管理软件、精密的测量仪器、标准化的质量控制以及稳定的设备及耗材。

第五章

培训指导

学习目标	1. 能制订培训教学计划。

1. 能制订培训教学计划。
2. 能进行色彩管理理论培训。
3. 能对技师及以下人员进行技术理论培训。
4. 能编写制版工作指导书。
5. 能指导制订色彩管理流程和质量控制规范。

一、培训讲义的编写

技术培训最主要包括知识培训和技能培训两个方面，目的是使学员具备完成本职工作所必需的基本知识和工作技能。理论培训是学员进行的专业理论知识和专业基本知识的学习，一般以本专业为基础，跟踪新技术、提高理论水平的培训。

（一）理论培训的基本方法

理论培训是保证完成确定的教学目的和任务，师生在共同活动中所采用的方式。它包括教和学的方法，是教与学互动的过程，也是教与学的统一。理论培训的基本方法主要有：

1. 讲授培训

讲授培训就是通过讲解，向学员传输知识、技能等内容的培训方法。讲授比较依赖个人的语言基础和讲授技巧。一般要求讲师具有高超的传播艺术、良好的语言基础和丰富的专业知识。讲授培训的基本要求是：讲授的内容有科学性、思想性、系统性和逻辑性。讲授要具有启发性，易于理解，注重语言艺术，善于运用板书。

2. 讨论培训

讨论培训是在培训教师的指导下，组成学习小组，充分调动学员参与的积极性，就既定议题，通过学员与学员之间的交流发表对问题的认识和看法，进行探讨和争辩，找出个性化的解决方案，这种培训方法以学员活动为主。讨论培训可分为定型讨论、自由讨论、专题讨论等形式。

3．演示培训

演示培训是运用一定的实物和教具，进行示范，让学员掌握某项活动的方法和要领，从而掌握职业技能的培训方法。

4．视频培训

视频培训指运用录制的视频来进行培训。它是目前企业应用最广泛的培训方法。它通过组织收看、讨论，再由培训教师诠释，这种培训法的最大优点是：充分发挥视频的长处，即直观、形象、感染力强，能观察到许多过程细节，便于记忆；可以形象地表现难以用语言或文字描述的特殊情况；学员可以共同观察现场状况，并对学习目标进展给予快速的反馈。

5．新学徒法

新学徒法一般都在工作中进行，没有课堂培训环节，学习不离岗，师傅在工作现场对徒弟进行"理论+技能"的培训方法。师傅和徒弟可针对具体的教学内容签订协议，规定责任与义务，从制度上保证了培训效果。

（二）培训讲义的编写方式

培训讲义是培训教材的前身和基础，是教学的依据和教师授课最主要的备课资料，是学员获得知识的重要来源和学习中最重要的参考资料。培训讲义是讲课文本的体现，编写过程中要求具有体系的科学性、内容的正确性、语言的规范性和编排的合理性。

培训方法不同，培训讲义的编写方式也就灵活多样。培训讲义一般有以下几种编写方式。

1．学科式培训讲义

注重对学员学历的教育，对特定专业的理论体系教育，因此在编写内容上，强调内容的系统性、理论性和完整性。在编写形式上是传统的章节式编排方式，注重章节内容之间的联系与延续。使用这种培训讲义学习内容针对性差，学习形式适应性不强。

2．问答式培训讲义

针对生产实际中的不同操作问题编写教学内容，采用一问一答形式，有较强的内容针对性。但将它用于周期较长的强化性技术培训，则显得内容零散，深度不足。

3．模块式培训讲义

模块式培训讲义突出培训目标的可操作性，主张采用直线式教学方法对受训学员实施技能训练。在模块内容的编排上有较强的灵活性，适应不同的培训需求，在培训内容的选择上强调按需施教。

4．自学式培训讲义

强调学员在学习中的主导作用及在学习中的及时反馈原则。学员在学习中可自定学习步骤，循序渐进地加大学习难度，并可根据练习册及测验考核册检验自己对知识的掌握程度，以便及时修正自己的学习进度。这种讲义应用在培训中可能会产生教师的主导作用与学员的主体作用相矛盾的问题。

5．案例式培训讲义

这种培训讲义依靠的不是传统的"知识"体系，而是一个个教学案例。搜集案例素材的渠道一般有深入现场直接收集，通过学员收集，从企业内部提供的各种信息资料中收集，从互联网上搜集四种主要方法和强调以能力为中心、采用模块式编写体例、与学员实际联系紧密、可操作性强四个突出特点。案例式培训是能力训练的最好载体之一。

值得注意的是，培训讲义在编写过程中，应注重引导加强各级人员的道德品格培养和敬业精神的培养。技术工人是企业生产一线的主力，技术工人的素质和敬业精神直接关系到产品的质量和企业的效益。要提倡他们提高自身技术水平、刻苦钻研技术的精神。技师、高级技师是企业的骨干力量，其素质与企业的盛衰是密不可分的，因此，应当把培养劳动者的敬业精神，作为培养目标之一来抓。

二、印刷制版理论知识

（一）印刷的五大要素

1. 原稿

原稿是印刷中要被复制的实物、画稿、照片、底片、印刷品等的总称。原稿是制版、印刷的基础，原稿质量的优劣，直接影响到印刷成品的质量。因此，必须选择和设计适合不同印刷方式的特定的原稿，在整个印刷复制加工过程中，还应尽量保持原稿的格调。

印刷原稿有反射原稿、透射原稿和电子原稿等。每类原稿按照制作方式和图像特点又分为照相原稿、绘制原稿、线条原稿、连续调原稿和半连续调原稿。

2. 印版

印版是用于传递图文部分油墨至承印物上的印刷图文载体。原稿上的图文信息，体现到印版上，印版的表面就被分成着墨的图文部分和非着墨的空白部分。印刷时，图文部分黏附的油墨，在印刷压力的作用下，转移到承印物上。

印版按照图文部分和非图文部分的相对位置、高度差别或传送油墨的方式，被分为凸版印版、平版印版、凹版印版和孔版印版等。用于印版的材料有金属和非金属两大类。

3. 承印物

承印物是能够接受油墨或吸附色料并呈现图文的各种物质的总称。随着印刷品种类的增多，印刷中使用的承印物种类也包罗万象，主要有纸张类、塑料薄膜类、塑料容器类、木材木板类、木材容器类、纤维织物类、金属类和陶瓷类等。目前用量最大的是纸张和塑料薄膜。

4. 油墨

油墨是在印刷过程中被转移到承印物上的呈色物质的总称。油墨主要由颜料、染料色料与连结料组成，随印刷方式、承印物种类和印品用途的不同，印刷油墨的种类越来越多。随着印刷技术的发展，油墨的品种还在不断增加，价格低廉的绿色环保油墨和数字印刷油墨将是未来油墨制造业研究的重要课题。

5. 印刷机械

印刷机械是用于生产印刷品的机器、设备的总称。它的功能是使印版图文部分的油墨转移到承印物的表面。随着印刷技术的发展，印刷机械也从传统有压印刷的单张纸印刷机、卷筒纸印刷机、单色印刷机、多色印刷机等发展到无压印刷的数字印刷机。印刷机械是随着印刷技术的发展而变化的，但同时也影响着印刷技术的变革。

（二）印版制作

1. 凸版制版

凸版制版技术分两类，一类是传统凸印版的制作，另一类是柔性版制版。

（1）传统凸印版的制作　铜锌版是通过照相的方法，把原稿上的图文信息拍摄成正向阴图底片，然后将底片上的图文，晒到涂有感光膜的铜版或锌版上，经显影、坚膜处理，再用腐蚀液将版面的空白部分腐蚀下去，得到凸起的印版。

感光树脂版是以感光树脂为材料，通过曝光、冲洗而制成的光聚合型凸版。

（2）柔性版制版　柔性版印刷所使用的版材主要有两大类，即橡皮版材和感光性树脂柔性板材。感光性树脂柔性板材现在被广泛应用。它是一种预涂感光版，晒版工艺过程为：背面曝光→主曝光→冲洗→干燥→去黏→后曝光。

2. 平版制版

平版制版的方法有很多，其中预涂感光版的用途最为广泛，计算机直接制版发展最为迅速，这里主要介绍这两种制版方法。

（1）阳图型PS版的制版工艺流程为　曝光→显影→后处理→打样。

（2）计算机直接制版（CTP）就是用计算机把原稿文字图像经数字化处理和排版编辑，直接在印版上进行扫描成像，然后通过显影、定影等后处理工序或免后处理制成印版。

3. 凹版制版

凹版印版一般是直接制作在滚筒上的，印刷时将凹版滚筒安装在印刷机上。从制版工艺看，凹版主要分为腐蚀凹版和雕刻凹版。

腐蚀凹版就是应用照相和化学腐蚀的方法，将所需复制的图文制作成的凹版。

雕刻凹版是利用手工、机械或电子控制雕刻刀在铜版或钢版上把图文部分挖掉，为了表现图像的层次，挖去的深度和宽度各不同。深处附着的油墨多，印出的色调浓厚；浅处油墨少印出的色调淡薄。雕刻凹版有手工雕刻凹版、机械雕刻凹版、电子雕刻凹版。

4. 孔版制版

孔版印刷的印版图文部分由空洞组成，可透过油墨漏至承印物形成印迹，非图文部分不能通过油墨，在承印物上形成空白。丝网印刷是孔版印刷的主体。丝网制版的方法很多，有直接法、间接法、直接间接混合法以及计算机直接制版法。

（三）打样

打样是通过一定的方法由印前处理过的图文信息复制出各种校样的工艺过程。它是印刷生产过程中的一个重要环节，其作用在于：检查制版各工序的质量；为客户提供审校依据；为正式印刷提供墨色、规格等依据及参考数据。

打样主要有机械打样、照相打样、数码打样和计算机软打样。

三、职业技能和理论知识汇总

（1）学习国家职业标准《印前处理和制作员》，了解初、中、高级、技师印前处理和制作员的各项操作要求，以及与操作有关的理论。技师的技能和理论知识汇总见表5-5-1。

（2）根据国家职业标准《印前处理和制作员》的要求制订相应技能等级的教学计划。参考教学计划如表5-5-2所示。

（3）调查摸底培训对象的情况，如学习基础、技能等级、工作经历、培训要求等，以便能有针对性的培训。根据培训对象的具体情况制订相应的培训进度计划。参考"学员培训进度计划"如表5-5-3所示。

表5-5-1　技师的技能和理论知识汇总

职业功能	工作内容	技能要求	相关知识
一、图像、文字输入	（一）图像扫描/数字拍摄	1. 能根据各类原稿的特点设置扫描参数 2. 能对图像质量进行分析 3. 能对非标准原稿进行扫描调整 4. 能利用标准原稿生成扫描仪和数字照相机的特性文件	1. 去网扫描的原理 2. 非正常原稿的种类与调整方法 3. 扫描仪和数字照相机色彩管理的流程与方法 4. 屏幕校正仪的功能
	（二）图像处理	1. 能进行多图像的融合及缺损的修复 2. 能从图像信息表上判断颜色的准确性 3. 能用图像处理软件进行图像输出设置 4. 能对专色图像进行补漏白、叠印处理 5. 能识别网点百分比，在5%以内误差 6. 进行平衡的校正	1. 专色概念及专色图像处理方法 2. 蒙版、图层、通道、滤镜的图像处理方法 3. 灰平衡的概念
二、图像、文字处理及排版	（一）图文排版	1. 能进行文件跨平台、跨版本软件之间的相互转换 2. 能处理字体冲突，进行字体替换 3. 能进行可变数据排版 4. 能对格式化程度高、数据量大的书籍进行批处理和自动排版 5. 能设置并管理多级标题编号，完成目录、索引的抽取 6. 能编辑、使用并管理版面素 7. 能根据版面的模切成型要求、纸张开料方向，设置不同的版面拼版位置	1. 图文的排版流程 2. 印品质量要求 3. 出版物的结构和要素 4. 专业学科排版规范 5. 数据库的概念
	（二）标准文件生成	1. 能制作输出参数模板 2. 能制作补字文件，补充字库所缺字符	1. 网络基础知识 2. 字库结构的基本知识
三、样张制作	（一）数字打样实施	1. 能对数字打样样张颜色进行调整 2. 能使用色彩管理软件制作色彩特性文件	1. 色度系统知识 2. 图像颜色空间转换的再现意图概念 3. 色彩管理软件的种类和特点 4. 数字打样使用的色标类型 5. 色彩管理在印前处理中的应用方法

续表

职业功能	工作内容		技能要求	相关知识
三、样张制作	（二）数字流程实施制作		1. 能根据不同的印品选择适用的加网方式 2. 能根据印后加工的要求制作各种拼版的模板 3. 能安装、调试数字工作流程软件 4. 能设置特殊印刷效果的分色片制作参数	1. 多种加网的印刷适用性 2. 数字工作流程软件的性能和应用
四、制版（选择一个工作内容进行考核）	平版制版员	（一）胶片输出实施	1. 能调节激光照排机的激光参数 2. 能判定并处理胶片的质量问题	1. 判定胶片、印版输出质量的方法 2. 印前处理及制版与印刷质量的关系
		（二）印版输出制作	1. 能判定印版着墨不良问题 2. 能判定并处理印版的质量问题	
	柔性版制版员	（一）工艺改进技术攻关	1. 能承担技术攻关、新产品开发项目 2. 能制作78线/cm及以上的精细彩色版 3. 能解决不同类型原料与不同印刷材质的匹配问题	1. "四新"技术应用知识 2. 技术革新成果的应用实例
		（二）设备的调试与验收	1. 能调试、验收制版设备 2. 能看懂进口设备的技术规格和有关标识	1. 制版系统设备工作原理 2. 相关的外文专业词汇
	凹版制版员	（一）电子雕刻准备	1. 能按要求更换并调整刮刀、滑脚 2. 对电子雕刻针形的优劣进行判断 3. 能在拼版过程中根据工艺文件对图文内容制定相应的电子雕刻工艺参数	1. 刮刀、滑脚更换注意事项 2. 电子雕刻、激光雕刻工艺规范
		（二）实施电子雕刻	1. 能排除雕刻机的机械故障 2. 能对雕刻过程中产生的网变等参数变化做出判断	1. 雕刻参数变化对印品质量的影响 2. 雕刻机的机械结构
		（三）涂胶及激光雕刻准备	1. 能对激光网点形状进行设置 2. 能选择激光雕刻工艺	1. 激光网点的类型和适用范围 2. 激光雕刻工艺要求
		（四）实施激光雕刻	1. 能对雕刻质量问题进行分析并制定解决方案 2. 能排除激光雕刻机的故障	1. 激光雕刻工艺要求和质量要求 2. 操作环境对激光雕刻的影响 3. 激光雕刻机故障的原因及排除方法
	网版制版员	（一）绷网	1. 能用高张力丝网制作网版 2. 能绷制高精度印刷用网版	1. 高精度印刷网版的技术要求 2. 各种绷网机的特点及性能比较
		（二）印版制作	1. 能确定厚膜版的胶膜厚度和涂胶次数 2. 能根据厚膜版的质量判断和修正晒版工艺参数 3. 能设置直接投影晒版的工艺参数	1. 厚膜版的特点及质量要求 2. 直接投影晒版设备及工艺方法 3. 感光胶膜的结构和光化学原理

续表

职业功能	工作内容	技能要求	相关知识
五、样张、印版质量检验	（一）检查打样质量	1. 能检测网点密度、色差值（ΔE）、打样相对反差值（K 值）、网点增大值和湿压湿的叠印率 2. 能根据检测的结果与质量缺陷提出纠正措施 3. 能对印品设计缺陷进行分析并提出解决方案	1. 网点增大的原理 2. 相对反差值（K 值）的基本概念和计算方法 3. 颜色色差值（ΔE）的相关知识
	（二）检验印版质量	1. 能对印版质量进行综合检查、分析，并提出改进建议 2. 能分析、判断制版质量与印品质量间的关系，并提出解决方案	1. 分析和调节印品误差的方法 2. 印品质量标准
六、培训指导	（一）理论培训	1. 能编写培训讲义 2. 能进行印前处理与制版基础知识讲座 3. 能讲述本专业技术理论知识 4. 能指导三级 / 高级工及以下级别人员进行实际操作	1. 培训讲义的编写要求 2. 本职业行业标准和国家标准 3. 理论培训的程序和要点 4. 检测仪器、设备的应用方法
	（二）指导操作	1. 能指导三级 / 高级工对高难度印品进行打样操作 2. 能指导三级 / 高级工使用仪器和设备检测样品质量	1. 指导操作的步骤和要点 2. 制版所用检测仪器的名称及适用范围 3. 影响印刷质量的因素 4. 印刷机的构成及工作原理
七、管理	（一）质量管理	1. 能进行印品的等级评定 2. 能应用质量管理体系知识实现操作过程中的质量统计、分析与控制	1. 印刷的相关质量管理标准及各种打样工艺质量管理要求 2. 生产管理基本知识，安全技术操作规程，质量统计、分析与控制方法
	（二）生产管理	1. 能针对打样中可能出现的问题提出相应的预案 2. 能依据 ISO-9001 标准制订打样工序的质量管理方案 3. 能进行生产计划、调度、设备安全及人员的管理 4. 能制订部门的环保作业措施	1. 相关环境保护标准和质量标准 2. 保护生态环境作业的措施
	（三）工艺控制	1. 能制订、优化制版的工艺流程 2. 能制订特殊工艺方案 3. 能根据各工序生产情况制订生产计划 4. 能分析产生质量问题的原因	1. 各类印刷工艺特点 2. 国内外最新制版工艺和技术

表5-5-2　印前处理和制作员（技师）教学计划

职业功能	工作内容	序号	培训内容	课程类型	参考学时	备注
（一）图像、文字输入	1. 图像扫描	1	去网扫描的原理	理论课	2	
		2	非正常原稿的种类与调整方法	一体化课	2	
		3	扫描仪和数字照相机色彩管理的流程与方法	一体化课	4	
		4	屏幕校正	实习课	2	
	2. 图像处理	5	……			
		……				
	3. ……					
（二）……	1. ……					

表5-5-3　学员培训进度计划

学员单位：　　　　技能等级：　　　　培训讲师：　　　　培训时间：

周期	月日	学时	授课内容	场地要求	备注
第一周期	9月1日	2	去网扫描的原理	一体化教室	
	9月2日	2	非正常原稿的种类与调整方法	一体化教室/机房	
	9月3日	4	扫描仪和数字照相机色彩管理的流程与方法	原稿、扫描仪、数码相机、计算机等	撰写学习总结
	……				

4．注意事项

（1）培训教学计划制定前务必做好调研工作，包括：单位"月工作计划"、生产管理安排、设备使用情况、操作人员技能水平等，以便培训工作实用、有效。

（2）实际操作要以目标为导向，即每次的操作要规定具体的内容，要求和要达到的效果，切忌盲目操作。

第二节　指导操作

学习目标

1. 能指导和解决生产过程中出现的技术疑难问题。
2. 能指导技师按照检测标准检测产品质量。
3. 能运用新技术组织和指导技术攻关与新产品开发。

一、作业指导书的编写

（一）作业指导书的编写方法

作业指导书是生产过程中的依据文件，也是进行标准化管理的重要基础文件。它对控制生产过程中的品质、效率、成本、安全等要素有着重要的指导作用，也为我们进行员工培训和制程改善提供了依据。

（1）编写的目的　首先明确作业指导书是程序文件的支持性文件，属于程序文件的范畴，只是内容更具体，对象只需明确回答如何做的问题，没有普遍性和统一性。一般结合本单位的实际情况进行编写，保证质量目标的实施和实现。

（2）编写的原则　按照企业内部质量管理的要求，作业指导书应具有法规性、唯一性和实用性的特点。所以只有一个原则，就是保证最科学、最有效、最实际的可操作性和良好的综合效果。

（3）编写内容　作业指导书是检测活动的技术性指导文件，其主体是作业内容和要求，因此，内容应当准确。同时，内容的表达顺序同作业活动的顺序要保持一致。

（4）编写注意事项　一是作业指导书应专注于控制影响质量的因素而不是详细的操作。二是ISO9001规定质量体系程序的"范围和详略程度应取决于工作的复杂程度、所用的方法，以及开展这项活动所需的技能和培训"，同样作业指导书的详略程度也与此有关，并应尽可能简单、实用。三是使用通俗易懂的语言进行表述，易于指导试验和管理工作。四是作业指导书应易于修改，方便实用。

（二）编写作业指导书

（1）明确作业指导书的编写任务，组建编写团队。

（2）明确作业指导书的编写时间，编写目的，编写内容，编写过程及相关的人员职责，并形成书面文件。

（3）编写工序作业的具体操作步骤及注意事项（可进行必要的现场操作拍摄）。

（4）复核内容，初步制作该工序标准作业指导书。

（5）到现场进行试做，对该工序标准作业指导书进行确认。

（6）召开研讨会，总结标准作业指导书在执行过程中存在的问题，并提出解决措施。对现行标准作业指导书提出改善意见并分析其可行性。

（7）按规定的程序向主管部门审核批准。

参考作业指导书见表5-5-4。

表5-5-4　作业指导书

文件名称：制版作业指导书	制定部门：	
	文件编号：	
	编制日期：	

续表

1.0 目的
规范晒版作业流程，提高制版效率，保证印刷品质。
2.0 范围
适用于本企业晒版作业。
3.0 职责
晒版员负责本岗位的工作质量和效率，部门主管/组长负责对工作流程的检查和监督。
4.0 开机步骤
4.1 开启电源，启动晒版机红色按钮开关，显示屏亮着，检查晒版机曝光灯管，抽气表是否正常，及玻璃表面清洁无尘。
4.2 启动冲版机，使显影温度及烘干温度达到设定值。
5.0 晒版作业流程
5.1 收到工单与稿袋首先核对工单、样稿与菲林的一致性，核对项目各项要求，主要有：客户代码、料号、版本、印刷颜色、拼版方式、纸度，及检查菲林是否有损坏、刮花、脏污点等，核对无误后在核实表上签名确认。
5.2 根据菲林是实地或是网线设定晒版曝光及抽气时间，同时清洁晒版机玻璃两面干净无尘。
5.3 晒版定位时必须用菲林中线、平行线与晒版牙口尺中位线、平行线定位，并用透明胶纸将菲林与PS版贴紧，防止移位，再放进晒版机内进行晒版，同时把灰度尺平衡放在版的牙口任意一侧，用于测量曝光及显影效果，合上玻璃盖，启动抽气及曝光，同时注意抽气表指针是否达到指定值及再次检查玻璃面是否清洁无尘。
5.4 晒版曝光完成后，收好每套菲林，放入原来指定的菲林柜，将PS版取出冲版，拿取PS版时务必轻拿轻放，防止褶皱，插入冲版机时PS版要平行，不能放斜，PS版冲出后放到检查台上，用N字形目测法检查版面的图案、文字、网快是否完整，再检查版面是否有脏污点、菲林边线、托花、褶皱等。
5.5 检测曝光及显影效果，查看十五级灰度尺显示，网线版以显影后二级白三级略显为标准曝光时间，文字实地版以三级白四级略显为标准曝光时间，每次更换曝光灯管或换新药水后务必晒灰度尺检测是否达到最佳效果再进行正常晒版。
5.6 每套PS版检查后要在针位打孔机上进行十字校正打孔，校正打孔，误差控制在0.3mm以内（另有打孔机操作指导书）。

编制		审核		批准	

（三）注意事项

（1）编写人员编写作业指导书时应吸收操作人员参与，并使他们清楚作业指导书的内容。若涉及其他过程（或工作）时，编写人员要认真处理好接口。

（2）作业指导书属于质量体系的受控文件。作业指导书应按规定的程序批准后才能执行，一般由部门人负责人批准。经过批准的作业指导书只能规定的场合使用，并且按受控文件发放和执行，可按规定的程序进行更改和更新，但严禁使用无效版本和作废的作业指导书。

二、解决技术疑难问题的方法

当遇到技术疑难问题时，对于技术员或是技术团队来说，最关键的并不是对于技术细节的把握，而更多的是对问题处理阶段和进程的把握。一般都会经历几个不同的重要阶段。如果能清晰地把握这个过程，那么解决疑难问题的思路就会更加清晰，问题就会迎刃而解。

（1）摆正心态 很多时候，我们会因为急于解决问题，而盲目的采取着各种措施，却丢失了大局观，陷入极为被动的困境。所以，当遇到技术难题时，摆正位置和心态非常重要，积极迎战，不躲不拖，甚至做好"让暴风雨来的更猛烈些"的准备。面对问题，解决问题，从解决疑难问题中体会快乐。

（2）摸清症状　所谓症状，就是异常情况的现象，其与本来预期的不同之处。面对"疑难"，"调查研究，摸清根源"最重要，是解决问题的第一方向和先决条件。建议先冷静、深入地收集本问题涉及各方的真实情况，形成第一手资料，必要时需进行测量。症状查看得越仔细越具体，甚至能获得更多量化的数据，就越容易打下分析解决的基础。

（3）分析诊断　分析，说白了就是将上面的所有关于此症状的信息、线索、测量数据放到一起，找到它们之间的因果关系，从而找到问题出现的原因。需要注意的是：分析的结果取决于之前的线索和测量的结果的，没有充分的线索和数据，是无法得出好的分析结果的。原因的追溯是可以没有终点的，分析可能在继续。分析是一个系统工作，疑难问题一般都不是单一的。分析的结果往往是可能性，不见得有十足的把握。在没有对分析结果进行测试之前，都是"可能"。

（4）采取措施　我们追溯问题原因的目的，在于通过对诱因的改变去解决问题，消除故障症状。一味地刨根问底的找原因，其实并不能最终解决问题；最终是一定要落到采取措施改变诱发条件上的。基于不同层次的原因，以及你对解决问题的紧急程度，其措施也会不同。如果采取的措施有效，那么我们的技术疑难问题就得以解决了。

（5）加强学习　解决疑难没有捷径，靠的是聪明才智，聪明才智来源于勤奋和学习。目前新技术、新工艺层出不穷，建议多学习、多历练，提高专业技术水平，提升分析解决问题的能力。我们应努力向身边的高技能人才学习，"三人行必有我师"，边干、边学、边总结、边提高。我们也可借助网络，开阔视野及思路，借鉴成熟方法，有的放矢，为我所用。

三、检测产品质量参数的相关标准

（一）印刷品的评价

印刷品的产品质量与印前、印中、印后等多方面的因素有关，如印刷方式、印刷设备、印刷材料、原稿情况、制版情况等，印刷产品的最终质量则由印后加工及其设备所决定。印刷界常把评价印刷质量的方法分为主观评价、客观评价和综合评价三类：

（1）主观评价　主观评价方法通常是指用人眼而不是用仪器进行质量评判，即由人眼评价出人们对产品的主观印象。

（2）客观评价　客观评价方法本质上是要用恰当的物理量或者说质量特性参数对各方面质量进行量化描述，为有效地控制和管理各方面质量提供依据。

对于彩色图像来说，印刷质量的评价内容主要包括色彩再现、阶调层次再现、清晰度和分辨率、网点的微观质量和质量稳定性等内容。可使用密度计、分光光度计、控制条、图像处理手段等测得这些质量参数。

（3）综合评价　所谓综合评判方法就是采用主观评价方法来确定客观评价方法难以解决的变量相关之间权重的方法，即将主观评价与客观评价综合在一起的一种评价方法。由于印刷质量参数很少有独立变量，而且每个变量对图像影响的权重又不同，所以在生产实践中，通过主观的定性质量评价和客观的定量质量评价相结合的方法。

（二）印刷评判标准

印刷品在成型的过程中要经过印前、印中、印后等多道工序，每道工序都有自己相关的评判标准；印刷方式的不同（如平印、网印、凹印、柔印等），也对应自己相应的评判标准，这是各工序、各阶段的标准。

在生产实践中，除了各阶段工序的检测外，对产品的质量评价一般是参照相关的标准，通过主观、客观相结合的评价法对最终成品的检测。如观色时用规定的光源（如用CY/T3《色评价照明和观察条件》）、以量化方式多方面测量和评价印刷图像质量的新国际印刷质量标准ISO3660等。印品质量的标准评判内容主要包括：

1. 印刷特征

（1）颜色鲜艳，深浅均匀。

（2）层次分明，色调丰富。

（3）阶调清晰，反差适中。

（4）套印准确，图像清晰。

2. 外观特征

产品整洁、干净、无脏污、无任何印刷故障等。

3. 成品特征

（1）裁切尺寸符合相关标准要求。

（2）最终成品符合相关标准要求。

第六章

管理

第一节　质量管理

学习目标	1. 能制订制版各工序质量要求。
	2. 能根据印品质量调节色彩特性文件。
	3. 能对供应商来料进行验收。
	4. 能制订技术升级创新方案。

一、质量标准

在推行标准化的过程中主要以国际标准、国家标准和行业标准为依据。操作者应该熟悉国家标准中与印前制版相关的主要内容。

1. 网线数

对于四色印刷，加网线数应在45～80l/cm之间。

推荐的标准网线：卷筒纸期刊印刷45～60l/cm；连续表格印刷52～60l/cm；商业、特种印刷60～80l/cm。

国际标准中网线比国家标准要高，过去常用的单位是l/in，而现在统一为l/cm，操作者要会换算，例：60l/cm=150l/in、80l/cm=200l/in。

2. 网线角度

对于单色印刷，网线角度应为45°，对于彩色印刷有两种网线角度，一是无主轴的网点，即圆形与方形网点，二是有主轴网点，即椭圆形或菱形网点。

无主轴网点，C、M、K角度差为30°，Y与其他色版角度差应是15°，主色版的网线角度应是45°（网点排列的一个方向与基准方向形成最小的夹角）。

有主轴的网点C、M、K角度差是60°，Y与其他色版的角度差应是15°，主色版的网线角度应是45°或135°（轴与图像基准方向形成的夹角），Y版的网线角度为0°。

3. 网点形状与阶调值的关系

一般应使用圆形、方形和椭圆形网点。对于有主轴的网点，第一次连接应发生在不低于

40%的阶调值处，第二次连接应发生在不高于60%的阶调处。

4. 图像尺寸误差

在环境稳定的情况下，一套分色片或印版各对角线长度之差不得大于0.02%。该误差包括图文照排机或直接制版机的可重复性及胶片稳定性引起的误差。

5. 阶调值总和

单张纸印刷阶调值总和小于或等于350%。卷筒纸印刷阶调值总和小于或等于300%。阶调值总和高的情况下会发生诸如叠印不牢、背面蹭脏等现象。

6. 灰平衡

灰平衡指的是用黄、品红、青三原色油墨不等量混合，并在印刷品上形成灰色。如无特别说明，灰平衡阶调值如表5-6-1所示。

表5-6-1　灰平衡阶调值

阶调	青／%	品红／%	黄／%
1/4 阶调	25	19	19
2/4 阶调	50	40	40
3/4 阶调	75	64	64

二、制版材料的相关质量管理要求

印刷材料管理是生产作业的前期准备，以确保产品质量，控制成本，使交货期符合合同为目的所进行的物资采购与保管等相关活动。印刷企业做好材料管理，可以增加可供使用的资源，减少损失、杜绝浪费、提高企业的经济效益。

（一）控制好制版材料品质、价格

对于印刷所使用的纸张、油墨、印版等主要材料，原则上应该尽量使用优质材料，采购部门在采购时一定要事先作好调研，对主要材料的品质、性能、数据了如指掌，并能做适性实验，在此基础上根据本企业的设备情况，资金承受能力适当选择。

选择辅助材料时，同样要慎重。因为辅料出问题时，会使制版操作出现困难，印版质量不符合要求，所以选购辅料也要经过严格的检查筛选以及经过实际生产的检验。

材料采购费用在企业经济指标中具有重要地位，其费用占全部流动资金的比例很高。材料成本对印刷企业而言是生产成本最大的费用，所以，材料的采购价格是非常重要的管理项目。在采购材料的过程中，要善于利用价格磋商的手段，来降低材料买入价格，来降低买入成本。例如，可以指定一家公司特供订货，通过集中大量采购的方式来降低价格，也可以让多家公司进行竞争之后再进行选择性购买。这些需要根据实际情况灵活掌握。

在材料使用部门实施价格管理。具体地讲，当材料使用部门凭借材料出库单从仓库领取材料时，也要把材料价格作为一个要素做成表格进行管理，让使用材料者明白购买价格、材料性能，以便掌握材料使用方法，杜绝浪费，节约材料费用。

（二）印版的存放

为保护好印版，操作者应注意以下几点：

（1）防氧化　晒版完成后，应及时在版面均匀涂布一层亲水胶体，并保持版面干燥。如果没有保护层，版面直接暴露在空气之中，版面易被氧化，生成的氧化物具有亲油性，使印版上脏。

（2）防潮湿　空气相对湿度大，会使印版发生电化学腐蚀，破坏非图文部分改变其亲水疏油性能。而且感光药膜吸湿力强，会自然老化，降低感光度。温度在20±2℃，相对湿度在60%～65%为宜。

（3）防摩擦　印版在存放时，应使版面向上。如果两印版相对重叠，应使版面朝里，并用一张纸隔开两版面，防止相互擦伤。

（4）防光解　必须在弱光（最好是黄光）下存放。在白炽灯等强光下，感光层会发生光解。

（5）防酸碱　常用印版版基大多选用锌或者铝。它们既能与酸反应，又能与碱反应。

（6）防马蹄印　在拿版时，要轻拿轻放，不要任意卷曲，避免造成马蹄印，使印版局部造成凹凸不平，损坏图文部分。

三、生产过程相关规定及实施方法

质量是企业的生存基础，质量管理是一个企业的基础管理，是企业的生命线，是企业管理的重中之重。对于印刷企业而言，质量管理的难点在于过程控制，这是由印刷企业本身所决定的。

（一）印刷工序产品质量标准的制定

在进行质量管理的时候，到底执行国家标准、行业标准还是企业标准，一般来说，应根据企业的生产、技术设备和管理水平而定，原则上制定一个标准，这样做的优点是：

（1）可以在员工的思想中形成固定的质量标准，强化质量意识。

（2）执行标准等于给产品加上一个保险系数。

（3）可营造核心竞争力。

（4）国标和行标都具有效力。

在实际生产中，未必任何活件都必须套用国标或行标，例如：质量要求极为苛刻的高档精细印刷产品，还有创新设计的个性化产品以及印量极少的馈赠珍藏品。它们的质量标准，需要重新制定高于国标和行标的企业标准。而该标准是企业针对自身的情况和技术质量水平制订的，仅适用于本企业的标准，具体做法是：

（1）与客户沟通，充分了解客户的要求，虚心听取客户的意见，耐心细致地为客户介绍印刷加工的全过程，使客户放心。

（2）制订科学、合理、完善的生产工艺，并细化、贯穿于整个生产环节，内容包括：质量标准，印前、印刷、印后的作业参数，注意事项等。

（3）高级技师要针对本企业情况组织制定企业产品质量标准。根据生产工艺质量标准，检查设备、材料以及合理调配机台操作人员，严密监控印刷全过程。

（4）印刷品质量管理标准来源于印刷实践．绝非空中楼阁。所以，高级技师一定要通晓印刷品质量控制的全过程。

（二）印刷品质量的控制

印刷工序是一个承上启下的工序，在原稿确定的前提下，产品质量既受到印前的影响又受到印后的制约。所以，印刷工序产品质量的控制必然与印前、印后有关。

1. 印前

印前是印刷品质量控制的第一关，所以，制版操作者要高度重视认真做好以下各项工作：

（1）整理原稿。

（2）用色彩管理的程序进行阶调复制。

（3）规范晒版操作。

2. 印刷

印刷品质量管理是一项烦琐而又细致的工作，尤其是在印刷方面，影响印刷品质量的因素很多，综合起来可归结为：客观因素和主观因素。客观因素一般包括印刷材料、印刷设备、印刷工艺。而印刷操作者的技术素质则是主观因素。印刷工艺在印前已经设计好了，它在印刷执行过程中的作用是对印刷过程进行监督、约束与评判，是不可改变的。所以，通常在印刷作业中不予过多考虑。

3. 印后

任何一件印刷产品，都是由很多道印后加工工序完成的，这些工序包括覆膜、上光、烫金、模切、装订等，影响印后加工的因素也很多。

印后加工的对象是印刷半成品，它们经印后加工完成后，即作为商品与消费者见面。所以，印后加工一定要严格执行印前工艺制定的质量标准，在具体实施过程中一定要规范操作，杜绝不合格产品出厂。

（三）印刷质量管理措施

制定印刷质量管理措施是一项严肃、慎重的工作，其目的就是要提高印刷产品质量。所以，任何一个印刷企业都要结合本企业的实际状况，制定出保证质量的管理措施，并认真贯彻执行。高级技师在做这方面的工作时，应注意以下几个方面：

1. 树立"质量第一"的思想

"质量第一"是质量管理的指导思想，也是企业管理的主要内容，它是衡量印刷企业道德是否高尚的标准，是厉行节约、提高企业经济效益的重要途径，也是企业兴衰荣辱的关键，直接关系到企业员工的经济效益。所以，认真贯彻这一方针要靠经常的思想教育，现场说法，让员工牢固树立"质量第一"的思想。

2. 健全质量管理的基础工作

（1）做好有关质量情况的原始记录工作　原始记录是通过填写对生产经营活动所做的最初直接记录，如产量、质量及设备运转等情况。原始记录要做到"数据准确、时间及时、情况完整"。

（2）做好测试和计量工作　在生产过程中做好测试和计量工作是认真执行质量标准，保证产品质量的重要手段，是企业管理的一项基础工作。

（3）重视标准化工作　标准化工作包括两方面的内容，一是技术标准，二是管理标准。要求所有员工都必须按照标准从事工作。

（4）要有严格的质量责任制　印刷工程是一个复杂的工艺过程，影响产品的质量因素很多，所以，必须要有严格的质量责任制，明确工作中的具体任务和责任，做到职责明确。

3. 加强现场管理

现场管理是保证和提高产品质量的关键。

（1）严格控制生产工艺过程　影响印刷产品质量的五大因素是：材料、设备、工艺、环境与操作。把五大因素切实有效地控制好，及时消除不良因素，就能保证稳定的优质产品。

（2）定期综合分析，掌握质量动态　定期综合分析就是要认真查看原始记录，根据质量指标，寻找产品质量的缺陷，发现废品产生和变化的规律，以采取技术和组织措施，减小或杜绝废品。

（3）搞好质量检验质量　检验是企业质量管理必不可少的内容，是保证产品质量最基本、最起码的职能。检验的内容包括：进厂的原材料、生产过程中的机器设备、工艺装备、工艺规程、加工方式、半成品、成品及外包装等。检验的方法通常是预检、中间检验和最后检验。

4. 强化技能培训

培训是一种企业文化，是质量管理的一种方式。一般要根据企业的情况来确定，有时要全员培训，有时要针对性地培训。其目的是：

（1）提高专业理论水平　随着科技的发展，现代印刷业无论是材料、工艺、设备及自动控制技术都发生了很大的变化，所以，一定要注意专业理论知识的学习，不断更新知识，才能掌握和了解新工艺、新设备、新技术、新材料，才能跟上时代的步伐，才能胜任工作，产品质量才有保证。

（2）提高操作水平　现在新的设备，无论是结构还是控制技术都是超前的，所以，没有娴熟的操作和高超的技艺是干不出好活的，因此，既要认真学习理论又要提高操作水平。

四、新技术的发展趋势

产品质量是现代企业管理的重要组成部分，是企业承揽业务、占领市场、企业竞争的重要条件，涉及企业管理的全部内容：要培训提高管理者与操作者素质与技能；要技术进步、实施设备的更新、换代与整合，提高设备的完好率与利用率；重视材料的选型，保管与使用；优化工艺路线、健全相关制度，在保证产品质量的前提下简化运作；配备符合生产要求的环境与条件，而且要兼顾绿色生态环保。

现代企业质量管理的新技术发展趋势，是采用科学的管理方法与手段，实施全方位的、全员的、全过程的前管理（或叫预防管理），用文件化、制度化、规范化并逐步实施数字化、标准化、网络化、信息化的管理。数字化工作流程是建立在技术成熟与信息准确的基础上，并将逐步成为印制系统管理的规范或标准，是生产管理的方向和目标。

（一）提高认识，认真实施八项质量管理原则

（1）以顾客为关注焦点　企业依存于顾客，要理解和满足顾客的要求，这实际上是市场导向，是企业生存与发展的前提，没有市场，管理也无从谈起。

（2）领导作用　领导有支配企业资源（人力、物力、环境厂房）的权力，左右着企业长远规划与实施计划，决定着企业的质量方针与质量目标。

（3）全员参与　全员参与是质量管理的深化与发展，强调的是人的作用。企业的经营生产的各级人员，都要学习各自的一、相关知识，明确自身在体系中的权限与责任，有全局意识，树立敬业精神，努力完成各自任务。

（4）过程方法　质量管理不仅要保证产品质量符合相关标准，而且必须达到顾客满意，不仅要管好影响质量的要素，而且要管好全过程。

（5）管理的系统方法　管理不仅需要科学方法，而且需要系统性。将全员参与和过程方法有机地结合起来，实施全员、全过程、全方位的一体化动作，是实施文件化、规范化、标准化的主要方法，是控制产品质量最有效的措施。实践证明，全部的生产过程中，任何环节、任何方面出现问题，都会影响最终的产品质量。

（6）持续改进　提高管理水平与产品质量，改进企业的总体业绩是永恒的目标。

（7）基于事实的决策方法　把想做的事和做的结果真实记录，从实际出发，对记录进行分析是有效决策和质量管理的基础，是有效的质量管理方法。

（8）与供方互利的关系　企业与供方都要创造价值，应是双赢的关系。

（二）提高产品质量，是企业管理的根本目标

（1）提高设备的配套能力，提高设备的完好率与利用率；合理使用材料，降低材料的消耗，减少或杜绝不合格品的发生；监督与控制好全过程各环节的产品质量；保证印制周期；通过实践的运作与学习提高自身的技能与管理水平；节约费用、降低企业的综合成本；用高品质、合理的价格、准确的周期与诚信、优质的服务占领市场，满足顾客的要求；实施安全生产，促进企业的健康发展。

（2）按国家规划纲要的要求，企业的管理目标要与国家的宏观要求相一致。要推进经济与社会信息化，走新型工业化道路，坚持节约生产，环保生产，安全生产，实现可持续发展。加快转变经济增长方式，提高企业的工艺技术、管理、制度、产品的创新能力，调整产品结构，创出更多名牌。

（3）提高经营管理能力。

（三）制定本单位质量管理措施

（1）学习印刷品质量标准，掌握制版质量要求。

（2）根据客户要求制定相应的质量标准。

（3）了解印刷全过程质量控制要点。

（4）制订本单位质量管理措施。

制定本单位质量管理时，要注意：一是质量管理标准要具有可操作性；二是应跟踪质量管理标准的实施过程。

第二节　生产与环境管理

学习目标
1. 能制订制版各工序的环境保护措施。
2. 能提出节能减排和提高设备利用率的可操作性方案。

一、环境管理体系标准

ISO 14000系列环境管理标准是ISO国际标准组织在成功制定ISO 9000族标准的基础上设立的管理系列国际标准。目前ISO 14000标准的最新标准是2015版，我国等同采用该标准并颁布了GB/T 24001–2016《环境管理体系要求及使用指南》。

（一）ISO 14000系列标准的组成

ISO 14000系列标准是国际标准化组织ISO/TC 207负责起草的一份国际标准。ISO 14000是一个系列的环境管理标准，它包括了环境管理体系、环境审核、环境标志、生命周期分析等国际环境管理领域内的许多焦点问题，旨在指导各类组织（企业、公司）取得和表现正确的环境行为。

ISO 14001标准是ISO 14000系列标准的龙头标准，它的总目的是支持环境保护和污染预防，促进环境保护与社会经济的协调发展。为此，ISO 14001标准突出强调了污染预防和持续改进的要求，同时要求在环境管理的各个环节中控制环境因素、减少环境影响，将污染预防的思想和方法贯穿环境管理体系的建立、运行和改进之中。目前，现代企业正在推行实施ISO 14001环境管理体系标准。

（二）ISO 14000系列标准的作用与意义

1. 有助于提高组织的环境意识和管理水平

ISO 14000系列标准是关于环境管理方面的一个体系标准，它是融合世界许多发达国家在环境管理方面的经验于一身而形成的一套完整的、操作性强的体系标准。企业在环境管理体系实施中，首先对自己的环境现状进行评价，确定重大的环境因素，对企业的产品、活动、服务等各方面、各层次的问题进行策划，并且通过文件化的体系进行培训、运行控制、监控和改进，实行全过程控制和有效的管理。同时，通过建立环境管理体系，使企业对环境保护和环境的内在价值有进一步的了解，增强企业在生产活动和服务中对环境保护的责任感，对企业本身和与相关方的各项活动中所存在的和潜在的环境因素有充分的认识。该标准作为一个有效的手段和方法，在企业原有管理机制的基础上建立起一个系统的管理机制，新的管理机制不但提高环境管理水平，而且还会促进企业整体管理水平。

2. 有助于推行清洁生产，实现污染预防

ISO 14000环境管理体系高度强调污染预防，明确规定企业的环境方针中必须对污染预防做出承诺，推动了清洁生产技术的应用，在环境因素的识别与评价中全面地识别企业的活动、产品和服务中的环境因素。对环境的不同状态、时态可能产生的环境影响，以及对向大气、水体排放的污染物、噪声的影响以及固体废物的处理等逐项进行调查和分析，针对现存的问题从管理上或技术上加以解决，使之纳入体系的管理，通过控制程序或作业指导书对这些污染源进行管理，从而体现了从源头治理污染，实现污染预防的原则。

3. 有助于企业节能减排，降低成本

ISO 14001标准要求对企业生产全过程进行有效控制，体现清洁生产的思想，从最初的设计到最终的产品及服务都考虑了减少污染物的产生、排放和对环境的影响，能源、资源和原材料的节约，废物的回收利用等环境因素，并通过设定目标、指标、管理方案以及运行控制对重要的环境因素进行控制，达到有效地减少污染、节约资源和能源，有效地利用原材料和回收利用废旧物资，减少各项环境费用（投资、运行费、赔罚款、排污费），从而明显地降低成本，不但获得环境效益，而且可以获得显著的经济效益。

4. 减少污染物排放，降低环境事故风险

由于ISO 14000标准强调污染预防和全过程控制。因此，通过体系的实施可以从各个环节减少污染物的排放。许多企业通过体系的运行，有的通过替代避免了污染物的排放；有的通过改进产品设计、工艺流程以及加强管理，减少了污染物的排放；有的通过治理，使得污染物达标排放。实际上ISO 14000标准的作用不仅是减少污染物的排放，从某种意义上，更重要的是减少了责任事故的发生。因此，通过体系的建立和实施，各个组织针对自身的潜在事故和紧急情况进行了充分的准备和妥善的管理，可以大大降低责任事故的发生。

5. 保证符合法律、法规要求，避免环境刑事责任

现在，世界各地各种新的法律、法规不断出台，而且日趋严格。一个组织只有及时地获得这些要求，并通过体系的运行来保证符合其要求。同时由于进行了妥善的有效的控制和管理，可以避免较大的事故发生，从而避免承担环境刑事责任。

6. 满足顾客要求，提高市场份额

虽然目前ISO 14000标准认证尚未成为市场准入条件之一，但许多企业和组织已经对供货商或合作伙伴提出此种要求，一些国际知名公司鼓励合作公司按照ISO 14001的要求，比照自己的环境管理体系，力争取得对这一国际标准的注册，暗示将给予正式实施ISO 14001的供应商以优先权。

7. 取得绿色通行证，走向国际贸易市场

从长远来看，ISO 14000系列标准对国际贸易的影响是不可低估的。目前，国际市场上兑现的"绿色壁垒"多数是由企业向供货商提出的对产品或是生产过程的环境保护要求，ISO 14000系列标准将会成为国际贸易中的基本条件之一。

实施ISO 14000系列标准将是发展中国家打破贸易壁垒，增强竞争力的一个契机。

ISO 14000系列标准为组织、特别是生产型企业提供了一个有效的环境管理工具，实施标准的企业普遍反映在提高管理水平，节能降耗，降低成本方面取得不小的成绩，提高了企业产品在国际市场上的竞争力。

（三）ISO 14001：2015环境管理体系标准

见相关标准。

二、制版设备利用率和成本控制方法

设备利用率是表明设备在数量、时间和生产能力等方面利用状况的指标。提高设备利用率是提高印刷企业经济效益的重要目标，而提高设备利用率的措施则是实现这一目标的重要内容。

一般而言，制版设备利用率低下的因素有：制版故障造成的停机；制版设备调整的非生产时间（即制版准备时间）；设备空转和短暂停机；生产有缺陷的产品和降低设备的产量（开机造成的损失）。为全面提高制版设备生产利用率，可从实现制版设备效率的最大化，制订彻底有效的制版设备预防性维护计划，建立持续改进制版设备利用率的实施小组，在企业内实施全面生产质量管理和激励政策等四个方面着手。

制版设备成本不但包括一次性购置设备的付出，还包括使用过程中的维护、保养、维修等。制版设备成本控制就是控制制版设备的购置、使用、维护、维修和能力的充分发挥。可从以下几个方面加强管理：

1. 制版设备引进的决策要正确

设备引进决策正确与否是印刷企业控制成本的第一关键条件和前提。印刷企业在购进制版设备时，要综合分析拟购设备的性能、价位和配件、维修、服务成本等，设备要适应所在印刷市场的活源与供求关系，以提高设备的开工率，减少停机成本。还要了解该设备的寿命周期，在设备的优势年龄段购入。

2. 要做好制版设备的日常运行和维护

企业设备管理部门或生产部门要制定制版设备的日常管理、维护制度，并对车间生产实施过程进行检查监督；日常的维护要有书面制度，如定时定位查看、清洁等；制定周、月、年保养的具体范围和内容；还要灵活掌握保养的时间，忙时可以适当延期，闲时就要仔细检修，一定要从设备方面做好充分准备，防止关键时刻掉链子。

3. 易损件的购备要形成三级标准目录

配件、易损件应分别按不同时限提前购进，并按存货的最低数量随时补充，以保证生产的不间断进行；非易损件紧急损坏时的处置要有预案，要有最短的供货途径和时间；最好有不止一个以上的供货渠道，做到双保险。

4. 应把设备的设计能力发挥到极限。

为适应市场激烈的竞争，印刷企业普遍缩短了印刷设备的折旧年限，因此，要求我们在有限的时间内，要充分发挥出制版设备的生产能力。要在设备调试、磨合好以后，依据产品情况，在许可的前提下，尽量提高制版设备使用效率。

三、节能减排的管理知识

广义而言，节能减排是指节约物质资源和能量资源，减少废弃物和环境有害物（包括三废和噪声等）排放；狭义而言，节能减排是指节约能源和减少环境有害物排放。

我国早在1997年制定、1998年正式施行的《中华人民共和国节约能源法》，将节能赋予法律地位。内容涉及节能管理、能源的合理利用、促进节能技术进步、法律责任等。该法明确了我国发展节能事业的方针和重要原则，确立了合理用能评价、节能产品标志、节能标准与能耗限额、淘汰落后高能产品、节能监督和检查等一系列法律制度。

印刷企业作为服务加工型企业，并非工业企业中的耗能大户，因此印刷企业的节能关键是在生产的各个能源使用环节上要减少损失和浪费，提高其有效利用程度。印刷企业主要节能措施有：

（1）热能节约　热能主要使用形式是为印刷工艺过程某环节加热、对原料和产品的热处理、企业建筑冬季采暖等，节能途径的关键是提高热交换过程的效率、尽可能使用低晶位的热能，特别是余热。如印刷企业的印前制版显影、胶印油墨干燥、凹印色间干燥、无线胶订上胶等环节，都是可以节约热能、利用余热的环节。

（2）电能节约　电能作为全球应用最广的二次能源，已得到普遍地应用。但在传输和使用中不可避免地会有损耗。提高输电效率、提高用电设备的利用率，将对节约能源起到重要作用。印刷企业作为终端用电户，节电措施应为淘汰低效电机或高耗电设备，改造原有电机系统调节方式，推广变频调速、独立驱动等先进用电技术，正确选择电加热方式，降低电热损失。

（3）水能节约　水资源短缺是我国尤其是北方地区经济社会发展的严重制约因素，中国已开始进入用水紧张时期。印刷企业在生产中的胶片显影、印版显影、印刷机循环冷却、印刷车间冷却等都较大量用水，提高用水设备的能源利用效率，采用新工艺降低产品生产的有放用水，从而能够直接节约水能。

（4）降低能耗　加强企业科学的组织管理，通过各种途径减少原材料消耗，如纸张、油墨、润湿液、版材、胶片、胶辊、橡皮布、洗车水、用胶、薄膜等，在保证印刷品质量的前提下，既要减少印刷直接能耗，也要减少印刷间接能耗。

（5）提高印刷设备利用率　先进印刷设备的投资巨大，每年的设备维护、维修费用也不小，如何充分利用好印刷设备，发挥好印刷设备的全部功能，使其达到最大限度地使用，减少印刷设备的非工作时间，特别是还要付出成本的维修，就是充分利用了印刷设备。

四、提出全面质量控制和综合管理方案

（1）了解产品加工工艺流程和产品质量的要求。

（2）对全面质量管理诸多因素进行分析与控制。

（3）在实施过程中，找出需要调整或重点加以控制的因素，稳定产品质量。

（4）实施全面质量控制和综合管理。

各从业人员应积极学习环保部印发的《国家环境保护标准"十三五"发展规划》，各单位应开展多种形式的宣传教育活动，普及绿色印刷知识，增强全行业从业人员的绿色印刷意识。

第三节　工艺控制

学习 目标	1. 能制订和优化工艺流程。 2. 能制订特殊工艺方案。 3. 能制订技术升级和创新方案。

一、生产过程相关规定

（一）工艺流程标准化运作

绝大多数印刷产品的生产是从设计阶段开始，随后确认客户要求并进行生产调查。设计工作通常按客户要求完成订单，每个订单都有单独的客户技术规格。这样，印前处理和制作员必须对印前、印刷、印后及相关工艺彻底了解，并根据生产计划、方法、工艺和材料进行评估。下列内容，列出工艺过程中根据承接的产品必须做出标准化运作及相应的决策。

1. 设计

（1）初步设计。

（2）设计图。

（3）正文稿。

（4）图稿。

2. 纸张和纸板

（1）质量。

（2）定量、尺寸、厚度。

（3）丝缕方向。

（4）特殊制作。

（5）可用性。

（6）复制份数。

（7）交货期。

3．印前处理

（1）了解产品类型。

（2）文字录入。

（3）扫描图像。

（4）组版、拼大版。

（5）打样。

（6）CTP出版。

4．印刷

（1）印刷工艺。

（2）印刷机型的选择。

（3）印刷色数。

（4）印刷色序。

（5）印刷时间。

（6）油墨的选择。

（7）特殊印制要求。

5．印后加工

（1）纸张裁切。

（2）表面整饰方法。

（3）成型加工方法。

（4）装订方式。

（5）成品裁切。

（6）包装方法。

（二）现场管理的要求及标准

印刷行业与其他行业不同，其适应范围涵盖传统的书刊、杂志、报纸、饮料食品行业、药品、医学、宠物食品、新鲜农产品等领域，因此印刷企业的现场管理具有其特殊性，印刷产品批量大，生产线自动化程度高，整洁度要求高，某些产品具有高温、易燃等特点，与其他行业相比，印刷企业对现场管理的要求具有更高的标准：物流有序、生产均衡、设备完好、信息准确、纪律严明、环境整洁。

（1）企业环境优美　对于印刷企业而言，企业环境是企业形象的象征之一，生产现场清洁文明，工作场所安全有序、美好、舒适，将有助于企业职工的情绪稳定、工作积极性和主动性的提高。

（2）实行定置管理和目标管理　编制生产计划，制定和执行现场作业标准和严格的工艺纪律，在印刷企业内，生产现场的一切要素和活动要用平面图、标准化作业图、作业指导书、指示灯、显示屏等标识出来，使技术管理人员和操作人员一目了然。

（3）建立安全、文明的印刷产品生产保证体系　印刷企业的操作人员必须遵守劳动纪律、安全等各项企业所制定的规章制度，各种消防器具、各种工具等要定点摆放，随时检查，经常开展现场"5S"活动（整理、整顿、清扫、清洁、素养），消除生产现场松、散、脏、乱、差和各种不安全因素，创造安全舒适、整洁的工作环境。

（4）做到生产现场自动化灵敏，指挥操作信息畅通　保证各种用具准确好用，各种报表数据填写必须规范、真实，部门之间传送信息及时，对信息实行闭环式管理，杜绝虚假信息。

（5）物流层次有序　各道工序介质流向标识准确、清楚，库房、料场进出货物有序，现场使用的各种物料应在使用前验明其规范和质量，确保符合工艺要求，易混淆的物料放置时要有明确的标识，从而确保其可追溯，物料堆放应整齐，坚持先进先出的原则，物、账、卡相符。

（6）设备完好　各种印刷设备标识醒目、清楚，并需按规定做好各种设备的维护、定期保养、定期检测工作，设备的关键精度和性能保持良好，杜绝跑、冒、滴、漏，确保设备处于良好状态。

（7）工序效益高　按照工序专门技术的要求，合理配备和有效利用生产要素，并把它们有效地结合起来发挥工序的整体效益，通过品种、质量、数量、日程、成本的控制，满足市场对产品要素的要求。其关键是对工序所使用的劳动力、设备、原材料的合理配备和有效利用。

二、新技术和新工艺的发展方向

（一）计算机直接制版CTP

现在的数字印版制作技术中，除了热烧蚀印版不需冲洗之外，所有种类的数字式直接制版（包括热敏、光聚合、银盐）都需要经过药水冲洗的步骤，都会产生化学废料。因此，我们的着眼点应该放在两个方面的改进上。

（1）把废液的产生量减到最少（如使用具减少废液排放设计的冲版机）。

（2）选用一些其主要成分可以从废液中回收的印版（如从银盐版冲洗系统所产生的废液中回收金属银）。

（二）废液处理

1. 印版显影液废水再生处理回用

显影过程中，由于碱性显影液与PS版曝光部分的感光层发生了化学反应，使溶液本身由无色透明变成绿色、墨绿色以致更深的颜色。随着显影的次数增加，显影效果逐渐降低，严重影响印版显影质量。为了保持显影的效果一致，必须定期、定量排除旧液，添加新液或更换显影液。排放的旧液或更换的显影液都属于显影液废水。阳图印版显影液废水一般由显影主剂、抑制剂、湿润剂和水组成，这些废水中还包含印版感光涂层。如果未经过废水处理装置，显影液废水直接排入下水道，将会导致环境严重污染。因此，印版显影液废水必须经过处理后才能排放。

超滤膜能够净化、分离或者浓缩溶液。通过分离技术，可将粒径为0.01~0.001μm的物质除去，将微小悬浮物、胶体等杂质截留，从而实现对原液的净化、分离和浓缩的目的。采用超滤膜水处理技术处理印版显影液废水分离，不仅达到可排放的标准，而且能够再生回用，从而实现废、污水资源优化。其工艺流程：显影液废水从贮存箱流入调节箱进行水量、水质的调节，确保显影液废水的稳定性，为后续工艺顺利进行提供必需的条件；由离心泵将废液输入超滤膜组件，经过超滤膜分离后的显影液废水变得清晰透明。超滤膜组件可以对显影液废水再生处理，达到显影液废水零排放目的，同时也降低显影液成本。

2. 柔性版制版废液回收

柔性版印版作为一种高分子化合物（以固体型光聚合或光交联型感光树脂版为例），它所用的显影液为一种多组分有机溶剂的混合液，其中一些溶剂是对人体有害的物质，如甲醇、甲苯、二甲苯等。因此，柔性版制版过程中所产生的显影废液不能像胶印显影废液一样排放，必须经过回收处理后才能排放。从柔性版显影废液中回收而来的显影液可多次重复使用。因此，柔性版显影废液的回收处理，无论是从降低生产成本，还是环境保护角度来说，都是十分必要的。

新换的显影液黏度低，显影时间短。当从显影机中取出柔性版时，印版正面、背面显影液分布较均匀，所以经烘干、后曝光等处理后，其背面十分光滑。随着显影液使用时间的增加，溶解在显影液中的未曝光的感光树脂增多，显影液黏度增大。显影机滚筒上的显影液流回速度慢，而且显影滚筒上有一层有弹性的固体，这是显影液黏度过大、固化在显影机滚筒上的缘故。此时显影、烘干、后曝光处理后的印版背面高低不平，表明显影液需要更换了。根据柔性版显影液的组成成分及沸点温度，可采用蒸馏法来回收处理柔性版显影废液。

3. 凹版制版废液的处理

第一步，检测废液中铜离子含量，计算处理废液所需铁粉和双氧水的用量。

第二步，向废液中加入铁粉进行充分反应，反应结束后过滤，将固相与液相分离，固相用于提取铜进行再利用。

第三步，向第二步的液相中加入双氧水进行充分反应，反应结束后继续加入，使溶液达到饱和，即可重新用于洗铜。

（三）印刷工艺新技术的发展趋势

1. 与传统印刷相结合

随着社会的发展、物质生活的日益丰富，人们对精神文化的需求也越来越高，尤其是包装印刷品，因为具有艺术性、装饰性和美化生活等特点，所受到的重视更加明显。

组合印刷是指由多种类型的印刷和印后加工机组组成的流水生产线，目前常见的组合印刷方式有：

（1）间接凸印（凸版胶印） 此工艺主要应用于筒罐、牙膏皮等包装印刷。

（2）间接凹印（凹版胶印）　此工艺主要应用于建材木板印刷。

（3）凹凸压印（压凸印）　此工艺主要应用于纸包装印后立体浮雕感加工。

（4）柔印—网印组合生产线。

（5）胶印—网印组合生产线。

2．与数字印刷相结合

随着当代科技的快速发展，计算机与电子扫描技术已渗透到各个领域，形成了科技与印刷技术的交叉互融。印刷领域中的印前系统已发生了质的变化，印刷中的信息采集、图像处理、分色制版均由计算机完成，速度快、精度高，显示了时代特征。

各种印刷机也将越来越多地与电子和数字化设备相组合，环境的压力将鼓励采用新式版材和环保油墨，在色彩管理、数字化、激光、模切、印前设备和软件等方面都将有新的进展。

（四）印刷设备器材发展趋势

1．印刷机械的发展趋势

目前，各种印刷机已进入精密印刷的领域，其结构都向高精度、自动化方向发展。展望未来，我国的印机设备发展在几年内仍然会是高、中、低档产品并存的局面，但不同档次设备在市场上所占的比例会逐渐有所改变，即低档产品会逐渐减少，科技含量高的中档产品会占据较大的市场份额，而高档的全自动生产线会呈上升趋势。

2．油墨发展趋势

世界上正在积极开发更新换代的油墨产品，朝着高速快干、无毒、无污染的环保型"绿色"油墨的方向发展。要求多色套印、快速干燥、耐晒、耐水等；组合印刷用油墨除了要求与柔印、网印、胶印、凹印等相适合的联机生产的干燥速度外，又由于组合印刷目前多应用于包装印刷品，因此要求油墨无毒、无味及无污染。

（五）未来印刷技术的新变革

（1）印刷设备向高精度、自动化方向发展　随着各类传感器、识别技术的发展，印刷设备上，功能更强大、更高效的自动化系统会不断出现。

（2）印刷智能化、绿色化　智能化、绿色化，这些新技术方向是时代发展的要求，是各个行业都在努力的技术方向，印刷业也不例外。从递进关系看，自动化和信息化、数字化的融合发展就是智能化，绿色化则是包括印刷在内的所有工业在新时代的共同要求。

（3）组合印刷　能扩大产品范围，降低生产成本，提高生产率。

（4）纳米印刷技术　即所谓的"软印刷"技术。它突破了今天印刷精度的极限，把印刷推进到了纳米加工的尺度，在众多工业领域都有着良好的发展前景，就如同3D打印技术一样，纳米印刷技术也将用它独特的印刷技术给我们未来的生活、工作带来全新的改变。

（六）提出本企业技术改造方案

（1）了解相关技术的发展。

（2）分析新技术新工艺对本企业的适用性与可行性。

（3）提出本企业技术改造方案。

高级技师要不断学习印前、印刷、印后的新工艺知识以及管理方法，不能把经验当经典，应与时俱进，要有创新理念。

参考文献

［1］ 任向龙，范明. 电脑印前技术与排版案例手册［M］. 北京：清华大学出版社，2007：56-58，406.

［2］ 陈梅，蒋小花. 现代印刷企业管理与法规［M］. 北京：印刷工业出版社，2007：64-66.

［3］ 顾恒，范彩霞. 彩色数字印前技术［M］. 北京：印刷工业出版社，2008：335.

［4］ 陈世军. 印刷品质量检测与控制［M］. 北京：印刷工业出版社，2008：78-79.

［5］ 新闻出版总署人事教育司，中国网印及制像协会编. 网版制版工（中册），初级工、中级工、高级工
［M］. 北京：印刷工业出版社，2008：150.

［6］ 新闻出版总署人事教育司，中国网印及制像协会编. 网版制版工（下册），技师、高级技师［M］.
北京：印刷工业出版社，2008：145，63，68-75，147-148，157-159，161-162.

［7］ 胡维友. 数字印刷与计算机直接制版技术［M］. 北京：印刷工业出版社，2011：77-78.

［8］ 于光宗. 排版与校对规范［M］. 北京：印刷工业出版社，2011：163-167.

［9］ 吕官荣. 印前数字工作流程［M］. 上海：格致出版社，2011：33-35，94-99，182，291-294.

［10］ 印刷环保技术重点实验室. 绿色印刷技术指南［M］. 北京：印刷工业出版社，2011.

［11］ 王连军. 印前制版工艺［M］. 北京：中国轻工业出版社，2012：105-106，145-146，192-194，201-
203，224-227，262.

［12］ 谢中杰，杨奎. 印前实训［M］. 北京：印刷工业出版社，2012：126，133.

［13］ 沈志伟. 印刷数字化使用手册［M］. 北京：印刷工业出版社，2013.

［14］ 王旭红，杨玉春，谢芬艳. 色彩管理操作教程［M］. 北京：化学工业出版社，2013.

［15］ 新闻出版总署人事教育司，中国印刷技术协会组织编写. 平版印刷工（中册），初级工、中级工、高
级工［M］. 北京：印刷工业出版社，2013：372.

［16］ 新闻出版总署人事教育司，中国印刷技术协会组织编写. 平版印刷工（下册），技师、高级技师
［M］. 北京：印刷工业出版社，2013：130，133-135，149，252-254，262-267.

［17］ 唐宇平. 印刷概论［M］. 北京：中国轻工业出版社，2015：13-18.

［18］ 刘艳，纪家岩. 印刷数字化流程与输出［M］. 北京：文化发展出版社，2015：70-71.

［19］ 刘芳，张佳宁. 电脑数字印刷印前技术深度剖析［M］. 北京：清华大学出版社，2017：61-62.

［20］ 郝景江. 印前工艺［M］. 北京：印刷工业出版社，2007：20-23，44-46，60-63.

［21］ 魏瑞玲. 印后原理与工艺［M］. 北京：印刷工业出版社，1999：119，128，138，183，189.